新型火炮

New Artillery

苏子舟 著

国防工業出版社

·北京·

内 容 简 介

本书系统论述了国内外新型火炮的最新进展，主要包括超远程火炮、超高射速火炮、超轻型火炮、多用途火炮、智能火炮、可变药室火炮、轻气炮、液体发射药火炮、膨胀波火炮、电热炮、电磁炮、激光炮、微波炮等13种新型火炮的工作原理、技术特点、发展历程、应用领域、研究进展、典型装备等内容。

本书可作为从事火炮尤其是新型火炮技术研发的研究人员、相关专业教师、学生、管理人员及爱好者的工具书和参考书。

图书在版编目（CIP）数据

新型火炮 / 苏子舟著. —北京：国防工业出版社，2023.1

ISBN 978-7-118-12634-1

Ⅰ. ①新…　Ⅱ. ①苏…　Ⅲ. ①火炮－研究　Ⅳ. ①TJ3

中国版本图书馆 CIP 数据核字（2022）第 246038 号

※

国防工業出版社 出版发行

（北京市海淀区紫竹院南路 23 号　邮政编码 100048）

三河市德鑫印刷有限公司

新华书店经售

*

开本 710×1000　1/16　印张 17½　字数 304 千字

2023 年 1 月第 1 版第 1 次印刷　印数 1—2000 册　定价 88.00 元

国防书店：（010）88540777　　书店传真：（010）88540776

发行业务：（010）88540717　　发行传真：（010）88540762

序

火炮具有发射速度快、反应时间短、持续作战能力强、机动性能好等优点，被誉为“战争之神”，可对地面、水上和空中目标射击，用以歼灭、压制有生力量和技术兵器，广泛装备于陆、海、空等各军兵种，是现代战场上常规武器的骨干力量。

高新技术战争需求火炮更远、更准、更狠、更轻、更快，因此世界主要强国运用新原理、新能源、新结构、新材料、新工艺、新设计而推出有别于传统火炮概念超远程火炮、超高射速火炮、超轻型火炮、多用途火炮、智能火炮、可变药室火炮、轻气炮、液体发射药火炮、膨胀波火炮、电热炮、电磁炮、激光炮、微波炮等新型火炮。新型火炮在设计思想、系统优化、总体结构、材料应用、工艺制造、部署方式、作战样式、毁伤效果等方面吸纳了高新技术成果，可大幅度提高作战效能，代表了未来火炮武器的发展方向，对国家未来军事和国民经济建设，具有重大而深刻的现实意义。

《新型火炮》一书，系统论述了十三种新型火炮的最新研究成果，理论性、系统性、实用性强，具有很好的可读性和参考价值。相信该书的出版，会使更多的兵器科技工作者从中受益，并对火炮技术领域的高初速、远程化、高射频、轻量化、多功能化、智能化发展产生积极影响。

董文祥

2022 年 4 月 15 日

董文祥：西北机电工程研究所所长。

前　言

火炮被誉为“战争之神”，是夺取现代战争胜利的骨干力量，具有重要的研究价值。新型火炮是指运用新原理、新能源、新结构、新材料、新工艺、新设计而推出的有别于传统火炮概念并可大幅提高现有火炮作战效能的新式火炮，是火炮技术领域发展最为迅速、最为活跃的一个方向，具有重要的军事与民用价值，也是国内外兵器技术领域的研究热点。

新型火炮既包括基于传统火炮技术创新的超远程火炮、超高射速火炮、超轻型火炮、多用途火炮、智能火炮，也包括颠覆传统火炮原理的可变药室火炮、轻气炮、液体发射药火炮、膨胀波火炮、电热炮、电磁炮、激光炮、微波炮等新概念、新原理火炮。新型火炮可大幅提高作战效能或形成新军事能力。

本书以新型火炮为主要研究对象，吸收和借鉴了国内外相关专家学者的最新研究成果，内容共分 14 章。第 1 章主要介绍了传统火炮，给出了新型火炮的定义；后续 13 章详细阐述了各种新型火炮的工作原理、技术特点、应用领域、发展方向、典型装备等内容。

本书在编写与出版过程中，得到了西北机电工程研究所、国防工业出版社等单位各级领导和专家的关心、支持和指导，在此表示诚挚的感谢。

由于作者水平有限，书中难免出现疏漏和不妥之处，诚恳希望从事新型火炮研究、研制的科研人员，从事火炮专业教学、管理的专业技术人员参考使用时提出批评指正意见。

苏子舟

2022 年 1 月于咸阳

目　录

第1章　绪　论

1.1　火炮简介

1.1.1　火炮定义

中国发明了火炮，英文翻译一般使用 Artillery，也用 Gun。

火炮的含义，随着科学技术的发展而变迁。

在元代及以前的古书中，“火炮”多是指抛射火球、火蒺藜、爆炸物的抛石机，有时也将被抛出的燃烧物或爆炸物称作“火炮”[1-5]。

近代，火炮是指利用火药在管形内膛燃烧形成的燃气压力来发射弹丸的一种射击武器。

枪炮的口径定义为枪、炮或发射管内膛的直径。

我国《兵器工业科学技术辞典》定义：火炮是利用火药燃气抛射弹丸，口径大于或等于 20mm 的身管射击武器。显然此时火炮还局限在传统火炮领域。

枪械与火炮的分界口径，各国取值不同。我国将口径大于或等于 20mm 的射击武器称为火炮，而口径小于 20mm 的射击武器称为枪械[6-9]。

英国曾取口径 25.4mm 作为枪、炮的分界线，20 世纪又将安装在飞机上口径 20mm 的速射武器称为自动炮。

百度百科定义：火炮是利用机械能、化学能（火药）、电磁能等能源发射弹丸，射程超过单兵武器射程，由炮身和炮架两大部分组成，口径不小于 20mm 的身管射击武器。显然此定义包含了电磁炮等新概念火炮。

通常把运用新原理、新能源、新结构、新材料、新工艺、新设计而推出的有别于传统火炮系统概念并可大幅提高作战效能的新式火炮，称为新概念火炮，也称为新型火炮[10-15]。

火炮可对地面、水上和空中目标射击，用以歼灭、压制有生力量和技术兵器，摧毁各种防御工事和设施，击毁各种装甲目标和完成其他特种任务，可部署在地面、空中、水上等各种运载平台，广泛装备于陆、海、空等各军兵种，是现代战场上常规武器的火力骨干[16]。

1.1.2 火炮的工作原理

火炮的主要作用是赋予弹丸一定的射向和初始速度，也称炮口初速（简称初速）。一般称火炮的整个工作过程为火炮的射击过程，而将火炮射击过程中赋予弹丸炮口初速的过程称为火炮的发射过程。

火炮一般是以固体发射药（即火药）作为发射能源。通常根据设计要求，将火药制成具有给定尺寸的粒状或长条状，通过一定方式点燃后释放能量，从而将发射药的化学能转化成热能以及弹丸运动的动能。

火炮发射一般是使火药在身管内燃烧，生成的高温高压燃气膨胀做功，推动弹丸向炮口加速运动，达到给定炮口初速[17]。火炮发射过程示意图，如图 1-1 所示。

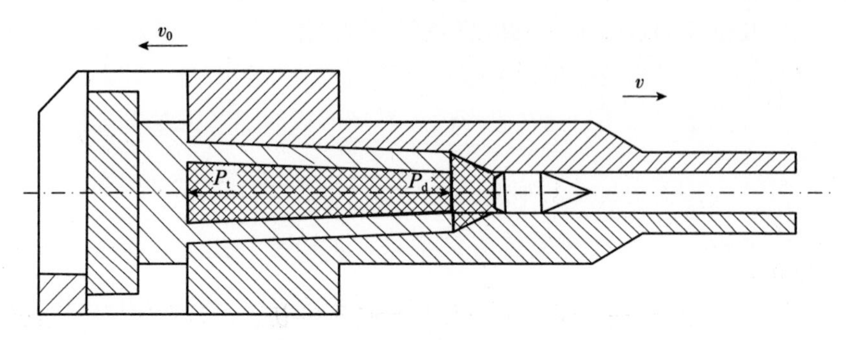

图 1-1 火炮发射过程示意图

火炮发射过程可以分为以下 5 个阶段[18]。

1. 点火阶段

火炮身管轴线赋予弹丸初始射向，先利用电能或撞击动能引燃比较敏感的点火药（底火），再利用点火药产生的火焰及高温高压燃气点燃发射药。

2. 发射药定容燃烧阶段

发射药点燃后，生成高温高压火药燃气。随着发射药燃烧，弹丸后面的燃气压力不断升高。但此阶段燃气压力不足以推动弹丸运动，发射药燃烧是在一定容积的药室内进行的。

3. 弹丸加速运动阶段

当弹丸后面的燃气压力大到足以推动弹丸运动后，弹丸受燃气压力推动向炮口加速运动，同时对炮身施加反作用力。弹丸后面的容积随着弹丸运动而增大，发射药燃烧是在变化体积的弹后空间里进行的。弹后体积的变化直接影响发射药燃烧、燃气生成、压力变化、弹丸运动。通过合理设计发射药的形状尺寸、炮膛结构、弹丸等控制膛内压力变化规律，可以控制弹丸的运动规律。典型火炮膛内压力变化曲线，如图 1-2 所示。图中 p_0 为挤进压力、p_m 为最大膛压、p_k 为火药燃烧结束瞬间膛压、p_g 为炮口压力。

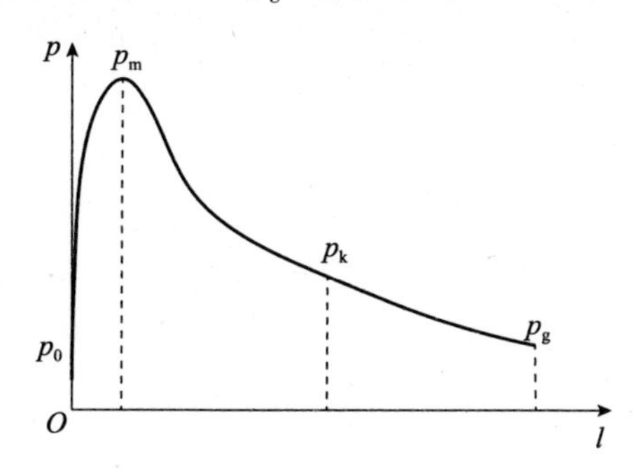

图 1-2　典型火炮膛内压力变化曲线

4. 火药燃气后效作用阶段

弹丸运动出炮口后，火药燃气从炮口高速喷出。从炮口高速喷出的火药燃气，一方面继续对弹丸产生作用，另一方面继续对炮身产生作用，通过控制从炮口高速喷出的火药燃气流动方向及流量可以控制其作用效果。

5. 弹丸惯性飞行阶段

在火药燃气作用完毕之后，弹丸依靠所达到的初速，在空中惯性飞向预定目标。由于存在重力、空气阻力等，弹丸的空中飞行速度不断变化，受气候等因素影响，弹丸按一定概率分布规律到达预定目标。

1.1.3　火炮发射的特点

火炮发射过程实质是能量转化过程。通常火炮的能源是火药。火药是一种含能化学材料，既有燃烧剂又有助燃剂，当达到一定的温度后就会燃烧。火药燃烧的速度除与它的化学成分有关外，还与压力有关，压力越大燃速越快。火药燃烧后在容器内生成有一定温度和压力的火药燃气，化学能转化为热能。火药燃气在膛内膨胀，推动弹丸飞出炮口，实现热能向动能的转化，将有一定质量的弹丸从静止状态加速到飞出炮口时获得一定的线速度和回转速度。由于火炮发射过程的时间很短，瞬时功率很高，但热损耗很大，其效率低于一般热力机械。

火炮发射过程是一个极其复杂的动态过程，具有高瞬时性、高温、高压、高速、高加速度、高频的特点[19]。

（1）火炮发射过程只有几毫秒至十几毫秒，具有高瞬时性的特点。

（2）火炮发射过程燃烧温度高达 2500~3600K，具有高温的特点。

（3）火炮发射过程最大膛内压力高达 250~700MPa，具有高压的特点。

（4）火炮发射过程弹丸初速高达 200~2000m/s，具有高速的特点。

（5）火炮发射过程弹丸直线加速度达 10000~30000g，具有高加速度的特点。

（6）火炮发射过程可以每分钟高达 6000 次循环重复进行，具有高频重复的特点。

此外，火炮发射过程中，身管、炮口装置、抽气装置、炮尾、炮闩以及连接件直接承受火药燃气的冲击载荷，该载荷会引起火炮的振动；身管的温升与内膛表面的烧蚀、磨损是一系列非常复杂的物理、化学现象。当弹丸飞离炮口时，膛内高温、高压的火药燃气在炮口外急剧膨胀，产生的炮口冲击波、炮口噪声与炮口焰对阵地设施、火炮及其上的设备、操作人员、仪器、仪表等都会产生有害作用。

1.1.4 火炮战技性能要求

火炮战技性能要求也称火炮战术技术要求，是指对准备研制或生产的火炮系统提出的作战使用和技术性能方面的主要要求，是进行火炮研究、设计、研制、生产和定型的根本依据。

火炮战技性能要求一般包括特征性指标、通用性指标和经济性指标三个方面，通常是由装备使用部门根据武器装备军事需求，通过对新研火炮系统的作战使用要求、作战使命和任务、作战效能、先进性、可行性、可靠性、经济性等一系列指标科学论证后，定出该火炮具体的战术技术要求。

1.1.4.1 特征性指标

特征性指标是火炮战技性能要求的主要内容，包括火炮口径、初速、射程或射高、射速、射击精度、机动性和可靠性等内容。具体可概括为火炮威力、机动性、寿命、快速反应能力和战场生存能力等 5 个方面。

1. 火炮威力

火炮威力是指火炮在战斗中能迅速地压制、破坏、毁伤目标的能力。通常包括弹丸威力、射程、射速、射击精度等。

弹丸威力是指弹丸杀伤或破坏目标的能力。不同用途弹丸有不同威力要求。例如，杀伤榴弹要求杀伤破片多、杀伤半径大；穿甲弹要求具有较大的侵彻力；照明弹则要求发光强度大、作用时间长等。

射程是指火炮能够毁坏、杀伤远距离目标的能力。

通常压制火炮以最大、最小射程表示；坦克炮与反坦克炮以直射距离和有效穿甲厚度表示；高射炮以有效射高和最大射高表示。射程对各型火炮具有重要意义，实现远程、超远程作战是压制火炮、坦克炮、高射炮等各型火炮的永恒追求。

射速是指火炮在单位时间内（每分钟）发射炮弹的数量，常用发/min 或发/分表示。

一般分为极限射速、实际射速、理论射速和规定射速等。极限射速是指在一定时间内持续射击时，火炮技术性能所允许的最大射速。实际射速是火炮在战斗使用条件下实际达到的射速。理论射速是指火炮按一个工作循环所需要的时间计算的射速。规定射速是在规定的时间内，在不损坏火炮、不影响射击准确度和保证安全条件下火炮的射速。

射击精度是射击密集度和射击准确度的总称。

射击密集度是指火炮在相同的射击条件下，弹丸的弹着点相对于平均弹着点（平均弹着点是一组弹着点的平均位置）的密集程度，射击密集度越好，击毁目标所消耗的弹药量越少。射击密集度主要与火炮自身的弹道和结构性能有关。

射击准确度是指平均弹着点对目标的偏离程度，以平均弹着点与目标预期命中点间的直线距离衡量。射击精度主要与火炮系统的性能、射手的操作水平及外界射击条件等有关。

2. 火炮机动性

火炮机动性是火力机动性和运载机动能力的总称。

火力机动性是指火炮在同一阵地或射击位置快速、准确地转移火力的能力，包括快速准确地捕捉和跟踪目标、射击诸元的快速计算与装定、快速准确地调炮至射击位置等。火力机动性与火炮的自动化操作水平密切相关。

运载机动能力是指火炮快速进入阵地和转换射击位置的能力，包括在各种运输条件下运动的性能，同时在确定火炮的外形尺寸、质量、质心位置时应考虑用公路、铁路、水上、飞机、桥梁、涵洞、高原、山地等运输方式的适配能力。

3. 火炮寿命

火炮寿命是指火炮在一定条件下自然使用能够保持其战斗性能要求的特性。因身管是火炮最主要的构件，通常以身管寿命作为火炮的寿命[20]。

随着身管射弹数积累，火炮炮膛的径向磨损和药室的增长，是影响身管在使用过程中损失寿命和身管性能合格水平指标的基本原因。

身管寿命是指火炮身管在弹道指标降低到允许值或疲劳破坏前，当量全装药的射弹数目，以发数表示。

身管寿命的几个判据：

（1）弹丸初速下降到一定程度；

（2）地面火炮的距离散布面积或高射火炮的立靶散布面积超过规定值；

（3）出现弹丸早炸、引信连续暗火以及近炸现象等。

4. 火炮快速反应能力

快速反应能力是指火炮系统从开始探测目标到对目标实施射击的全过程，通常以反应时间表示。主要包括行军/战斗转换时间、火力控制系统反应时间、随动系统性能、通信系统性能等。例如，现代高炮要对付低空或超低空突防战斗机，要求高炮系统的反应时间小于10s，火力控制系统的反应时间小于6s；地面火炮火力控制系统的反应时间小于1min。

5. 火炮战场生存能力

战场生存能力是指在现代战场条件下，火炮系统能保持其主要战斗性能和受到损伤后尽快地以最低物质技术条件恢复战斗的能力。提高火炮机动性和快速反应能力，加强火炮系统防护能力，采用伪装和隐身技术，提高火炮系统的可靠性、可维修性，降低行军噪声等，都有助于提高火炮的战场生存能力。

1.1.4.2 通用性指标

在确定特征性指标的基础上，使用人员根据火炮系统使用特点和提高作战能力、保障能力等方面的需求，提出应具备的通用性指标[21-25]。

通用性指标主要包括可靠性、维修性、保障性、测试性、安全性、电磁兼容性、环境适应性、人机工程要求等方面内容。

1.1.4.3 经济性指标

经济性指标主要是指在满足战斗与使用要求的前提下，武器系统的造价和维修费用要低。现代火炮的技术含量越来越高，研制、生产、装备的成本也越来越高，研发新型火炮的过程中，应把经济的可承受能力作为重要约束条件，追求良好的效费比。

1.1.5 火炮的分类

经过多年发展，火炮已经形成一个种类繁多、技术密集的武器家族，火炮的分类方法也多种多样。

按照弹道特性可以分为加农炮、榴弹炮、迫击炮等。

按照用途可以分为压制火炮、高射炮、坦克炮、反坦克炮、步兵战车炮、航炮、舰炮和海岸炮等。

按照运动方式可以分为拖曳式火炮、牵引式火炮、自行式火炮、轮式火炮、履带式火炮等。

按照身管分类可以分为线膛式火炮、滑膛式火炮等。

按身管个数可以分为单管火炮、双管火炮和多管火炮。具有一个、两个、两个以上身管的火炮分别称为单管火炮、双管火炮和多管火炮。

按装填方式可分为后装炮和前装炮。

按发射方式可分为自动炮和半自动炮。自动炮能自动完成连发射击，半自动炮能自动完成部分射击动作。

按瞄准方式可分为直瞄火炮和间瞄火炮。用瞄准装置直接瞄准目标射击的火炮称为直瞄火炮，用瞄准装置间接瞄准目标射击的火炮称为间瞄火炮。

按火炮特征可分为速射自动炮、远程压制火炮、高膛压直射火炮、曲射炮、特种火炮和新概念火炮。

1.1.6 火炮的发展

早在春秋时期，我国就出现了抛石机，这是最古老的抛射武器，也称为“砲”，如图 1-3 所示。作为冷兵器，它使人体得到了延伸，可以打击人体够不到的目标，改变了之前面对面地“肉博”战斗方式。至今，中国象棋还在使用“砲”。

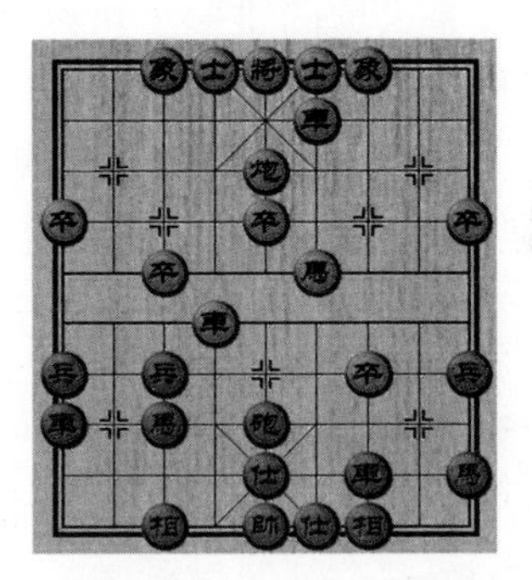

图 1-3 抛石机及“砲”

公元 7 世纪，唐代炼丹家孙思邈发明了黑火药。

10 世纪初，黑火药开始用于武器。此时，抛石机除了抛射石块外，还抛射带有燃爆性质的火器，如霹雷炮、震天雷等。黑火药与震天雷，如图 1-4 所示。

图 1-4 黑火药与震天雷

在元代及以前，古书中“火炮”多是指抛射火球、火蒺藜、爆炸物的抛石机，有时也将被抛出的燃烧物或爆炸物称作“火炮”，“砲”开始向“炮”演化。古代“火炮”，如图 1-5 所示。

1132 年，陈规镇发明了火枪，如图 1-6 所示。

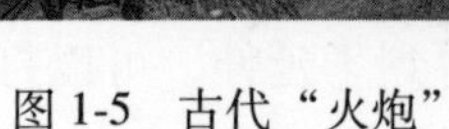

图 1-5　古代“火炮”

图 1-6　火枪

1259 年，我国出现突火枪。这种竹制突火枪具备了火药、身管、弹丸三个基本要素，是火炮的雏形。热兵器的出现，不仅提高了兵器的威力，更重要的是使作战模式从“点打击”变为“面打击”，如图 1-7 所示。抛射的能源以黑火药代替人力后，“炮”正式取代了“砲”。

1298 年，我国制造的青铜火铳是世界上发现的最古老的火炮，如图 1-8 所示。

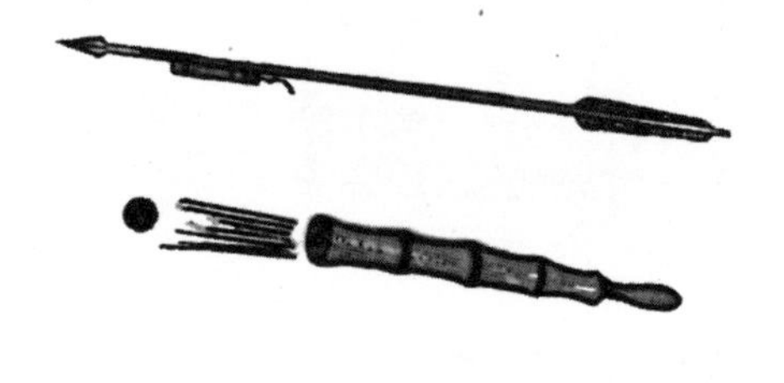

图 1-7　突火枪

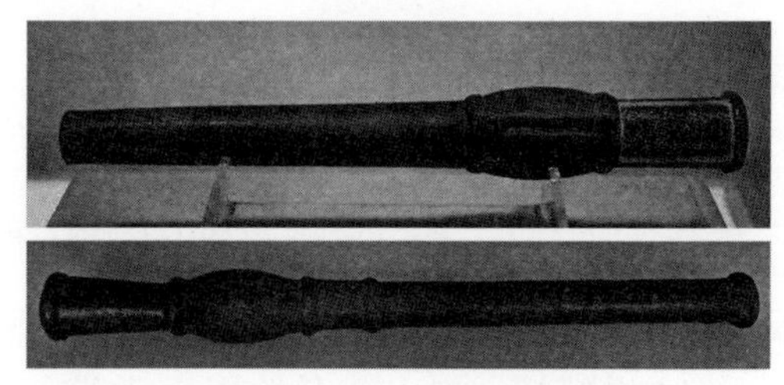

图 1-8　青铜火铳

13 世纪，我国的火药和火器沿着丝绸之路西传，在战争频繁和手工业发达的欧洲得到迅速发展。

16 世纪，伽利略创立了抛物线理论。

17 世纪，牛顿提出了飞行物体的空气阻力定律。

1742 年，罗宾斯出版了《枪炮术原理》专著。

这些研究成果奠定了火炮的理论基础，也推动火炮技术发生深刻的变革。

19 世纪，火炮一直采用前装式滑膛身管，发射球形弹丸。

1823 年，硝化棉火药（无烟药）的发明使火炮射程大幅度提高，如图 1-9 所示。

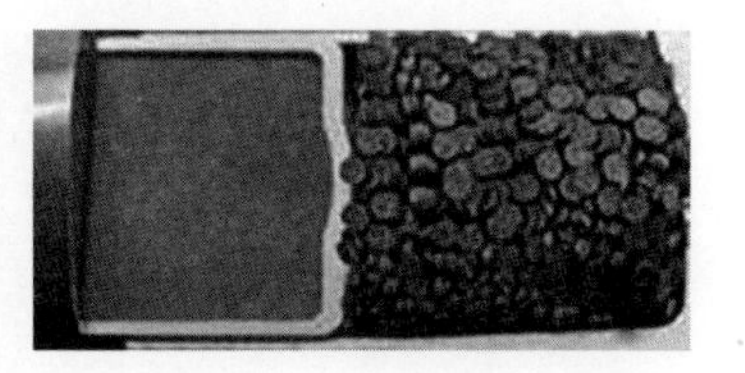

图 1-9 硝化棉及火药

1864 年，出现了带螺旋膛线的线膛火炮身管，实现了发射锐头圆柱弹丸的设想，显著提高了火炮的射击精度和射程，线膛火炮身管如图 1-10 所示。

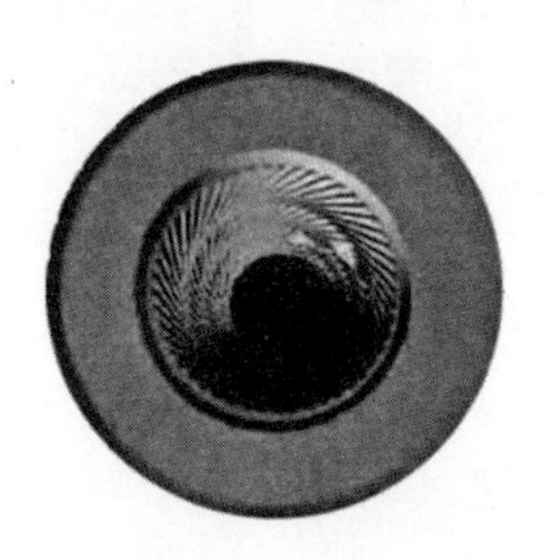

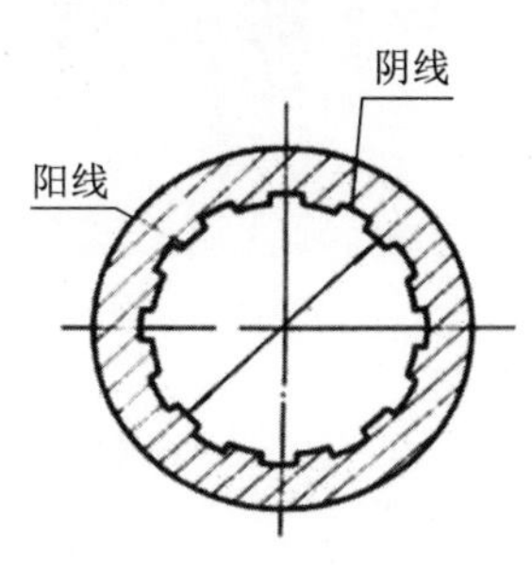

图 1-10 线膛火炮身管

1854—1877 年间，出现了楔式炮闩和螺式炮闩，形成了从炮身后端快速装填弹药的新结构，火炮威力不断增大。楔式炮闩如图 1-11 所示，螺式炮闩如图 1-12 所示。

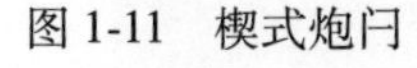

图 1-11 楔式炮闩

图 1-12 螺式炮闩

1872 年，弹性炮架的出现有效地缓解了威力和机动性的矛盾。

火炮从初期的前装式滑膛金属身管和刚性炮架到后装式线膛钢质炮身和弹性炮架，标志着火炮技术又一次质的飞跃，确定了现代火炮的基本架构。

20 世纪，战场上出现了坦克、飞机和军舰，为火炮在这些战斗平台上的应用提供了条件，典型火炮如图 1-13 所示。火炮自身的作战任务更加繁重，要求不断提高，从而促使火炮技术的发展。

（a）坦克炮　　（b）战车炮

（c）自行高炮　　（d）压制火炮

（e）航炮

（f）舰炮

（g）火箭炮

图 1-13　典型火炮

1.2　未来战争对火炮的军事需求

1.2.1　火炮武器主要特点

火炮武器主要特点如下：

（1）火炮发射速度快，反应时间短，转移火力迅速，可射击不同方向，多批次、多层次的目标。

（2）火炮种类齐全，可以构成点面结合的火力网，无射击死角，受地形限制较小，无火力盲区。

（3）火炮是装备部队数量最大的武器装备之一。

（4）火炮持续作战能力强。

（5）火炮机动性能好，进入、撤出和转移阵地快捷，火力转移灵活，生存能力较强，能够伴随作战，实施不间断的火力支援。

（6）火炮经济性好，全寿命周期的总费用远低于其他技术兵器。

（7）火炮操作灵活简便，工作可靠性好。

（8）火炮抗干扰能力强，受电磁和红外干扰及气候、环境影响较小。

1.2.2　火炮的作用和地位

现代战争，地面战争仍是最主要，也是最后的战场。火炮的地位和作用是其他武器装备不可替代的。

明朝永乐年间，我国创建了世界上第一个炮兵部队——神机营，火炮逐渐成为战场上的火力骨干，起着影响战争进程的重要作用，如图 1-14 所示。

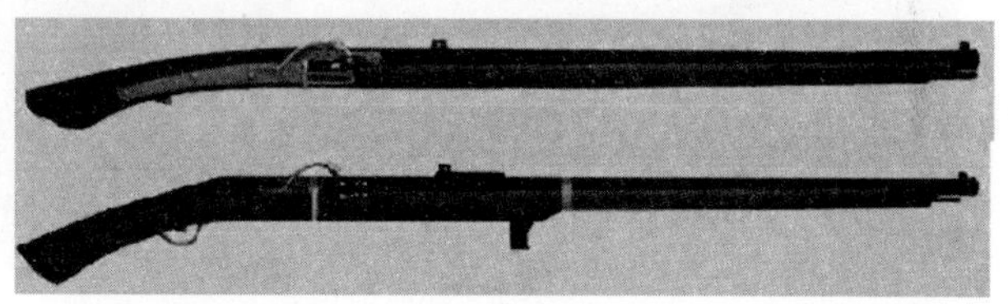

图 1-14　神机营及其火器

第一次世界大战中，炮战是一种极其重要的作战方式，主要交战国投入的火炮总数达到 7 万门。

第二次世界大战，仅苏联、美国、德国、英国四个主要交战国就生产了近 200 万门火炮和 24 亿发炮弹。如柏林战役，苏联军队就集中了 4 万余门各类火炮，充分发挥了火炮的威力。因为火炮在战争中作用巨大，所以火炮被誉为

“战争之神”。

第二次世界大战后的局部战争中，火炮依然战果辉煌。朝鲜战争中高射炮击落击伤敌机约占总数的80%。越南战争，高射炮毁伤占损失飞机总数的80%。第四次中东战争，火炮命中毁伤了双方50%的坦克。由火炮击毁的坦克、军舰、飞机、无人机、火炮、城市，如图1-15所示。

(a) 击毁坦克　(b) 击毁军舰

(c) 击毁直升机　(d) 击毁无人机

(e) 击毁火炮　(f) 击毁城市

图1-15　火炮造成毁伤

21世纪局部战争是以高技术现代化为主要特点的战争，尽管大量使用了新型电子装备和精确制导武器，但在战争的直接对抗中，强大的火炮仍具有重要意义，它不仅是战斗行动的保障，而且仍将是最终夺取战斗胜利的骨干力量。

1.2.3　未来战争对火炮的军事需求

未来战争的主要形式将是高技术条件下的局部战争，主要特点如下：

（1）未来战争形式为核武器威慑下的信息化战争。

（2）多兵种一体化指挥、体系化联合作战、武器装备体系的对抗是未来战争的主要模式。

（3）空中威胁进一步加大，空袭的突然性和攻击准确性大幅提高。

（4）网络化、信息化、无人化、智能化贯穿战争的全过程；

（5）战场空间扩大，战争节奏加快，战斗力加大。

为适应未来战场环境和作战需求，火炮作为炮兵的主要武器装备，必须提高防空反导能力、对装甲目标与中远程地面目标的精确打击能力以及快速反应与机动能力[26-31]。

1.3　新型火炮

为适应未来战争的需要，必须发展新型火炮。

新型火炮是指运用新原理、新能源、新结构、新材料、新工艺、新设计而推出的，有别于传统火炮概念并可大幅提高现有火炮作战效能的新式火炮。

新型火炮是个动态、相对的概念，通常是指正在研制和探索的火炮武器，与传统火炮在工作原理、毁伤机理和作战方式上显著不同，可大幅度提高作战效能或形成新军事能力。

新型火炮既可以是基于传统火炮技术创新的超远程火炮、超高射速火炮、超轻型火炮、多用途火炮、智能火炮，也可以是颠覆传统火炮原理的可变药室火炮、轻气炮、液体发射药火炮、膨胀波火炮、电热炮、电磁炮、激光炮、微波炮等新概念、新原理火炮。

新型火炮研发重点如下：

（1）进一步提高火炮初速，增大射程，提高远程打击能力，发展超远程火炮。

（2）进一步提高射速，增强火力，提高突袭能力，突破多管火炮、串联发射火炮、金属风暴武器，发展超高射速火炮。

（3）进一步提高火炮武器机动性，提高轻量化水平，在追求战场越野机动性的同时实现空运，发展超轻型火炮。

（4）进一步拓展单一火炮武器系统多功能作战能力，发展多用途火炮。

（5）进一步提高火炮信息化、智能化、无人化水平，发展智能火炮。

（6）积极发展可变药室火炮、轻气炮、液体发射药火炮、膨胀波火炮、电热炮、电磁炮、激光炮、微波炮等新概念、新原理火炮，突破传统火炮局限。

新型火炮在设计思想、系统优化、总体结构、材料应用、工艺制造、部署方式、作战样式、毁伤效果等方面吸纳了高新技术成果，可大幅度提高作战效能，代表了未来火炮武器的发展方向。

新型火炮是新概念武器的一员，具有如下特点：

（1）创新性。新型火炮在设计思想、工作原理和杀伤机制上具有显著的突破与创新，是创新思维和科学技术相结合的产物。

（2）高效性。新型火炮具有独特的作战效能，能有效抑制、破坏、摧毁敌方武器效能的发挥，达到出奇制胜的效果。一旦技术上取得突破，可在未来的高战术战争中发挥巨大的作战效能，满足未来作战需要，并在体系攻防对抗中有效地抑制敌方武器作战效能的发挥。

（3）时代性。新型火炮是一个相对的、动态的概念，随着新型火炮日趋成熟，继而逐渐转化为传统火炮，并出现“新”的新型火炮。

（4）探索性。新型火炮科技含量高，技术难度大，探索性强，涉及前沿学科，资金投入大，研究工作风险高。技术进步自有其客观规律，对新型火炮的期待总是超前于当下的技术状态，增加了新型火炮研究过程的曲折。

参考文献

[1] 张相炎. 新概念火炮技术［M］. 北京：北京理工大学出版社，2014.

[2] 于子平，张相炎. 新概念火炮［M］. 北京：国防工业出版社，2012.

[3] 张相炎. 火炮概论［M］. 北京：国防工业出版社，2013.

[4] 张相炎. 火炮射击理论［M］. 北京：北京理工大学出版社，2014.

[5] 谈乐斌. 火炮概论［M］. 北京：北京理工大学出版社，2014.

[6] 薛海中. 新概念武器［M］. 北京：航空工业出版社，2009.

[7] 马福球，等. 火炮与自动武器［M］. 北京：北京理工大学出版社，2003.

[8] 王莹，马富学. 新概念武器原理［M］. 北京：兵器工业出版社，1997.

[9] 王金贵. 气体炮原理与技术［M］. 北京：国防工业出版社，2001.

[10] 王莹，肖峰. 电炮原理［M］. 北京：国防工业出版社，1995.

[11] 张相炎. 火炮自动机设计［M］. 北京：北京理工大学出版社，2010.

[12] 袁军堂，张相炎. 武器装备概论［M］. 北京：国防工业出版社，2011.

[13] 苏子舟. 电磁轨道炮技术［M］. 北京：国防工业出版社，2018.

[14] 陆欣. 新概念武器发射原理［M］. 北京：北京航空航天大学出版社，2015.

[15] 白象忠，等. 电磁轨道发射组件的力学分析 [M]. 北京：国防工业出版社，2015.
[16] 王泽山，等. 火炮发射装药设计原理与技术 [M]. 北京：北京理工大学出版社，2014.
[17] 高跃飞. 火炮构造与原理 [M]. 北京：北京理工大学出版社，2015.
[18] 钱林方. 火炮弹道学 [M]. 北京：北京理工大学出版社，2016.
[19] 刘青山，等. 自行火炮 [M]. 北京：清华大学出版社，2017.
[20] 金文奇，等. 火炮身管寿命推断技术与工程实践 [M]. 北京：国防工业出版社，2014.
[21] 李魁武，等. 火炮射击密集度研究方法 [M]. 北京：国防工业出版社，2012.
[22] 王宝元，等. 火炮测试技术进展 [M]. 北京：国防工业出版社，2011.
[23] 张相炎，等. 再生式液体发射药火炮发射过程仿真 [M]. 北京：国防工业出版社，2014.
[24] 钱林方. 火炮弹道学 [M]. 北京：北京理工大学出版社，2016.
[25] 潘玉田，等. 轮式自行火炮总体技术 [M]. 北京：北京理工大学出版社，2009.
[26] 韩珺礼. 野战火箭武器系统精度分析 [M]. 北京：国防工业出版社，2015.
[27] 韩珺礼，等. 野战火箭武器概论 [M]. 北京：国防工业出版社，2015.
[28] 李臣明，等. 野战火箭技术与战术 [M]. 北京：国防工业出版社，2015.
[29] 韩珺礼，等. 野战火箭火指控技术 [M]. 北京：国防工业出版社，2015.
[30] 韩珺礼，等. 野战火箭弹技术 [M]. 北京：国防工业出版社，2015.
[31] 韩珺礼，等. 野战火箭制导与控制技术 [M]. 北京：国防工业出版社，2015.

第 2 章　超远程火炮

2.1　射程与提高射程

2.1.1　射程及其意义

射程是武器系统的重要战术技术指标。无论进攻还是防御，火炮射程的提高，都可以更有力地打击敌方有生力量。

远射性是指火炮能够毁坏、杀伤远距离目标的能力。

远射性可以保证火炮在不变换阵地情况下的火力机动性，在较大地域内能迅速集中火力，给敌方以突然打击或压制射击，能以较长时间进行火力支援。射程对各型火炮具有重要意义，实现远程、超远程作战是火炮的永恒追求之一。

通常压制火炮以最大、最小射程表示；坦克炮与反坦克炮以直射距离和有效射程表示；高射炮以有效射高和最大射高表示。

2.1.1.1　压制火炮

压制火炮是用于压制和破坏地面（水面）目标的火炮。包括加农炮、榴弹炮、加农榴弹炮、火箭炮、迫击炮等，主要用于歼灭、压制有生力量和技术兵器，破坏工程设施等，如图 2-1 所示。

图 2-1　压制火炮

最大射程，是指火炮系统在规定的射击条件下，对规定目标，使用规定弹药射击时能达到规定射击效力指标要求的最大作用距离。

最小射程，是指火炮系统在规定的射击条件下，对规定目标，使用规定弹药射击时能达到规定射击效力指标要求的最小作用距离。

2.1.1.2　坦克炮和反坦克炮

坦克炮（tank gun）是一种高初速长身管的加农炮，是现代坦克的主要武器。坦克主要在近距离作战，坦克炮在 1500～2500m 距离上的效率高，使用可靠，用来歼灭和压制敌人的坦克装甲车，消灭敌人的有生力量和摧毁敌人的火器与防御工事，如图 2-2(a) 所示。

反坦克炮（anti-tank gun）是一种弹道低伸，主要用于毁伤坦克和其他装甲目标的火炮，如图 2-2(b) 所示。

（a）坦克炮

（b）反坦克炮

图 2-2　坦克炮和反坦克炮

对于坦克炮和反坦克炮，其直射距离、有效射程更有意义。

直射距离，是指火炮射弹最大弹道高等于给定目标高时的射击距离。在这个射程内，射手可以不改变瞄准具上的表尺分划面对目标进行连续射击，保证了对活动目标射击的快速性。直射距离越大，用同一表尺射击时杀伤目标的区域纵深越大，测距误差对目标毁伤的影响越小。直射距离是坦克炮和反坦克炮战斗威力的指标之一。当弹丸一定时，初速越高则直射距离越大，穿甲能力也越大。

有效射程，是指在规定的目标条件和射击条件下，弹丸达到预定效力时的最大射程。由于近年来坦克火力控制系统性能不断提高，使火炮能在大于直射距离的范围内迅速地对活动目标射击，且能达到较高的命中概率，加之在实战中，地形或环境条件等与标准条件的差异，即使是在直射距离以内，有时仍需随时对射击诸元进行修正，方能命中目标。因此用“有效射程”的标准来取代“直射距离”，更能体现武器火力部分和火控部分的性能，体现射击对目标所能达到的效果。有效射程的概念现已成为体现武器综合性能的一个重要指标。

2.1.1.3 高射炮

高射炮主要是从地面对空中目标射击的火炮，也可用于对地面或水上目标射击，通常具有炮身长、初速大、射界大、射速快、射击精度高等特点。第二次世界大战以来的高射火炮多数配有火控系统，能自动跟踪和瞄准目标。高射炮如图 2-3 所示。

图 2-3 高射炮

对于高射炮，其高射性则比远射性更有意义。

高射性，是指火炮能够毁伤高空目标的能力，通常用最大射高表示。

射高，是指过射出点的水平面距弹道最高点的高度。

最大射高，即射高的最大值。

有效射高，是指在规定的目标条件和射击条件下，弹丸达到预定效力时的最大射高。影响有效射高的因素比较复杂，与高射炮所担任的具体防空任务、火炮口径大小、弹丸初速、弹丸结构、发射速度、瞄准器材和指挥方式、目标的航速和目标要害面积大小等有关。典型弹道曲线如图 2-4 所示。

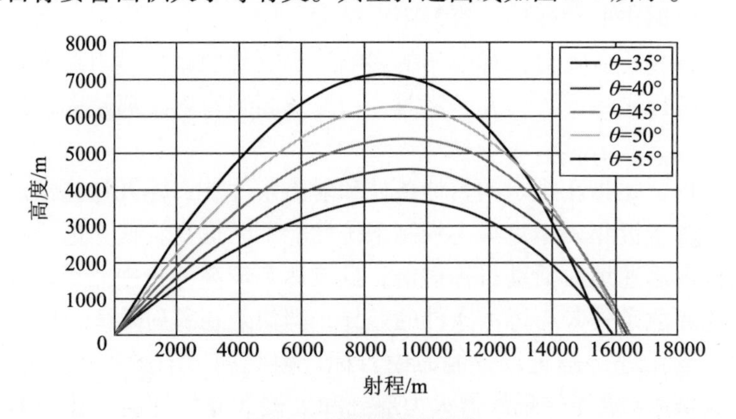

图 2-4 典型弹道曲线

射程是发射武器的主要性能指标，增程是重要的兵器技术。武器射程超过对方有利于取得战场主动权。

（1）“射程”这个概念的出现导致热兵器的诞生和冷兵器的淘汰。

（2）火炮射程决定“真理”。

德国铁血宰相俾斯麦在一次演讲中说：“失败是坚忍的最后考验。真理只在大炮射程之内。对于不屈不挠的人来说，没有失败这回事。”就是说政治诉求只能在武力所及的范围之内，而代表“武力所及范围”的就是火炮的射程[1-2]。

（3）火炮射程决定领海宽度。

1702 年，宾刻舒克在其著作《海洋主权论》中提出大炮射程说，“以海岸大炮射程的限度为领海宽度”，也称为射程距离说。宾刻舒克认为，沿岸国家的海域领地为从陆地所能控制的范围。大炮射程说得到了广泛的支持，是关于领海宽度唯一有权威的规则[3-5]。

（4）火炮射程影响两次鸦片战争胜负。

两次鸦片战争期间，中西方主要火炮都为前装滑膛加农炮，发射火药都为黑火药。清军千斤左右的舰炮，有效射程只有三四百米；而新铸的岸炮最大射程可达 4km 之外。西方国家舰炮和岸炮的种类和规格相对统一，射程较清军同种类和同规格火炮要远。重型加农舰炮最大射程可达 5km。清军火炮射程近，杀伤力小；西方国家火炮射程远、杀伤力大。由此可见，火炮射程不足是清军两次鸦片战争失败的重要原因之一[6-10]。

2.1.2　超远程火炮

远射性一直是现代战争对压制兵器发展的首要要求，随着战场作战距离的不断延伸，要求压制兵器的射程和精度不断提高。压制火炮作为压制兵器的主体，提高射程是过去、现在、将来世界各国炮兵武器装备发展的基本要求之一。现代战争对火炮武器射程的要求更加迫切和突出。在战争中使用超远程火炮能够大幅降低己方损失，提高战争胜算[11]。

近几十年来，火炮射程有了大幅的提高，从 10km、20km 发展到 30km、40km、50km，直到今天的 70km 以上。

超远程火炮是采用多种组合增程、制导技术，使弹药的射程和精度有显著提高的火炮武器系统。其主要特点是：综合采用各种增程技术，使射程达到 70km 以上，精度在 30m 以内的新型复杂武器系统。采用模块化战斗部技术，可携带不同类型的有效载荷，以完成不同的作战任务。这类火炮武器系统充分利用现代高科技成果，极大地扩展了火炮武器在未来战争中的地位和作用，使火炮的远程火力支援和远程精确打击能力实现质的飞跃[12-15]。

超远程火炮的火力控制范围大，用于舰炮，可对登陆部队和海上对抗提供远程火力支援，压制敌方火力，提高舰队和己方作战部队的生存能力；用于陆地，可用来远距离打击大纵深区域内各种高价值和集群目标。由于超远程火炮武器系统射程远，可在敌方地面火力范围外作战，可显著提高己方的生存能力。

世界主要国家都把增大火炮射程发展超远程火炮作为火炮研究的一项重要任务，并纷纷探索进一步增大火炮射程的技术。

2.2 火炮增程技术

火炮增程技术是增大火炮射程的综合技术。它是在利用内弹道学、空气动力学、外弹道学、发动机和新型发射技术研究成果的基础上发展起来的。

火炮增程技术主要采取武器法、外弹道法、复合增程三种技术途径。

2.2.1 武器法增程技术

从火炮武器发射平台考虑，主要从增加身管长度和提高膛压两个方面改进，其实质是靠提高炮弹的初速实现增程，此方法是对火炮发射系统的改进。

1. 增加身管长度

以 155mm 火炮为例，为加长火炮身管以提高弹丸初速、增大火炮射程和提高火炮威力，很多国家将其 155mm 火炮身管增加到 52 倍口径。如英国 AS90 自行火炮和法国 GCT 自行火炮的身管分别从 39 倍和 40 倍口径加长到 52 倍口径；南非则在 45 倍口径 155mmG6 火炮基础上发展了 52 倍口径的 G6-52L 自行火炮系统；德国 PzH2000、法国车载“恺撒”等新研火炮也采用 52 倍口径长身管；美国“十字军骑士”自行火炮甚至采用了 56 倍口径长身管。

2. 提高初速的装药技术

通过增加火药气体的总能量或改善燃气产生规律，增加火炮膛压曲线下的做功面积，从而增加弹丸初速。

2.2.2 外弹道法增程技术

外弹道法主要是从炮弹的飞行弹道上考虑，其实质是使炮弹在飞行过程中实现减阻、增速、提高升力等以实现增程，典型的有滑翔增程技术。

滑翔增程是指在飞行弹道某位置处炮弹的俯仰舵偏转，使全弹产生一个攻角，由此增大作用在炮弹上的升力，使弹道下降趋缓，炮弹向前滑翔飞行，实现增程的目的。滑翔增程炮弹飞行弹道如图 2-5 所示。

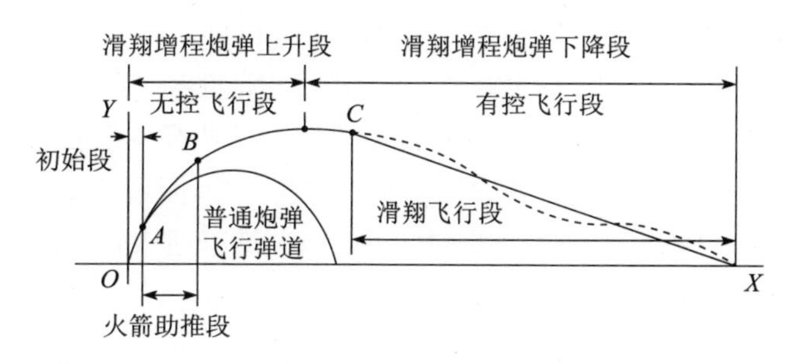

图 2-5　滑翔增程炮弹飞行弹道示意图

2.2.3　复合增程技术

在火炮设计时，很少单一使用一种增程技术，而是几种增程技术合理匹配、复合，从而使火炮获得最大的增程效果。复合增程技术主要包括火箭增程、底排减阻增程、冲压发动机增程等。

1. 底排减阻增程技术

底排减阻增程弹通过弹底的燃气发生器缓慢地释放气体，可以冲散尾部的涡流，减小了弹丸的前进阻力，增程可达 30%。

2. 火箭增程技术

火箭增程弹靠火箭发动机产生的高速后喷气流对火箭产生反作用力，再加上火箭发动机出口处的压力与大气压力之间的压力差，产生向前的推力，增大火箭向前的速度从而达到增程的目的[16]。由于火箭弹的弹体内要装燃料，因而对战斗部的威力有一定负面影响。

火箭增程技术成熟，增程显著，得到了广泛应用。火箭增程迫击炮弹，如图 2-6 所示。

图 2-6　火箭增程迫击炮弹

3. 冲压增程技术

冲压增程炮弹的工作原理是：当弹丸从火炮膛内发射出去之后，获得高初速。在弹丸高速飞行中，空气由弹丸头部的进气口进入弹丸内膛的进气道，然后进入燃烧室。空气中的氧与燃料充分作用，产生的高温高压燃气流经喷管加速，以很高的速度喷出，产生很高的后喷动量，以使弹丸获得很大的增速量。由于空气中的氧气参与燃烧，提高了燃料比能量，因而增程效率大幅度提高。冲压发动机理论比冲达到9000~12000N·s/kg，是普通火箭发动机的4~6倍。冲压增程炮弹示意图如图2-7所示。

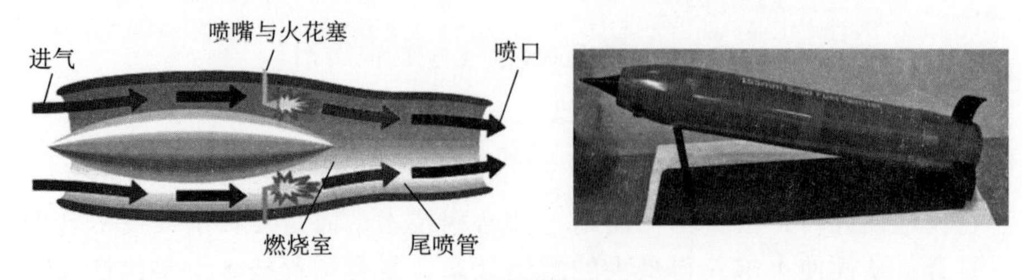

图2-7　冲压增程炮弹示意图

2.2.4　超高速射弹技术

“超高速射弹”（hyper velocity projectile，HVP）是美国海军正在研发的一种可用于电磁轨道炮、海军舰炮和陆军榴弹炮的下一代、通用化、低风阻、多任务制导弹药，可用于巡航导弹防御、弹道导弹防御、反水面战以及海军未来其他任务，也是美国国防部战略能力办公室正在发展的“改变游戏规则”新技术能力。HVP项目是美国落实第三次“抵消战略”的重要举措，一旦研发成功，将对美国防空反导能力产生重要影响。

HVP项目最初是美国海军为未来电磁轨道炮研发的一种高性能舰炮弹药。

2005年，美国海军研究署启动了“电磁轨道炮创新性海军样机”项目，计划发展一种可低成本、快速、远程精确打击敌方目标的颠覆性武器。

2012年，该项目完成第一阶段主要任务，开发了33MJ炮口动能的电磁轨道炮实验室样炮。随后，海军研究署启动该项目第二阶段任务，研发HVP是这一阶段的重点工作之一。

2013年，海军研究署选定BAE系统公司作为HVP的主承包商，授予其3360万美元的开发和验证合同。

2015年，完成了HVP关键部件设计、炮弹飞行模拟、毁伤效能评估、弹载电子器件开发等工作。

2016年，美国国防部战略能力办公室在预算申请中新设立了“超高速火炮武器系统”（hypervelocity gun weapon system，HGWS）项目，旨在集成海军电磁轨道炮和HVP的技术成果，并将HVP技术移植到传统火炮上，以提升现役海军和陆军火炮防空反导、反舰、对陆打击、火力压制等多任务能力。

HVP 尾部有 4 片弹翼，其中 2 片为固定弹翼，另外 2 片为用于控制炮弹飞行的活动弹翼。通过配置直径不同的 4 片铝制弹托（未来可能采用更轻的碳纤维复合材料），HVP 可由不同口径的火炮发射，包括电磁轨道炮、海军 127mmMK45 型舰炮、155mm“先进舰炮系统”以及陆军 155mm 榴弹炮。由电磁轨道炮发射时，除配备专用弹托外，还需在炮弹底部增加电枢。127mm 火炮、155mm 火炮、电磁轨道炮的 HVP 如图 2-8 所示，在图 2-8(c) 中可以看到电磁轨道炮弹药系统的导向组件（弹托）及电枢组件。

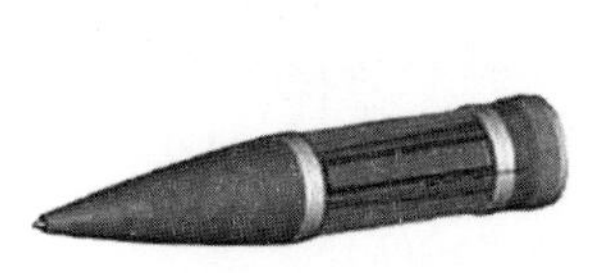

（a）127mm 火炮 HVP

（b）155mm 火炮 HVP

（c）电磁轨道炮 HVP

图 2-8　超高速射弹

HVP 采用 GPS 闭环火控指令制导，有动能和高爆两种战斗部，可攻击水面目标、地面目标以及空中目标。其中，动能战斗部装药不超过 0.1kg，采用触发引信。撞击目标后，战斗部在目标内部爆炸形成破片，可用于防空反导；高爆战斗部装有约 0.9kg 高爆炸药，采用近炸引信，炮弹在空中爆炸形成破片，杀伤目标，可用于打击水面和地面目标。

HVP 具有如下特点：

（1）具有较高的飞行速度。由电磁轨道炮发射的 HVP 飞行速度可达到 2500m/s；由 127mm 榴弹炮发射的 HVP 速度可达到 1020m/s，这一速度足以对抗反舰巡航导弹和无人机，如图 2-9 所示。

图 2-9　127mm 舰炮试射超高速射弹

(2) 具有较高的效费比。HVP 没有火箭发动机，成本相对较低，单价只需要约 2.5 万美元。相比之下，目前美国海军装备的“渐进式海麻雀”防空导弹和“标准”-3 Block 1 导弹成本分别为 150 万美元和 1400 万美元。在应对较廉价的巡航导弹和弹道导弹时，HVP 具有较高的效费比。

(3) 通用性强。

虽然 HVP 最初是为电磁轨道炮专门研制的，但是经过改进已可由美国海军 127mm 舰炮和美国陆军 155mm 榴弹炮发射。HVP 可集成到巡洋舰、驱逐舰和陆军大口径火炮等现役武器系统上。典型 HVP 主要技术性能参数见表 2-1。

表 2-1 典型 HVP 主要技术性能参数

项目	性能参数			
	美国海军 MK45 舰炮	美国海军先进火炮系统	美国陆军 155mm 自行火炮	电磁轨道炮
长度/mm	660.4（包含投射装置）、609.6（弹丸）			
质量/kg	18.16（包含投射装置）、12.71（弹丸）			
有效载荷/kg	6.81			
炮口初速/(m/s)	1020	825	未知	2500
杀伤方式	高爆杀伤	高爆杀伤	高爆杀伤	高爆杀伤、动能杀伤
最大射速/(发/min)	20	10	6	9
射程/km	大于 93	大于 130	大于 80	大于 185

HVP 将会为美国海军水面作战带来诸多优势，如通过亚口径弹药的设计来实现极高的精度，从而不使用火箭发动机就能增加弹药的射程；发射更小型化、更精确的弹药可以减轻附带毁伤，并可在更大程度上提高弹药库的装弹量，同时增强舰上的安全性；降低弹药总成本。

2.2.5 新概念发射增程技术

采用新概念发射技术，可以提高火炮初速，从而提高火炮射程，称为新概念发射增程技术。新概念发射增程技术主要包括轻质气体发射技术、液体发射药技术、电热发射技术、电磁发射技术等新概念发射技术等，分别在第 8 章、第 9 章、第 11 章、第 12 章详述。

2.3 超远程火炮的早期探索

早期超远程火炮通常也称为超级大炮，具有身管长、口径大、炮重的特点，典型代表是“巴黎大炮”和“巴巴多斯”大炮。

2.3.1　巴黎大炮

第一次世界大战时期，德国制造的巴黎大炮是世界军事史上最早的超远程火炮，主要作战目标是轰击法军后方城市，从军事、政治和心理上向对手施加压力[17-18]。

巴黎大炮实现超远程发射主要采用了武器法的高膛压、长身管和外弹道法的减阻设计。巴黎大炮是典型的超远程火炮，身管长度 36m，初始内径 210mm，后增加到 260mm，火炮身管寿命 50~60 发，火炮的总质量 140t，加上炮架和水泥底座，整个系统总质量达到了 750t。巴黎大炮及其炮弹，如图 2-10 所示。巴黎大炮射程：120kg 发射火药，最大炮膛压力 360MPa，初速 1500m/s 时，射程 100km；200kg 发射火药，最大炮膛压力 400MPa，初速 1610m/s 时，射程增至 120km；第一次世界大战结束时射程达到 170km。但射程增加 20%会导致有效载荷减少 12.5%。

图 2-10　巴黎大炮及其炮弹

巴黎大炮 50°~60°仰角发射，弹丸可以迅速飞离低层稠密的大气层，达到同温层，而同温层的大气已经十分稀薄，从而可以大大降低弹丸的飞行阻力，弹丸可以飞行到更远的距离。这和当今的洲际弹道导弹要打到大气层外，然后再入大气层，是一个道理。

巴黎大炮的实战运用，丰富了超远程大炮的设计、制造、内弹道学和外弹道学理论，甚至还对后来的人造卫星、洲际弹道导弹的研制有所借鉴。

2.3.2　巴巴多斯大炮

20 世纪 60 年代中期，加拿大的吉拉德·布尔博士在加勒比海的巴巴多斯岛建立了试验场，开始了代号为“高空飞行研究计划”的研究工作，旨在研究一种能够发射人造卫星的超级大炮。因其试验场位于加勒比海的巴巴多斯岛而得名“巴巴多斯”大炮，也称“布尔”大炮，如图 2-11 所示。

图 2-11 “巴巴多斯”大炮

巴巴多斯大炮口径 424mm，身管长 36m，采用火箭增程的方式，能以 2100m/s 的初速和 15000*g* 的过载，将 90kg 的炮弹打到 180km 的太空。理论计算表明，巴巴多斯大炮能够将 100kg 的炮弹发射到 4000km 的地方，发射 214kg 的火箭增程弹时射程达 2570km，质量稍轻一些的载体垂直发射则可以被送到 250km 以上的太空。

和通常意义上的火炮弹药不同，巴巴多斯大炮所使用的超远程炮弹，实质是由大口径火炮发射的火箭推进运载工具，这些运载工具既可以发射人造卫星，也可以搭载战斗部执行超远程攻击任务。

相较于巴黎大炮，显然巴巴多斯大炮实现超远程发射不仅采用了武器法的高膛压、长身管，还采用了火箭助推的方法。

2.4 美国远程精确打击

精确打击是现代高科技武器发展的新趋势，是高技术战争的主旋律。精确打击武器是信息与火力的高度融合，不仅直接提高了毁伤精度，节约了作战资源，增加了单位弹药的有效损伤，提高了作战效能；而且减小了战争的附带损伤，把战争的破坏性减低到最小的程度。随着精确制导技术的不断发展，在未来信息化战争中精确打击的地位和作用将会更加突出和重要。

精确打击按打击距离分为近程精确打击、中程精确打击和远程精确打击三种。远程精确打击是“精确打击”的一个应用分支，是指借助卫星、预警机、超视距雷达以及无人机等提供的目标定位信息，使用精确制导武器对超过 200km 的陆基、空基、海基、天基目标实施攻击。由于受飞行距离较远、所需时间较长以及目标机动等因素影响，需对精确制导武器进行中继制导，修正飞行航路，以使精确制导武器准确捕获目标。该方式对武器性能和兵种协同组织要求很高，目前美国和俄罗斯等国军队具有远程精确打击能力。

2.4.1 美国远程精确打击项目

美国陆军未来装备研发项目远程精确火力项目（long range precision fire, LRPF）由陆基反舰导弹（land-based anti-ship missile，LBASM）、单一多用途攻击导弹（single multi-mission attack missile，SMAM）、多导弹同步交战技术（multiple simultaneous engagement technologies，MSET）、增程火炮（extended range cannon artillery，ERCA）、低成本战术增程导弹（low cost-tactical extended range missile，LC-TERM）等项目组成，如图2-12所示。

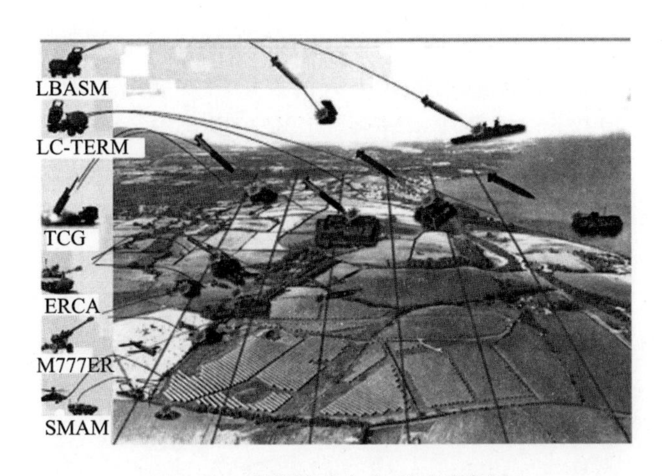

图2-12 远程精确火力项目示意图

1. 陆基反舰导弹项目

陆基反舰导弹项目旨在研发一种可从美国陆军现役的M270及M142多管火箭炮平台发射的反舰导弹。这种导弹可能是新研制的弹道导弹，也可能是美军现役巡航导弹的陆基改进型版本。针对该项目，美国陆军研究、发展与工程司令部航空与导弹中心正在研究LRPF技术，计划于2023年利用“精确打击导弹”替代已部署35年之久的“陆军战术导弹系统”。新型导弹将增加射程、增强GPS抗干扰能力、降低导弹单位成本。其中M142多管火箭炮可载2枚导弹，M270多管火箭炮可载4枚导弹，如图2-13所示。

2. 单一多用途攻击导弹项目和多导弹同步交战技术项目

单一多用途攻击导弹项目和多导弹同步交战技术项目则类似一种可以编组成集群的多功能无人机系统，该系统既可以执行侦察监视任务，也可以对海陆空战场的目标实施蜂群“自杀式”攻击，成本低廉，高效简便。

图 2-13　M142 多管火箭炮

3. 低成本战术增程导弹项目

低成本战术增程导弹项目则是对此前的陆军战术导弹系统项目（ATACMS）的延伸，计划采用既有的低成本火箭发动机发展出基于《中导条约》打擦边球（射程 499km）的低成本导弹，以延展美国陆军远程火力系统的最大射程。

低成本战术增程导弹可将美国陆军现有的地面战术打击范围扩大到接近 500km，射程数倍于美国陆军现有的射程最远的地面火力系统，更为美国陆军提供了反舰能力，对于陆军扩展分布式杀伤能力，乃至在制空制海联合作战中发挥重要作用。陆基反舰导弹作战概念图，如图 2-14 所示。

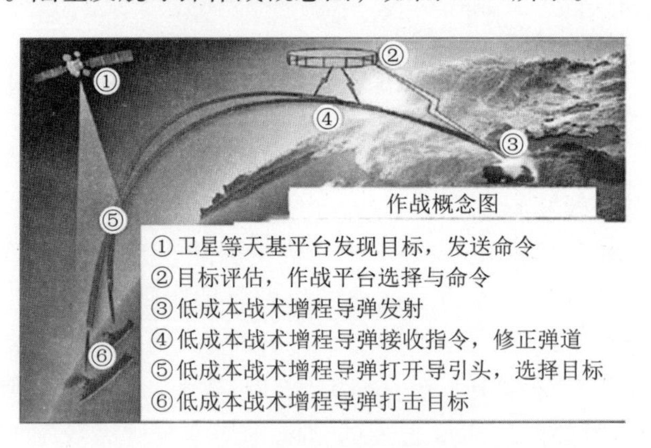

图 2-14　陆基反舰导弹作战概念图

目前美国陆军列装的重型装备大多数仍是冷战时期的产物。同时，俄罗斯和德国等地面重型战斗装备研发大国也已开始下一代坦克装甲车辆和火炮的研发。在这种危机感的驱使下，美国陆军综合数十年来下一代地面主战装备研究成果，提出了增程火炮项目，着眼于延伸武器平台的射程精度。美国陆军远程精确打击解决方案和导弹如图 2-15、图 2-16 所示。

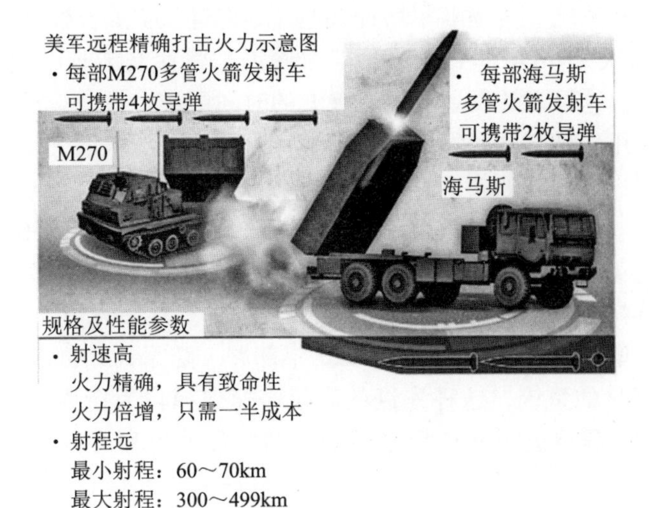

图 2-15　美国陆军远程精确打击解决方案

图 2-16　美国陆军远程精确打击导弹

2.4.2　美国陆军远程精确打击项目

目前美国陆军远程精确打击项目研究工作主要涉及美国陆军增程火炮和 M777 增程榴弹炮（M777ER）两个项目。

1. 美国陆军增程火炮项目

美国陆军增程火炮项目是一项正在开展研究的项目，由美国陆军武器研发与工程中心科学和技术办公室投资。将研制一种新型大口径火炮及相关炮架和支撑子系统，以改进 M109A6/M109A7 自行火炮系统 39 倍口径火炮的杀伤力。具体包括研发 XM907 火炮、XM1113 火箭助推炮弹、XM654 强装药、自动装填机和新型火控系统。美国陆军增程火炮计划将进一步加长榴弹炮的身管，几乎达到50%（从39倍增加到58倍），身管增长将使制造难度加大、更笨重、更难以机动，但这可以让发射药推进弹丸的时间更长，弹丸飞行速度更快。加长的身管将采用新型弹丸和发射药，新型身管的冶炼技术也将使其更坚固，甚至可发射更先进的弹丸如超高速和冲压喷气式弹丸，计划2023年之后投入使用。美国陆军增程火炮项目预计将分为两个阶段：第一阶段将配装XM907火炮、XM208炮架、相应的火炮驱动系统、输弹机、软件改进装置；第二阶段将配装自动装弹机。

美国陆军增程火炮项目计划于2025年部署。陆军计划部署一种可精确打击100km外目标的系统，这种先进的高超声速炮弹将为指挥官提供极具杀伤力的选择。除射程更远外，还将采用全自动装弹系统和可在GPS拒止环境中运行的通信系统。

新的陆军增程火炮项目M109改进计划最大特点就是引入了新型58倍口径身管，同样超过2S35的52倍口径身管，从这个指标就可以看出M109A8目标就是超越2S35。M109改进之后射程升级不仅仅体现在火炮上面，它还计划配备新一代远程炮弹，如采用冲压发动机的炮弹，使射程达到100km，配合GPS/INS复合制导系统，在飞行100km情况下仍然能够保持较高精度。目前有3种自动装弹机方案，采用为牵引M777火炮研制的第二种型号自动装弹机。M109A7新型炮塔通过配装下一代XM907 ERCA 58倍身管，新型XM1113弹、新型发射药，射程将增加到100km。采用自动装弹机的M109A8如图2-17所示，M109A8炮塔试验如图2-18所示。

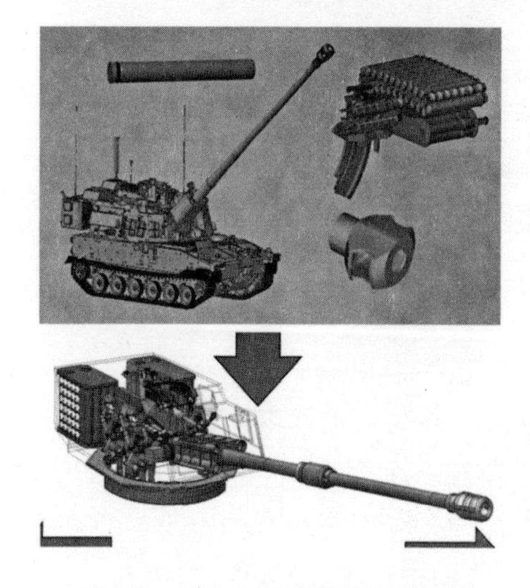

图2-17　采用自动装弹机M109A8

图2-18　M109A8炮塔试验

XM1113 火箭增程弹、XM1155 增程攻击弹、XM208 炮架、XM654 强装药、XM907 火炮、微型火控系统和自动装弹机计划如图 2-19 所示。

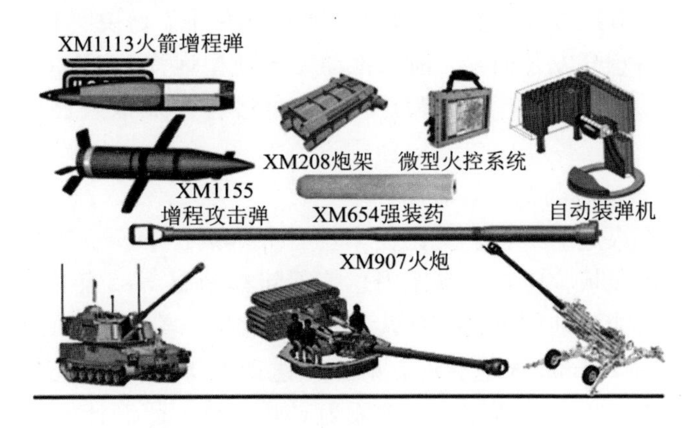

图 2-19　美国陆军增程火炮项目计划

2. 美国 M777 增程榴弹炮项目

2018 年，美国陆军在尤马试验场成功对 M777ER 增程榴弹炮进行了实弹射击试验，如图 2-20 所示。测试中，M777ER 样炮将 M777ER 榴弹炮、配有跟踪雷达的炮弹、监视设备和多型先进炮弹进行了集成演示，发射现有非制导榴弹可实现射程翻倍。

图 2-20　美国 M777ER 增程榴弹炮

与标准型的 M777 39 倍口径火炮相比，M777ER 进一步加长了炮管，使之达到 55 倍口径，炮长增加了 1.8m，这也代表发射室容积与膛线长度的增加，再结合增加标准发射药的药包数量，即可实现射程的延伸，M777ER 的最大射程可达 70km。而 M777 在使用普通炮弹时的射程只有 24km，发射神剑制导炮弹时为 40km，发射低阻全膛底排弹时为 30km。

除火炮本身射程增加外，美军同时也在研发新一代火炮使用的观瞄系统、射击追踪雷达系统、先进弹药等装备，但火炮全重仅仅增加不到454kg，总重约4.65t，仍然可以进行吊挂运输等操作，保持M777系列最大优点——轻量化，并且适应所有地形。当然，新炮的70km射程并不是说所有炮弹都有这样的射程。美军特意开发了拥有火箭助推动力的新型炮弹，XM1113才具有这样的超远射程，该弹还配有卫星导航系统，能够有效地摧毁已知坐标的静止目标。

3. 美国陆军远程精确打击远期计划

目前，俄军火炮的射程，要比美军现有火炮远上50%~100%。为补齐陆地力量这一军事短板，应对军事压力，美国陆军希望1~5年内能在射程上超过对手，研制出能让陆军重新拥有纵深火力的火炮。美军正在研制先进的冲压技术，成功之后155mm火炮的现有射程将达到100km。并且还准备把射程为1600km和2240km的战略攻击火炮和发射导弹，纳入研制计划中。一旦成功，将可在2240km外“点穴”攻击。

2.4.3 美国远程精确打击项目获得国会资金支持

2019财年预算法案中，美国国会批准了3.8344亿美元研究、开发、技术和评估资金用于改进武器和弹药；1.3968亿美元用于武器和弹药先进技术的研究、开发、技术和评估。其中，200万美元用于开发增程火炮；6700万美元用于提高增程火炮的杀伤力；1000万美元用于开发远程混合炮弹；1200万美元用于加速58倍口径增程榴弹炮的开发工作。

美国远程精确打击技术具有速度快、远距离攻击时敏目标等能力，美国远程精确打击研究成果将对未来战争的作战理论、作战样式产生影响。

2.5 超远程火炮

近年来，美国和英国综合采用各种火炮增程技术研制射程超过100km的常规火炮系统，如美国海军的155mm先进舰炮系统（advanced gun system，AGS）、MK45Mod4式127mm62倍口径身管火炮系统、英国陆军的155mm火炮系统、俄罗斯海军的AK-130舰炮系统，法国、德国、意大利对此研究也非常感兴趣。这类超远程火炮系统的出现，大大提高了常规火炮系统的火力支援能力和野战炮兵的纵深打击能力，可以说是火炮技术的一次“革命”性的发展。

2.5.1　美国先进舰炮系统

对岸火力打击与支援等作战需要舰载武器能在短时间内向一个区域内发射大量弹药，此时大口径舰炮更符合任务特性与成本效益。美国海军希望舰炮系统能有效攻击距离为 76～117km 的目标，这就是先进舰炮系统的军事需求[19-24]。

美国先进舰炮系统是由英国 BAE 系统公司主导为美国海军研发的舰载垂直舰炮系统，安装在美国海军“朱姆沃尔”特级驱逐舰上。该火炮使用具备隐身设计的多角型炮塔，整座炮塔空重 87.5t，口径为 155mm，炮膛药室容量 29.5L，炮管为 62 倍口径身管。AGS 炮弹炮口初速高达 825m/s，初始动能则为 35～36MJ，该炮最大射速约 10 发/min，具有多发炮弹同时弹着能力，通过不同的发射参数，每门火炮可让 4～6 枚先后发射的炮弹同时落地。1 门 AGS 舰炮的火力可达到 4～5 门标准 155mm 野战火炮的威力总和。作战时，炮塔可 360°自由旋转，射击俯仰角为 -5°～+70°，既可以发射制导炮弹，也能发射非制导炮弹。AGS 舰炮系统发射非制导炮弹射程为 44km，发射火箭推进式制导炮弹最大射程理论上可达 185km。2010 年，装在 DDG-1000 上的 AGS 舰炮在试射中射程达到 114km。

先进舰炮系统内部结构如图 2-21 所示，先进舰炮系统原型样炮及炮塔如图 2-22 所示，主要性能参数见表 2-2。

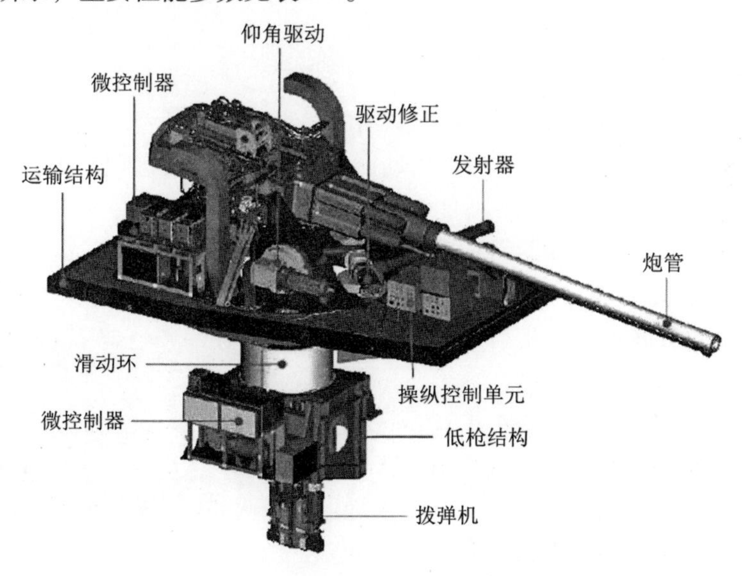

图 2-21　先进舰炮系统内部结构示意图

图 2-22　先进舰炮系统原型样炮及炮塔

表 2-2　先进舰炮系统性能参数表

口径/mm	155
炮管长（倍径）	62
炮塔重/t	104
旋转范围	360°
俯仰范围	－5°～＋70°
发射速度/(发/min)	10
固定携弹量/发	304
炮管冷却	水冷式
最大射程/km	114（理论 185）
初速/(m/s)	825

2.5.2　美国 MK45 Mod4 式 127mm 舰炮

美国 MK45 Mod4 式 127mm 舰炮采用的增程技术包括：一是改进结构提高炮口动能上限，发射常规弹药时炮口动能为 9.6MJ，发射远程制导弹药时炮口动能提高到 18MJ；二是采用高能硝铵发射药，提高发射药质量和能量；三是采用 62 倍口径身管取代原来的 54 倍口径身管；四是提高制动负载量和后坐行程；五是改进控制系统[25-26]。

改进后的美国 MK45 Mod4 式 127mm 舰炮发射远程制导弹药射程达到了 116.5km，圆概率误差精度提高到 10～20m，极大地提高了海军对岸火力支援能力[27-30]，如图 2-23 所示。

图 2-23　美国 MK45 Mod4 式 127mm 舰炮

2.5.3 意大利 127mm 奥托轻型火炮

意大利 127mm 奥托轻型火炮可安装到小型护卫舰和各种舰艇上，当发射新型弹药时，射程将达 70~100km。意大利还计划采用 60~65 倍口径的身管改进这种轻型火炮，发射新型弹药的射程将达 120km 以上，如图 2-24 所示。

图 2-24 意大利 127mm 奥托轻型火炮

2.5.4 法国“凯撒” 155mm 火炮

法国“凯撒”155mm 车载榴弹炮作为当代陆军远程炮兵的主要武器，在法军的地面作战体系中占据十分重要的地位，如图 2-25 所示。

图 2-25 法国“凯撒”155mm 火炮

“凯撒”155mm 车载榴弹炮的炮班乘员为 5 人，其炮车最大公路行驶速度为 100km/h，最大越野时速为 50km/h，底盘后部安装一门法国地面武器工业集团生产可满足北约标准弹道要求的 52 倍身管的 155mm 榴弹炮，其药室容积为 23L，最大后坐力为 340kN，在采用 6 号装药时的身管寿命为 1000 发，其炮尾部安装有一套半自动装填装置，最大射速为 6 发/min，持续射速为 3 发/min，爆发射速为3发/18s。

"凯撒"155mm车载榴弹炮能够发射多种弹药，如普通榴弹、底部排气榴弹、全膛底部排气增程弹、子母弹、制导炮弹、布雷弹、训练弹、发烟弹、照明弹等，并可配用多种装药，如制式药包装药、可燃药包装药及模块装药等。"凯撒"155mm车载榴弹炮发射"奥格拉"（OGRE）双用途子母弹、"博尼斯"精确制导炮弹、LU211/214底部排气榴弹/发烟弹、NR265/269全膛底部排气增程弹、M107榴弹、"欧米"反坦克布雷弹的最大射程分别为35km、35km、39km、42km、183km、215km。

2.5.5 超远程火箭炮

火箭炮射程远，是打击远纵深内目标的最佳选择之一。一发火箭弹可以携带数十枚子弹药，一门新型多管火箭炮一次齐射能抛出近千枚子弹药，覆盖面积达到数十万平方米。射击时具有覆盖面积大、火力猛烈的特点，而且容易达到奇袭的效果，是对面目标进行饱和打击的有效武器，特别适合承担火力准备和火力支援的任务。

火箭炮发射时不受后坐力的影响，自身带有推进装置，易于通过增大火炮口径、加大推进剂药量、增大长径比和提高推进剂的性能使射程增大。

现在重型火箭炮，采用普通火箭弹，最大射程可以达到50km左右，能对敌大纵深内的目标实施攻击。如美国M270多管火箭炮口径227mm，最大射程45km，若发射陆军战术导弹系统，射程可达150km。俄罗斯"旋风"火箭炮口径为300mm，最大射程为70km。伊拉克"阿比尔"100式火箭炮口径为400mm，射程达100km。

2.5.5.1 美国M270多管火箭炮系统

美国陆军现役装备中的M270多管火箭炮系统，是当今世界比较先进的火箭炮系统。M270多管火箭炮主要任务是在支援作战中提供野战炮兵火箭弹和导弹火力，另外还承担为其他的野战炮兵部队提供加强火力的任务，如图2-26所示。

图2-26 美国M270多管火箭炮

M270 多管火箭炮系统适用多种弹药，从火箭弹到战术导弹都可以使用，主要有：M26 式双用途子母火箭弹、At-2 反坦克布雷火箭弹、M26A1 增程火箭弹、制导火箭弹、灵巧战术火箭弹，也可使用陆军战术导弹。每辆车可以装 2 枚，也可以 1 枚战术导弹和 6 枚火箭弹混装，射程为：火箭弹 32km（制导火箭弹可达到 70km）；战术导弹（Block-1 型）25 ~ 165km/（Block-1A 型）100~300km/（Block-2 型）35~140km/（Block-2A 型）100~300km。

2.5.5.2　俄罗斯“旋风”火箭炮系统

俄罗斯最早实现了多管火箭炮弹药的远程化和制导化。1987 年，“旋风”300mm 口径，12 管火箭炮就已实现了 70km 的最大射程。在世界上首先采用装有简易制导系统的火箭弹，使方向和距离公算偏差均达到 1/300（即最大射程时为 233m）。后来通过重新设计和换用新型火箭发动机使“旋风”的最大射程增大到 90km；通过使用激光陀螺仪取代机械陀螺仪，在最大射程上的纵向偏差降到大约 90m。另外，俄罗斯还率先采用自动修正技术和末敏技术为“旋风”研制了“打了就不用管”的 9M55K1 子母火箭弹。

为了进一步提高“旋风”的精度，俄罗斯于 2005 年又为该火箭炮研制出了内装无人机（亦称自主目标探测与毁伤评估装置）的新型火箭弹。这种火箭弹能在 4min 内将 42kg 重的内装 R-90 无人机投送到 90km 的目标区，在目标区上空 200~600m 的高度持续飞行 30min，机载摄像机和图像传感器可将目标区域内的图像及目标坐标传送到火箭炮发射阵地，由指挥所进行数据处理、目标识别和射击校正。战斗结束后，R-90 可继续向指挥所传送目标区图像进行毁伤效果评估。在实施远程射击时，通常“旋风”先通过这种新型火箭弹发射 R-90 无人机，随后便根据 R-90 传回的目标精确参数，以极为精确的火力覆盖整个目标区域，如图 2-27 所示。

图 2-27　俄罗斯“旋风”火箭炮系统

9K58-2 型火箭弹换装新型火箭发动机后射程提高到 90km，此外改进了弹上部分细节设计，进一步提高了射击准确性，减少火力准备时间。该设计主要是针对美军陆航和空军的前沿机场。为了保证自己进行常规战争的核心力量坦克在战场上能顺利突击，消除其天敌反坦克直升机的威胁，必须以密集、猛烈的火力将直升机消灭在机场或前进基地中。合金设计局设法增加“旋风”系统的射程，起初的设想是增长火箭弹体长度，增加推进剂装药量，引进当时 SA-10 系统导弹固体火箭发动机改进的成果，将射程提高到 150km（SA-10D 型的 5B55R 导弹射程 75km，E 型的 48N6E 导弹改进发动机后增加到 150km），但在提高射程的同时也必须对定向管、车体大梁、稳定千斤顶位置等进行诸多改进，合金设计局权衡利弊后还是放弃了这一设想，转而采用保守但改动量小的 90km 方案。

2.5.5.3　以色列新型“山猫”多管火箭炮

2007 年，以色列军事工业公司火箭系统分部研制了一种新型轮式模块化自主多管火箭弹与导弹发射平台，并将其命名为“山猫”（lynx），旨在将其研制成一种高精度、低成本的网络化多管火箭炮，并可发射一系列地地火箭弹以达到各种不同的射程。发射大量弹药的性能可极大地减少对分散的火炮系统的需求。“山猫”火箭炮主要通过快速的惯性导航系统来实现准确的战术部署并具备分散能力，从而降低其面临的反炮兵火力的风险，如图 2-28 所示。

图 2-28　“山猫”多管火箭炮系统

“山猫”多管火箭炮可装在大多数具有高机动性的 8×8 长轴距轮式卡车底盘上，能够发射任何口径为 122～300mm 的火箭弹。以色列军事工业公司研制的 160mm 轻型火箭炮非制导/精确轻型火箭炮火箭弹射程达 45km，其发射箱的容弹量为 13 发；220mm 自由飞行/制导火箭弹射程达 45km，其发射箱的容弹量为 12 发；未来将配用的由以色列航空工业公司/以色列军事工业公司研制的 300mm 增程火炮（EXTRA）炮弹（射程达 120～150km），其发射箱的容弹量为 4 发。

2.5.5.4　土耳其新型 300mm 火箭炮系统

土耳其 Roketsan 公司新型 300mm 四管火箭炮系统已交付土耳其陆军司令部使用。该系统包括 T-300 多管火箭炮（MBRL）和 TR-300 火箭弹两个关键部分。该系统既能单发也能连发（连续发射时间间隔为 6s），既能通过控制舱发射也能在舱外遥控发射。每部发射装置都装有计算机火控系统，并且陆地导航系统还能够为其减少战斗准备时间，以增强其精确打击能力，如图2-29所示。

图2-29　土耳其T300多管火箭炮系统

R-300非制导火箭弹长4.75m，重530kg，使用复合固体推进剂，最长燃烧时间为4.5s，最小射程为40km，最大射程为80km，当不安装阻力环时可达到100km。火箭弹的战斗部重为150kg，其中包括80kg高爆炸药，以及26000颗钢珠。弹体前端安装有近炸引信，杀伤距离约为70m。该系统主要为土耳其陆军司令部提供远程火力支援，Roketsan公司的122mmT-122 ARS提供40km内的近程火力支援，可使用车载起重机更换和安装发射管，通过液压输弹机装填火箭弹。

参考文献

[1] 邹瑜. 法学大辞典 [M]. 北京：中国政法大学出版社，1991.

[2] 克里斯托弗诺恩. 俾斯麦：一个普鲁士人和他的世纪 [M]. 北京：社会科学文献出版社，2018.

[3] 韩子鹏，等. 弹箭外弹道学 [M]. 北京：北京理工大学出版社，2008.

[4] 邢昌风，等. 舰载武器系统效能分析 [M]. 北京：国防工业出版社，2008.

[5] 邱志明，等. 舰炮武器系统分析 [M]. 北京：兵器工业出版社，1999.

[6] 汪德虎，等. 舰炮射击基础理论 [M]. 北京：海潮出版社，1998.

[7] 王志军，等. 弹药学 [M]. 北京：北京理工大学出版社，2005.

[8] 周宏仁，等. 机动目标跟踪 [M]. 北京：国防工业出版社，1991.

[9] 肖柳林，等. 舰炮武器系统最大有效射程研究 [J]. 指挥控制与仿真，2014，36(2)：1-4.

[10] 刘鸿亮. 两次鸦片战争时期中西火炮射程研究 [J]. 科学技术哲学研究，2014，31(1)：81-86.

[11] 陈三强. 某大口径榴弹炮超远程弹关键技术研究 [D]. 南京：南京理工大学，2010.

[12] 郭锡福，等. 现代炮弹增程技术 [M]. 北京：兵器工业出版社，1997.

[13] 谭献忠，等. 超远程炮弹滑翔增程机理初步分析［J］. 中北大学学报，2013，34(4)：398-402.

[14] 李臣明. 发射武器增程技术概述［J］. 现代军事，2005，9：61-63.

[15] 马艳琴. 增程外弹道理论分析与数值仿真［D］. 南京：南京理工大学，2003.

[16] 曹玉鑫. 多喷管火箭增程迫击炮弹结构设计及气动特性分析［D］. 太原：中北大学，2017.

[17] 董干戈. 巴黎大炮一百年［J］. 坦克装甲车辆，2016，4：30-34.

[18] 李婷婷. 第一次世界大战中的"巴黎大炮"［J］. 军事历史，2012，1：64-67.

[19] 刘杨，胡江. 国外舰炮武器系统现状及发展研究［J］. 舰船电子工程，2013，33(08)：3-6.

[20] Navy Smart Shell Does a Crash and Burnby James DunniganApril 17，2005. Strategy Page，2013-09-24.

[21] EX-171 ERGM Extended-Range Guided Munition. Globalsecurity，2013-09-24.

[22] Advanced Gun System (AGS) Vertical Gun for Advanced Ships (VGAS). Globalsecurity，2013-09-24.

[23] BAE to deliver advanced gun systems for third Zumwalt destroyer. Naval-technology，2013-09-24.

[24] 贾彦飞，等. 155mm 舰炮技术的发展与思考［C］. 首届兵器工程大会论文集，2017：46-49.

[25] 杨树谦. 精确制导技术发展现状及展望［J］. 航天控制，2004，8(4)：17-20.

[26] 夏元杰，段红建，等. 美国陆军精确打击技术及其发展［J］. 兵工学报，2010，12(增刊2)：88-91.

[27] 赵永，李为民，等. 美国全球快速打击系统发展现状及动向分析［J］. 飞航导弹，2014(3)：11-16.

[28] 程晓雪. 对海中远程精确打击体系［J］. 指挥信息系统与技术，2014，6(1)：16-21.

[29] 钱曙光，翟佳星. 国外精确打击系统的发展分析［J］. 飞航导弹，2012(11)：59-66.

[30] 庄益夫，李向阳. 精确制导武器在两栖火力支援作战中的运用［J］. 飞航导弹，2014(5)：29-32.

第3章 超高射速火炮

3.1 射速与提高射速

3.1.1 射速及其意义

火力密度通常用火炮的速射性来表述。火炮速射性是火炮战术指标的一项重要内容，是火炮快速发射炮弹的能力，它直接影响总体火力性能，通常用射速来表示。火炮的发射速度（以下简称射速），是指单门火炮在单位时间内能够发射的炮弹数，通常用发/min 或发/分表示[1-5]。

火炮的射速又分为理论射速和实际射速，不特别指明时，所说的“射速”可以理解为理论射速。

理论射速，是指在不考虑外界条件的影响下，单门火炮在单位时间（每分钟）内可能的射击循环次数。理论射速体现的是不考虑外界条件的影响时火炮本身的能力。对小口径发射武器，往往将理论射速称为射击频率（简称射频）[6]。

实际射速，是指在战斗条件下按规定的环境和射击方式，单门火炮在单位时间（每分钟）内能发射的平均弹数。实际射速也称战斗射速。

实际射速又分为最大射速、爆发射速（也称突击射速）和持续射速（也称极限射速和额定射速）。

最大射速，是指在正常操作和射击条件下，单门火炮在单位时间（每分钟）内能发射的最大弹数。

爆发射速，是指在最有利条件下在给定的短时间（一般为 10~30s）内，单门火炮能发射的最大弹数。

持续射速，是指在给定的较长时间（一般为 1h）内持续射击，在不损害火炮技术性能条件下，所允许发射的最大弹数。

例如，法国“凯撒”155mm 轮式自行火炮最大射速 6 发/min，爆发射速为 3 发/18s；美国“十字军战士”155mm 自行榴弹炮，最大射速 10~12 发/min，持续 3min，持续射速 3~6 发/min；意大利奥拓 76mm 舰炮射速 85~100 发/min；

瑞典博福斯公司 MK2 式 57mm 舰炮射速 220 发/min；德国“猎豹”自行高炮配有 2 门 35mm 火炮，火炮射速每管 550 发/min；俄罗斯“通古斯卡”30mm 弹炮结合防空武器系统自动炮，单门射速 1950~2500 发/min；美国火神 20mm 高射炮，对空中目标理论射速 3000 发/min，对地面目标理论射速 1000 发/min[7]。

由此可见，火炮射速与火炮口径密切相关。在自动机工作原理相同的条件下，一般来说，当武器的口径增大时，射速随之降低。这是因为当口径增大时，弹药的质量与结构尺寸增大，也就意味着自动炮各构件的结构尺寸和运动行程增大。若要保持射速不变，将增大各构件的运动速度、加速度和惯性力，势必造成火炮撞击、振动、身管温度升高加剧等问题，从而限制了大口径火炮射速的提高。

3.1.2 理论射速的定义

火炮的射击速度越高，火力密度就越大，单位时间内发射的弹丸数就越多，杀伤面就越广，命中目标的可能性和毁伤目标的概率就越高。因此提高火炮射速是火炮技术发展的永恒追求之一。

火炮射速与火炮口径、自动机、主要机构构成、弹药、操作及使用条件有关。

提高射速可以从提高理论射速和实际射速两方面考虑。理论射速主要取决于火炮本身，实际射速取决于理论射速、炮手的熟练程度、火炮的反应时间、瞄准时间、身管的冷却条件等。因此，提高射速主要是提高理论射速。

单管火炮理论射速定义为单位时间（每分钟）火炮循环次数，即

$$n = 60/T \tag{3-1}$$

式中：n 为理论射速；T 为发射一发炮弹所需要的循环时间（s）。

火炮按身管个数分为单管火炮、双管火炮和多管火炮。具有一个、两个、两个以上身管的火炮分别称为单管火炮、双管火炮和多管火炮。

假定单门火炮身管数为 m，则 m 管火炮的理论射速定义为单位时间（每分钟）火炮循环次数，即

$$n = 60m/T \tag{3-2}$$

式中：n 为理论射速；m 为单门火炮身管数；T 为发射一发炮弹所需要的循环时间（s）。

3.1.3 提高射速的技术途径

综合式（3-1）、式（3-2），结合火炮发射技术，提高火炮射速主要有缩短火炮发射循环时间和增加单门火炮身管数两种技术途径。

1. 缩短火炮发射循环时间

对传统火炮而言，要提高理论射速 n，就必须缩短发射一发炮弹所需要的循环时间 T。缩短循环时间 T 的主要措施是合理设计火炮自动工作循环过程，提高自动化水平。但由于火炮射速与采用的自动工作原理密切相关，当火炮自动工作原理确定后，传统火炮所能达到的最高射速也就随之确定了。例如，炮闩往复式自动炮的最高射速约为 1200 发/min，单管转膛式自动炮的最高射速约 2000 发/min。实际上，对于传统身管武器而言，受发射原理限制，单管最高射速约 2000 发/min。

除从火炮结构着手缩短发射循环时间外，还可以从弹药着手缩短发射循环时间。串行发射技术就是从改变弹药的最基本结构着手，将一定数量的弹丸装在身管中，弹丸与弹丸之间用发射药隔开，弹丸在前，发射药在后，依次在身管中串联排列；身管中对应每组发射药都设置有电子脉冲点火头，依次电控发射弹丸，从而实现超高射速发射。串行发射摆脱了传统火炮发射技术的根本限制，由电子装置控制串行弹组点火发射，极大提高了射速。串行发射武器（主要指“金属风暴”武器）弹丸膛内运动时间就是循环时间，从本质上大幅降低了火炮循环时间。例如，串行发射武器弹丸膛内运动时间为 4ms，则可以近似认为其循环时间 T 为 0.004s，而传统火炮的循环时间极限约为 0.03s。两相比较，串行发射武器循环时间仅为传统火炮的 13.3%，或者说串行发射武器 15000 发/min 的射速是传统火炮 2000 发/min 最高射速的 7.5 倍。

2. 增加单门火炮身管数

由式（3-2）可知，对多管火炮而言，理想情况下，双管火炮的理论射速为同类型单管火炮理论射速的 2 倍；m 管火炮的理论射速为同类型单管火炮理论射速的 m 倍。也就是说相对同类型单管火炮，多管火炮理论射速同管数成正比。因此采用多管火炮技术是提高火炮理论射速的一个常用方法。

值得指出的是，式（3-2）所述，不仅对传统火炮有效，对串行发射的“金属风暴”武器同样有效。

增加火炮身管数主要有并行发射技术和转管发射技术两条技术途径。

（1）并行发射技术采用多炮管并行集成、数字控制精确击发、整体缓冲、整装集束供弹。目前采用并行发射技术的传统火炮主要有西班牙梅卡罗火炮[8]。多管“金属风暴”武器管与管之间也是采用的并行发射技术，因此“金属风暴”武器也称串并联发射武器。

（2）转管发射技术是指由外部或内部能源提供动力，驱动转管武器的身管组和旋转体一起转动，带动转管自动机与拨弹机构等相应零部件完成供弹、闭锁、击发、开锁、抽筒等一系列动作，实现转管武器自动连续射击的技术，采用转管技术的火炮称为转管火炮。

小口径转管火炮存在 10000 发/min 的射速极限，是因为转管火炮受限于发射原理，身管数 m 和循环时间 T 存在相互制约关系，不能通过增加身管数无限提高射速。

一般转管火炮身管数不超过 7 管，此时射速上限为 5000 发/min。俄罗斯卡什坦能够实现 10000 发/min 的射速，核心是在单门转管炮 5000 发/min 射速的基础上，实质是综合采用了转管发射技术和并行发射技术，才实现的 10000 发/min 超高射速发射[9]。

因此，提高火炮射速从原理上来说主要是缩短火炮发射循环时间 T，增加单门火炮身管数 m。对应的技术途径主要有转管发射技术、串行发射技术、并行发射技术等[10-15]。

3.1.4 超高射速火炮定义

高射速特指自动武器具有很高的理论射速。一般对小口径火炮而言，低射速是指理论射速小于 1000 发/min，中射速是指理论射速为 1000~4000 发/min，高射速是指理论射速小于 4000~6000 发/min，超高射速是指理论射速大于 6000 发/min。

超高射速火炮就是指理论射速超过 6000 发/min 的火炮。

超高射速火炮主要是在缩短火炮发射循环时间，增加单门火炮身管数上下功夫。目前超高射速火炮主要有小口径转管火炮、并行发射火炮、串并行发射的“金属风暴”武器。

3.2 小口径转管火炮

3.2.1 小口径转管火炮简介

小口径转管火炮具有反应速度快、射速高、火力密度大、可靠性好的特点，能对 3000m 内的目标实现弹幕式覆盖，可以有效弥补防空导弹的射击死区，是防空反导的最后一道防线。

小口径转管火炮广泛装备于陆军步兵战车、火力突击车、空军战斗机、武装直升机、海军舰艇等多军种武器载体。转管武器不仅可以作为机载航空自动武器，还可作为近程武器独立执行防空任务，毁伤低空、超低空目标，还可凭借“弹幕”般的密集火力对轻型装甲目标构成毁伤、压制敌方火力点、封锁要道隘口。

转管武器自动机是转管武器的核心组成部分，它决定着转管武器的火力性能以及主要战术指标。

转管武器指由外部或内部能源提供动力，驱动转管武器的身管组和旋转体一起转动，带动转管自动机与拨弹机构等相应零部件完成供弹、闭锁、击发、开锁、抽筒等一系列动作，实现转管武器自动连续射击的武器系统，典型转管武器如图 3-1 所示。

图 3-1　典型转管武器

一般转管武器的火炮身管数为 3~7，按照圆周方向均匀排列的方式与炮尾固连，形成身管组，身管组共用一个供弹系统和发射系统。每根身管都配有一套机芯组件，机芯体位于行星体的纵向导槽内，身管组与行星体通过前、后轴承支撑于炮箱内。炮箱通过前后支点固定在炮架上。

自动机可视为自动炮的一个独立组成部分，能够自动完成再装弹过程和连续射击等全部动作。通常自动机包含供弹机构、闭锁机构、击发机构、退壳机构、发射机构、保险机构、复进装置和缓冲装置等机构。

转管武器由身管、机芯组件（简称机芯）、行星体、炮箱、缓冲器、供弹机构、驱动装置和炮架等主要零部件构成，如图 3-2 所示。

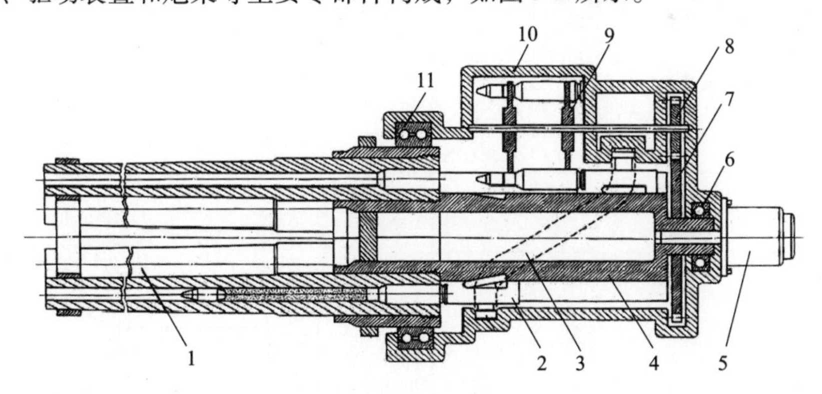

1—身管；2—机芯组件；3—滚轮导槽；4—行星体；5—液压马达；6—后轴承；7—传动齿轮；8—拨弹机齿轮；9—拨弹轮；10—炮箱；11—前轴承。

图 3-2　转管武器结构图

转管自动机，是指以多个身管回转完成自动工作循环的自动机。多根身管绕同一轴线均匀分布，并固连在一个回转的炮尾上，每根身管对应各自的机芯组件，机芯体位于行星体的纵向导向槽内，每个机芯体上方装有滚轮，滚轮与固连于炮箱内表面的一条凸轮曲线槽相配合。在开始射击时，身管和行星体在外部能源的带动下旋转，此时机芯体也将随着行星体一同旋转，由于凸轮曲线槽对机芯滚轮的导引作用，使得机芯体在机芯滚轮的带动下，在行星体的纵向导槽内沿纵向往复运动。各机芯体在凸轮曲线槽各对应段内完成装填、闭锁、击发、开锁、抽筒等动作。机芯的运动规律受凸轮曲线槽的控制，进而完成自动机的动作过程。在整个射击循环过程中，各身管对应的击发位置相同，每次只有一根身管处于发射状态，剩余身管则分别对应装填、闭锁和抽筒等动作。

当身管数为 m，行星体转速为 N 时，则 m 管转管火炮的理论射速为

$$n = mN \tag{3-3}$$

机芯体的运动规律取决于凸轮曲线槽。转管武器的工作原理相较单管自动武器独具特色，除运动形式不同外，结构也更为复杂。转管武器最大的特点是身管组可以转动，且每根身管都有各自的一套机芯组件，只在固定的位置击发，其中每一根身管就如同一支机枪（炮）连续发射弹丸。转管武器工作时，各身管进弹、开闭锁、抽壳等动作重叠，缩短了发射时间，从而具有了高射速的优点。此外，它还具有身管寿命长、结构紧凑、可靠性高等优点。

转管武器的工作循环图常用角度表示，转管武器射击循环如图 3-3 所示，以机芯体行程为纵坐标，以身管转过角度为横坐标，360°为一个循环。

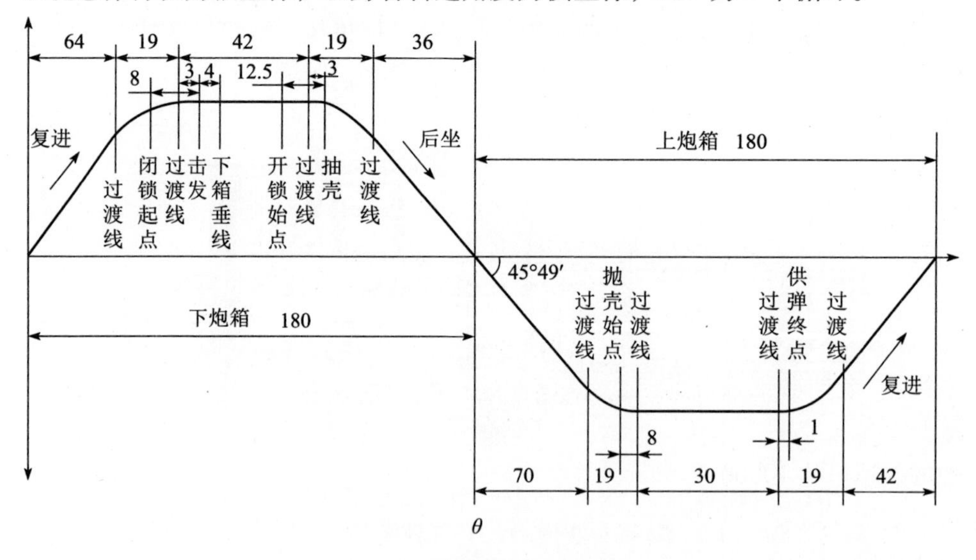

图 3-3 典型转管武器循环图

3.2.2　典型小口径转管火炮武器系统

典型小口径转管火炮武器系统包括荷兰的“守门员”系统、美国的“密集阵”系统、瑞士的“海上卫士”系统、俄罗斯的“卡什坦”弹炮结合武器系统等。

1. 荷兰“守门员”系统

“守门员”近战防空舰炮系统（简称近防炮系统）为荷兰泰雷兹公司生产，采用美国GE提供的GAU-8/A 30mm 7管旋转机炮。该型近防炮系统反应时间仅需4s，射速达4200发/min，对反舰导弹的有效射程为2km，可有效击毁来袭的反舰导弹、飞机、无人机等小型目标。“守门员”的炮塔可连续360°水平旋转，水平旋转速率100°/s，炮身俯仰范围-25°～+85°，炮管俯仰速率80°/s，炮管由外部电机进行驱动旋转；火炮供弹系统为无弹链闭合式供弹系统，由垂直圆柱弹鼓、出弹机构、输弹/转弹机构、进弹装置组成。“守门员”近防炮系统如图3-4(a)所示。

2. 美国“密集阵”系统

美国“密集阵”系统使用20mm 6管M61A1转管炮，发射脱壳穿甲弹，射速大约为3000～4500发/min，射速可调，储弹989发，射程1500m左右，整个系统重5625kg，具有搜索和跟踪能力，能拦截现役的各种高亚声速、掠海飞行和有机动能力的反舰导弹，如图3-4(b)所示。目前已生产了800多套，装备了几乎美国所有的海军舰艇以及另外20多个国家，是现役数量最多的近防炮系统。

3. 瑞士“海上卫士”系统

瑞士厄利空·康特拉夫斯公司研制的“海上卫士”系统，采用4管25mm口径转管炮，初速为1335m/s，射速达3400发/min，射程达2km。超大的射角范围和高旋转速度可确保对任何类型的空中目标发起攻击，成功地对速度为马赫数0.7的目标进行了实弹射击，适装于小型水面舰艇。

4. 俄罗斯“卡什坦”系统

“卡什坦”系统是集火炮、导弹和雷达/光电火控系统于一个炮塔的防空系统。“卡什坦”系统炮塔上安装有两门AO-18K型6管30mm火炮，两门火炮的上方各装一个四联装SA-N-11型防空导弹发射筒。双联装6管30mm转管炮的射速可达10000发/min，射程500～4000m，射高5～3500m，主要用于防御精确制导武器、飞机和直升机的空袭，也能攻击海上小型目标。“卡什坦”系统如图3-4(c)所示。

(a)“守门员”系统

(b)“密集阵”系统

(c)“卡什坦”系统

图 3-4　小口径转管舰炮

5. 典型转管小口径转管火炮主要性能指标

典型小口径转管火炮武器系统的主要性能指标，见表 3-1。

表 3-1　典型小口径转管火炮武器系统主要性能指标

型号	“守门员”系统	“密集阵”系统	“海上卫士”系统	“卡什坦”系统
口径/mm	30	20	25	30
管数	7	6	4	6×2（门）
射速/(发/min)	4200	4500	3400	10000
初速/(m/s)	1021	1097	1335	900
射程/km	3	1.5	2	2

由表 3-1 可知，转管火炮具有如下特点：一是为提高射速转管武器普遍采用小口径火炮，主要有 20mm、25mm、30mm 三种口径；二是为提高射速普遍采用了多身管方案，较为常见的有 4 管、6 管和 7 管三种；三是单门小口径转管火炮射速为 3000~5000 发/min，很难达到超高射速火炮 6000 发/min 的技术指标要求；“卡什坦”系统能够实现 10000 发/min 的射速，核心是在单门转管炮 5000 发/min 的基础上，两门炮同时发射，合计两门炮射速才实现的 10000

发/min，实质是综合采用了转管发射技术和并行发射技术，才实现了超高射速发射。因此，现有小口径转管火炮只有“卡什坦”系统射速达到了超高射速火炮6000发/min的技术指标要求，属于超高射速火炮。

3.3　并行发射火炮

并行发射技术采用多炮管并行集成、数字控制精确击发、整体缓冲、整装集束供弹。目前采用并行发射技术的有西班牙“梅罗卡”（Meroka）并行发射火炮。

西班牙伊扎尔造船厂研制的“梅罗卡”近防武器系统是世界上炮管最多的近防火炮。该炮采用了12联装的厄利空KAB-001式20mm自动炮，将12根炮管分上、下两排水平排列，每排6根，用4条钢箍固定成为一个整体，每门自动炮长2.4m，重28kg，如图3-5所示。

图3-5　“梅罗卡”并行发射火炮系统

“梅罗卡”并行发射火炮独特的设计使其火力强大，排除了转管炮因一管卡壳而全炮“罢工”的不足，提高了快速反应拦截能力。根据设计指标，该炮对付典型目标的命中概率为87%左右，理论射速9000发/min，初速1290m/s，射程3000m，水平射界360°，高低射界-15°~+85°，备用炮弹数720发，全炮重约4.5t。

但是，由于12根火炮绑在一起齐射，后坐力太大，不利于射击后快速复位，降低了装填速度。“梅罗卡”并行发射火炮的12根火炮被分成了4组，每组3根火炮，射击时3发齐射，然后各组依次射击，各组火炮齐射时保持同样的时间间隔。虽然避免了后坐力大的问题，但是因为该炮需要等到4组火炮全部射击完毕，再一次性给12根火炮装填，实际射击速度大为降低。“梅罗卡”主要性能参数见表3-2。

表 3-2 “梅罗卡”并行火炮性能参数

口径/mm	20
身管数	12
炮口初速/(m/s)	1215
射程/km	1.5
射频/(发/min)	9000

尽管并行发射火炮理论射速达到了 9000 发/min，属于超高射速火炮，但由于实际使用中一直没有解决并行发射火炮后坐力大和一次性装弹问题，并行发射火炮还没有获得大规模应用。

多管“金属风暴”武器炮管与炮管之间也采用了并行发射技术，详见 3.4 节。

3.4 串行发射火炮

串行发射技术以“金属风暴”武器系统为代表。“金属风暴”武器系统是澳大利亚金属风暴公司与美国合作研制的一种新概念速射武器系统，采用预装填堆栈式弹药、电子控制脉冲点火、多管组合，实现超高射速发射。串行发射可单管使用，也可多管、多口径、多弹种组合使用，是近 100 年来内弹道学的重大突破。

3.4.1 “金属风暴”武器工作原理

3.4.1.1 基本结构

炮管是“金属风暴”武器系统最具创造性的关键组件，实质上是在一根炮管内装有数发至十几发炮弹，依次发射[16-19]。“金属风暴”武器从结构上可分为电子点火控制装置和发射装置两部分，以单个发射管为例，“金属风暴”武器基本结构如图 3-6 所示。

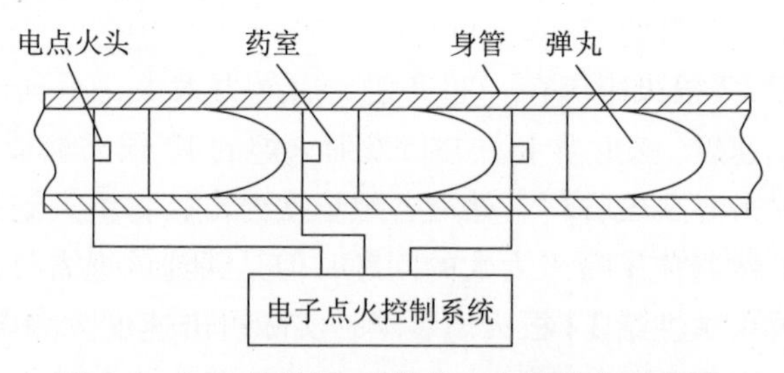

图 3-6 “金属风暴”武器单个身管结构示意图

电子点火控制装置主要由具有不同功能的众多电子控制模块组成，完成火炮系统的控制任务，包括发射方式的选择与控制，系统状态的描述与反馈，最主要的是控制系统完成各种方式的发射。

"金属风暴"武器的发射装置可根据任务需要，将多根不同口径、不同种类弹药的单元发射管，按照一定的顺序排列成发射阵列。单元发射管通常由一根弹药总成管和一根身管轴向对接而成。一定数量的弹丸预装填在弹药总成管中，弹丸与弹丸之间用发射药隔开，弹丸在前，发射药在后，依次在弹药总成管中串联排列，对应每组发射药都设置有电子脉冲点火头，各电子脉冲点火头均与发射控制装置连接。一般弹药总成管和身管可分离，便于"金属风暴"武器弹药再装填。

在电子点火控制装置的控制下，超高射频火炮可实现单发弹丸单独发射和多发弹丸高频发射。

3.4.1.2　单发内弹道过程

金属风暴武器系统采用全电子控制击发，大多数采用无壳弹药，同一身管中的首发弹丸的内弹道与传统火炮相差不大。

单发弹丸单独发射的内弹道过程为：发射时，通过电子点火控制系统设置在身管中的电子脉冲点火节点，使其中的点火药燃烧，产生高温、高压的气体和灼热的固体小粒子，这些气体及粒子通过对流和辐射加热主装药火药。当主装药火药的表面温度达到着火温度时，使靠近点火源的一部分火药药粒开始燃烧。然后，火药气体和点火药气体混合在一起，逐渐而又迅速地点燃整个主装药床。弹后的高温、高压气体推动弹丸向前运动。随着火药的继续燃烧，不断产生具有很大做功能力的高温、高压火药气体。在火药气体的作用下，弹丸运动速度不断增加，弹后空间加大，弹后压力将在某一时刻达到峰值，随后气体压力开始下降。在弹丸运动的同时，主装药和火药气体的混合物也随着弹丸一起向前运动。当全部火药燃烧完全之后，火药气体继续膨胀做功，一直到整个弹丸飞出炮口。

3.4.1.3　多发内弹道过程

多发弹丸高频发射的内弹道过程为：当发出发射指令时，电子点火控制系统根据发射频率或发射时间间隔要求，控制最前端弹丸的电子脉冲点火节点开始点火，进而点火药、发射药被逐步引燃，之后产生的气体将第 1 发弹丸推出身管。第 1 发弹丸击发之后，经过一段时间延迟，控制装置击发第 2 发弹丸的电子脉冲点火节点，重复内弹道过程，再经过一段时间的延迟，控制装置击发第 3 发弹丸，重复内弹道过程……第 2 发及后续的后发弹丸发射过程与第 1 发弹丸不同，后发弹丸被击发的同时，有可能前一发弹丸还没有出炮口，那么后发弹丸的弹头阻力就是前一发弹丸的膛底压力。对于前一发弹丸来说，同样意味着膛底也将由原来的静止边界变化为运动边界。或者后一发弹丸被击发的同时，前一发弹丸已经出炮口，但是前一发弹丸的火药燃气还未排净，膛内压力还未下降到外界压力，这样后一发弹丸的弹头阻力也可能和前一发弹丸的弹头阻力不同[20-25]。“金属风暴”武器多发弹丸膛内运动过程及弹药，如图 3-7 所示。

图 3-7 “金属风暴”武器多发弹丸膛内运动过程及弹药

3.4.1.4 多管“金属风暴”武器

多管“金属风暴”武器炮管数量可根据需要选定，炮管的口径可任意选定，可以采用多个口径混装使用，发射后可换装炮管组，还可调整弹重和发射药的质量改变初速和射程，如图 3-8 所示。

图 3-8 “金属风暴”武器发射瞬间

3.4.2 “金属风暴”武器发展简史

20 世纪 90 年代，澳大利亚人迈克·奥德怀尔发明了基于串联发射技术的超高射速“金属风暴”武器。

1996 年，迈克·奥德怀尔试射了第一支只有一根枪管仅串联装填两发弹丸的“金属风暴”原型枪。

1997年，迈克·奥德怀尔在美国战备协会轻武器年会上提交了一篇关于“金属风暴”技术和应用的论文，并演示了4根身管的“金属风暴”手枪。从此，“金属风暴”超高射速技术开始为世人所知，并引起各国军方的高度重视。

1998年，金属风暴公司开始引入多根身管武器的概念，前后设计了从单根身管到36根身管的11种演示装置，单根身管的射速能够提高到4.5万发/min，36管试验系统射速超过100万发/min。

2000年，澳大利亚国防科技局尝试将“金属风暴”技术使用在大口径身管武器上，研制了采用串联装填发射技术的40mm口径弹药并成功完成了试验。

2003年，金属风暴公司与美国合作，成功研制了40mm堆栈弹丸，并实现了单管射速600发/min、多管射速24万发/min发射。

2006年，金属风暴公司完成采用“金属风暴”技术的“赤背蜘蛛”武器站研制。该武器站由4管40mm口径“金属风暴”发射控制原理的榴弹发射器组成，能够锁定已发射的导弹，进行低空射击。“赤背蜘蛛”武器及其控制系统，如图3-9所示。

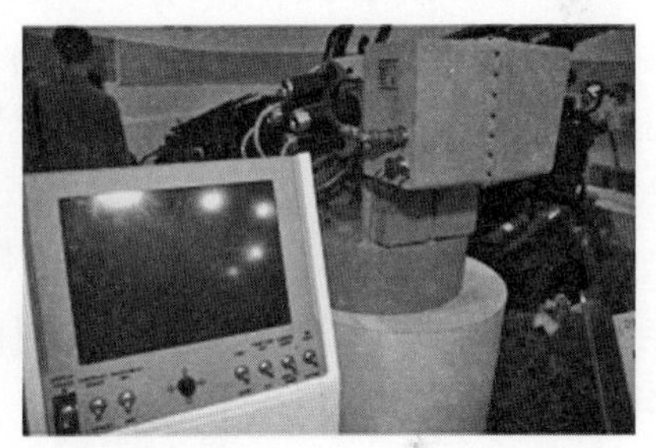

图3-9　“赤背蜘蛛”武器及其控制系统

2010年，金属风暴公司演示了安装在“勇士”无人车上的“烈焰风暴”40mm遥控武器站系统，该系统有4根发射管，配有24发榴弹，采用半自动发射模式低致命易碎弹头，能够对目标产生明显的钝击伤效果，可用于执行人群控制和道路清障任务，如图3-10所示。

2011年，金属风暴公司推出了“激怒者”金属风暴武器系统。它采用模块化结构，最多可安装30根发射管，每根发射管内装有6发弹，发射40mm榴弹，最大射速约2万发/min，可混装杀伤性弹药和非致命弹药，适用于执行多种任务。该武器系统可集成在轮式战车或装甲车上使用。车载“金属风暴”武器如图3-11所示。

图 3-10 “烈焰风暴”武器系统

图 3-11 车载“金属风暴”武器

3.4.3 “金属风暴”武器特点

“金属风暴”武器打破了传统火炮概念，具有超高射速、威力大、可控性好、生存力强、可靠性高、安全性好、易于维护和操作的特点[26-27]。

1. 超高射速

“金属风暴”武器由于设计独特，由多根炮管组合，而每根炮管预装数发和十几发弹丸，结构简单，没有任何运动部件，同时采用电点火工艺和计算机来控制发射，单管射速可达 4 万发/min，多管射速可达百万发/min，是典型的超高射速火炮，射速高是其核心技术优势。

2. 威力大

“金属风暴”武器具有的极高射速可在与来袭的飞机、坦克、战车、导弹等目标之间形成真正的弹幕，其单位时间内所产生的动能可达采用相同弹药的“密集阵”舰炮的 300 倍以上。

3. 可控性好

“金属风暴”武器全电子化操作与控制使其可根据目标特性、威胁程度和距离，选择多管同时发射，也可依次发射；同时也可选择某一口径的身管多管发射，或依次发射，从而控制射速和火力密度，革新了传统火炮的控制模式。

4. 结构简单、可靠

由于“金属风暴”武器没有传统火炮机械上的运动部件，发射之前也不用物理方法闭锁炮尾，可以在身管预装多发炮弹，身管数量不受限制，彼此独立，故障极少，其平均无故障弹数很高，因此具有结构简单、可靠的特点。

5. 易于维护和操作

根据需要，发射后的身管可丢弃也可再运回工厂继续装填使用，易于维护和操作。

3.4.4　“金属风暴”武器应用前景

“金属风暴”武器具有超高射速、威力大、可控性好、生存力强、可靠性高的特点，具有广阔的应用前景。

3.4.4.1　用作单兵作战武器

“金属风暴”概念最早应用于单兵作战武器，包括“金属风暴”手枪、“金属风暴”冲锋枪、“金属风暴”狙击步枪等轻武器。

“金属风暴”手枪是一种通过电子方法选择射速和射弹数量的手枪，有两种方案。第一种手枪方案是采用一根枪管，内装 10 发子弹，发射完即可更换枪管，已完成验证发射；第二种手枪方案采用 4 根枪管，其中 2 根枪管每根装 10 发子弹，另 2 根枪管装非致命子弹，用于准军事任务和维持治安。

“金属风暴”多管冲锋枪，每支枪管射速可达 4.5 万发/min，根据用途和需要不同，可把各种枪管组合起来。

“金属风暴”12.7mm 狙击步枪，射速高达 27 万发/min。

3.4.4.2　用作车载和舰载防御武器系统

“金属风暴”近程武器系统由于没有运动部件，可以显著减小对付威胁的反应时间，用于地面车辆和舰船防御时，大大提高作战效能。金属风暴公司和福斯特-米勒公司成立了联合项目组开发“雷电盾牌”，该系统可以为美国舰艇提供对付多种空中和水面威胁的武器系统。“雷电盾牌”项目概念包括两种尖端防御手段。利用“金属风暴”多管发射箱对潜在目标实施密集射击，这就是所谓的“雷”；而“电”则是将金属风暴技术和福斯特-米勒公司的“黄貂鱼”失能网络技术相结合。金属风暴公司研制的车载“金属风暴”武器系统，采用多管发射箱发射串联排列的弹药，如图 3-12 所示。

图 3-12　“金属风暴”武器系统

3.4.4.3　用作迫击炮武器系统

“金属风暴”迫击炮系统概念是将多个发射管密排在蜂巢形格子中，试验中这种迫击炮系统射速高达2万发/min。此外该型迫击炮系统还可代替传统杀伤地雷。

3.4.4.4　用作机载武器

“金属风暴”公司正在研究一种无人机机载40mm“金属风暴”武器系统。这将使轻型无人机具备小规模打击能力，可以为地面部队、护卫队以及执行道路清理和对抗机动便携式武器等任务提供昼夜支援，改变以往无人机只能执行侦察与监视任务的状况。

3.4.4.5　用作地域防御武器系统

“金属风暴”武器作为地域防御武器系统，采用可再装填的24管40mm感应点火发射器，集成演示样机射速为45万发/min，可发射多种弹药包括榴弹、烟幕弹、照明弹等，并可进行直瞄和间瞄射击；模块化结构使其可根据不同任务需求附加发射管或模块，武器平台可机动、空运和牵引，可组合到网络环境中，并能进行有人、无人遥控或自主操作。

3.4.5　“金属风暴”武器关键技术

虽然“金属风暴”武器系统已完成概念研究和演示验证试验，但其在走向实用化、武器化乃至最终形成战斗力过程中，还需要突破以下关键技术。

3.4.5.1　“金属风暴”武器系统总体技术

“金属风暴”武器出现时间短，“金属风暴”武器系统总体技术研究还不够深入，须建立“金属风暴”武器系统总体参数与其振动特性、动力响应、弹丸膛内运动、内弹道、外弹道、射击精度等动态性能间的定量关系，通过优化系统参数、内弹道参数、射序、射击间隔等，提高其动态性能，为“金属风暴”武器设计、研制、性能改进提供相应的理论依据与仿真手段。

3.4.5.2　内弹道一致性技术

“金属风暴”武器内弹道一致性主要包括各发弹丸的初速一致和最大膛内压力一致。“金属风暴”武器串联发射过程中，各发弹丸的发射过程各不相同且相互影响，导致各发弹丸的初速和最大膛内压力不一致。弹丸初速是外弹道的初始参数，初速不一致会造成外弹道不一致，导致弹丸散布变大，火力密集度减小，作战效能降低。弹丸最大膛内压力不一致造成发射次序靠后的弹丸最大膛内压力显著增加，容易发生危险事故。通过减小后发弹丸装药量来使得各发弹丸的初速一致，这样同时会使得后发弹丸最大膛内压力减小，如此必然使弹丸加速减慢，增加内弹道过程，降低“金属风暴”武器的射速。

3.4.5.3 “金属风暴”武器串联发射弹药技术

“金属风暴”武器系统主要将数个弹丸和发射药串联在一个身管内，再由点火装置将弹丸持续地“推”出身管，这就出现了新的研究问题，一个弹丸发射时与其他弹丸之间的相互影响以及“金属风暴”武器在各种发射方式下的弹丸膛内运动规律。

3.4.5.4 “金属风暴”武器结构设计与优化技术

“金属风暴”武器结构设计与优化技术包括弹丸结构、点火结构、装药结构、发射装置结构的设计与优化。“金属风暴”武器系统带来超高射速的同时，也使得发射过程中武器系统身管需要承受更高的压力、燃气温度；“金属风暴”武器多管连续齐射时，由于后坐力的迭加，身管需要承受更大的后坐力。

3.4.5.5 “金属风暴”武器高精度发射技术

“金属风暴”武器多管齐射时武器振动、不同射速、不同射序、射速与振频的匹配都会影响其射击精度。合理匹配射速、射序，避免共振，提高武器射击精度是“金属风暴”武器设计、研制、发展中急需解决的问题。

参考文献

[1] 赵建中，等. 双管联动自动机技术的现状与展望［J］. 火炮发射与控制学报，2012，1：92-96.

[2] 董文祥，等. 国外弹炮结合防空武器技术发展［M］. 北京：兵器工业出版社，2006.

[3] 胡江，等. 国外近程反导舰炮武器系统的发展研究［J］. 飞航导弹，2012(4)：33-36.

[4] 陆明. 某陆基转管炮发射动力学研究［D］. 太原：中北大学，2012.

[5] 庞伟. 转管武器自动机运动特性分析与仿真技术研究［D］. 太原：中北大学，2015.

[6] 庞伟，等. 多弹种快速供弹系统设计研究［J］. 火力与指挥控制，2015(1)：142-149.

[7] 朱森元. 小口径速射火炮武器系统发展展望［J］. 兵工自动化，2012，27(6)：1-4.

[8] 飞人. 西班牙的“梅罗卡”近程武器系统［J］. 现代防御技术，1989，79-80.

[9] 孙敬一. “卡什坦”舰载弹炮合一武器系统［J］. 现代舰船，1994(8)：27-29.

[10] 王宝成，等. 近程反导舰炮武器系统发展趋势［J］. 火炮发射与控制学报，2008(3)：94-96.

[11] 许江湖，等. 舰炮火控系统发展方向研究［J］. 情报指挥控制系统与仿真技术，2011(3)：19-21.

[12] 张世隆. 内能源转管武器可靠性分析［D］. 太原：中北大学，2011.

[13] 郁伟. 小口径多管转管火炮膛口流场数值模拟与分析［D］. 南京：南京理工大学，2012.

[14] 杨毓平. 超高射频武器系统结构设计及数值计算［D］. 南京：南京理工大学，2010.

[15] 季新源，等. 超高射频火炮内弹道优化设计［J］. 南京理工大学学报（自然科学版），

2008，32(2)：185-288.
[16] 李书甫，等. 金属风暴武器技术发展综述 [J]. 舰船科学技术，2012，34(3)：3-8.
[17] 刘丽娟. 金属风暴武器弹药关键技术研究 [D]. 沈阳：沈阳理工大学，2016.
[18] 赫雷，等. 超高射速武器低后坐力技术研究 [J]. 火炮发射与控制学报，2009，(1)：88-91.
[19] 王亮宽，等. 基于拦阻射击的金属风暴武器毁伤概率模型 [J]. 弹箭与制导学报，2015，35(4)：175-177.
[20] 于海龙，等. "金属风暴" 武器射击精度影响因素分析 [J]. 南京理工大学学报，2010，34(4)：524-527.
[21] 于海龙. 金属风暴武器发射动力学理论与仿真研究 [D]. 南京：南京理工大学，2008.
[22] 罗乔. 超高射频火炮内弹道性能参数一致性研究 [D]. 南京：南京理工大学，2016.
[23] 马超. 金属风暴武器膛口流场仿真分析 [D]. 太原：中北大学，2015.
[24] 鲁月. 电磁发射催泪武器结构设计及发射单元的发射仿真分析 [J]. 火力与指挥控制，2015，40(10)：178-182.
[25] 杨风. 电磁催泪风暴系统引信参数分析与仿真 [J]. 火力与指挥控制，2014，39(10)：179-182.
[26] 翟晓军，刘仔明，鲁月. 电磁催泪风暴系统研究 [J]. 火力与指挥控制，2014，39(01)：164-166.
[27] 刘仔明，翟晓军，陈忠礼. 电磁发射式催泪武器系统出口速度仿真 [J]. 计算机仿真，2013，30(10)：40-43.

第4章　超轻型火炮

4.1　轻量化及其意义

4.1.1　轻量化

轻量化是旨在通过一个系统的最小质量，在给定的技术边界条件下实现所需的功能，在整个产品生命周期内还应确保系统的可靠性。轻量化不仅可减轻系统的质量，还可提高整个系统的效率。高效的轻量化解决方案绝不仅取决于技术要求，也与经济、环境和社会的边界相关[1]。因此，轻量化绝不仅是单纯的质量最小化、一种设计原理或一种低密度材料而已，而是需要对边界条件进行明确定义，并进行系统性整体考虑。

轻量化的概念起源于赛车运动，如今已广泛应用于汽车、航空航天、武器装备等领域[2]。

就航空器而言，轻量化带来的经济效益和性能改善十分显著。减轻相同质量，商用飞机节省的燃油费用是汽车的近100倍，战斗机节省的燃油费用又是商用飞机的近10倍，更重要的是其机动性能改善可以极大地提高战斗机的战斗力、作战半径和生存能力[3]。

在战斗车辆方面，轻型装甲车与重型装甲车相比，轻型装甲车的运输性和战略机动性更好。国外很注重发展轻型车辆，如美国陆军“未来战斗系统”中高科技坦克将是一种代替M1A1“艾布拉姆斯”坦克的更轻型、机动性更好的装甲车辆，其外形轮廓小，质量轻，使它的空运、海运能力大大增强[4]。

轻量化设计，可以使火炮的体积更小、质量更轻、运输性和战略机动性更好。

此外，导弹轻量化可增加其射程和变轨的灵敏性。

武器装备的轻量化是一项重要的战术技术指标，是提高武器装备作战性能的重要方向，是提高作战部队战略和战役战术机动性的主要途径。

轻量化是一个系统概念，需要综合考量各方面因素。

4.1.2 现代战争对武器装备轻量化需求

现代战争要求作战装备具备快速有效部署和独立区域作战能力，能够尽快完成武器装备的部署以应对来自战场的各种威胁。武器系统轻量化设计的主要目的就是为了满足装备的快速反应要求，实现较好的运输性和战略机动性，提高战斗力和反应时间。

高速发展的公路建设为轮式装备的使用提供了便利条件，但轮式装备的质量必须满足道路运输的承载限制。轻量化设计将提高其最大行驶里程，相同承载能力下增大单车携带的弹药基数，提高武器装备的持续作战能力，从而提高轮式装备的战场生存能力。对于武器系统各组成部件，轻量化设计也不同程度地影响其性能和使用。

4.1.3 火炮轻量化

为适应现代战争的需要，火炮武器系统的发展不断朝着提高机动性能、作战威力、精确打击能力以及自身防护与生存能力的方向发展。传统意义上，火炮武器系统作战威力的提升需要以牺牲机动性为前提，即装备作战威力的提升通常需要通过增加装备体积与质量而实现，体积与质量的增加必然会降低装备的快速机动作战能力。通常情况下，火炮威力越大则其自身质量越大，火炮质量越大则其机动性能越差，因此火炮威力提升与火炮轻量化是一对矛盾体[5-7]。

所以，在满足火炮武器系统一定作战威力的前提下，尽可能减轻装备质量提升其机动能力是火炮武器系统发展的主要方向与研究热点之一[8-10]。

基于实战的需求，各军事强国高度重视火炮轻量化问题。美军用“兵力投送”替代了过去“前沿部署”的全球军事战略，即发生战争时，采用空运为主的战略机动方式快速部署部队，十分重视发展轻型师部队的快速部署能力和作战能力，并将“快速部署能力”列为“未来战斗系统”的主要特点之一，要求火炮武器“个头要小、火力要猛”。

火炮轻量化就是在满足一定的威力、射击稳定性和安全性能的要求下，通过合理有效的技术手段，解决使用方对火炮质量和体积的要求，提高火炮的机动性，并取得良好的射击效果[11-15]。

火炮轻量化技术是通过结构优化设计、减小后坐力，以及应用轻型材料来减轻火炮质量的综合性技术，涵盖火炮发射、火炮结构设计、材料科学、系统工程等方面[16-17]。

世界军事强国为适应新的世界形势，纷纷组建快速反应部队和应急作战部队。这些轻型部队都需要装备便于快速机动的轻型火炮武器。

4.1.4　超轻型火炮定义

超轻型火炮是个相对概念，一是轻量化是指相对常规火炮质量大幅减轻，二是小口径、中口径、大口径火炮的超轻型火炮定义也不尽相同。

对小口径迫击炮而言，通过采用轻量化技术能够实现单兵携行的小口径迫击炮，称为小口径超轻型迫击炮。

对中口径火炮而言，通过采用轻量化技术能够实现高机动车载的中口径火炮，称为中口径超轻型火炮。

对大口径常规火炮系统而言，通过采用轻量化技术能够适应机载、机吊的，尤其是适应直升机吊运的大口径常规火炮系统，称为大口径超轻型火炮[18-19]。

这些超轻型火炮结构紧凑，可以用直升机吊运快速部署到海岛、山地、沙漠等传统火炮无法进入的区域，对于节省运力和提高作战灵活性非常重要，逐渐成为了陆军、海军陆战队等军种的重要武器装备[20-25]。

4.2　轻量化技术

轻量化技术主要包括轻量化材料应用技术、轻量化结构优化技术和轻量化工艺技术。

4.2.1　轻量化材料应用技术

轻量化材料应用技术指的是在满足机械性能的前提下，将轻量化材料应用到系统设计中，以达到减轻质量的目的。轻量化材料主要包括铝合金、镁合金、钛合金、复合材料等[26]。

4.2.1.1　铝合金

铝是一种银白色轻金属，相对密度 2.70g/cm^3，熔点 660℃，沸点 2327℃。铝元素在地壳中的含量仅次于氧和硅，居第三位，是地壳中含量最丰富的金属元素。

铝的化学性质极其活泼，与氧有强烈结合的倾向。在空气中铝表面生成一层厚度约为 2×10^{-4}mm 致密的氧化铝膜，防止了铝的继续氧化，所以铝在常温和大气中具有良好的抗腐蚀性能。

铝的导热系数约为熟铁的 2.5 倍、钢的 1.5 倍。铝的比热为铁的 2 倍、钢和锌的 2.5 倍。铝的导电性能仅次于金、铂、铬、铜和汞，铝的纯度越高其导电性能越好。铝的导电率为铜导电率的62%~65%，而铜的密度是铝的3.3倍。铝的力学性能与纯度关系密切，纯铝软、强度低，但铝合金不仅在某种程度上仍保持着铝固有的特点，同时又显著地提高了它的硬度和强度，几乎可与软钢甚至结构钢相媲美。常用铝材如图4-1所示。

图4-1　常用铝材

现在，世界各国已经研制开发出全铝列车、全铝汽车、铝坦克、铝舰艇、铝炮架、铝枪支等。铝已成为实现轻量化的首选金属材料。

铝合金在航空工业主要用于制造飞机的蒙皮、隔框、长梁和珩条等。在航天工业，铝合金是运载火箭和宇宙飞行器结构件的重要材料。在兵器领域，铝合金已成功地用于步兵战车、装甲运输车和榴弹炮炮架上。

在军事工业中应用的铝合金主要是Al-Cu合金、Al-Zn-Mg合金和Al-Li合金。

Al-Cu合金是一种焊接性、耐热性、韧性都很好的合金，在美国已作为推进剂贮箱的主要结构材料。在美国洛克希德·马丁公司研制的亚声速远程军用运输机C-5“银河”上采用了Al-Zn-Mg高强度铝合金。Al-Li合金密度下降7%~11%，弹性模量提高12%~18%，在航空航天领域有广阔的应用前景。波音747飞机与空客A380飞机上都大量应用铝合金材料，如图4-2所示。

图4-2　波音747与空客A380飞机

4.2.1.2　镁合金

镁密度为1.75~1.90g/cm^3，是最轻的金属结构材料，镁合金强度和弹性模量较低，但比强度和比刚度高，在相同质量的构件中，选用镁合金可使构件获得更高的刚度。镁合金有很高的阻尼容量和良好的消振性能，可承受较大的冲击振动负荷，适用于制造承受冲击载荷和振动的零部件。镁合金具有优良的切削加工性和抛光性能，在热态下易于加工成型。

镁合金的熔点比铝合金低，压铸成型性能好。镁合金铸件的抗拉强度与铝合金铸件相当，一般可达 250MPa，最高可达 600MPa。镁合金的屈服强度、延伸率也与铝合金相当。镁合金还具有良好的耐腐蚀性能、电磁屏蔽性能、防辐射性能，可进行高精度机械加工。镁合金具有良好的压铸成型性能，压铸件比厚最小可达 0.5mm，适合制造各类压铸件[27]。

镁合金部件的优点：一是质量轻，换用镁合金能减轻系统质量；二是比强度高于铝合金和钢，比刚度接近铝合金和钢，能够承受一定的负荷；三是具有良好的铸造性和尺寸稳定性、加工容易、废品率低；四是具有良好的阻尼系数，减振性优于铝合金和铸铁，用于壳体可以降低噪声，用于座椅、轮圈可以减少振动，提高系统的安全性和舒适性。镁合金的缺点是成本高于铝合金。

第二次世界大战期间，镁工业获得飞速发展。当时有几款战机是用镁合金制造，如德国海军的水上多用途飞机 Aroda196 就有全镁合金飞机之称，其空载质量 2572kg，作战质量 3730kg；B-36 战略轰炸机，使用了 5555kg 镁板、700kg 镁合金锻造件及 300kg 镁合金铸造件；喷气式歼击机“洛克希德 F-80”的机翼通过采用镁合金制造，使结构零件的数量从 47758 个减少到 16050 个；“欧洲战斗机” EF2000 的机体座舱盖框也使用了镁合金。

除了在战机上应用外，镁合金在火炮及其他飞行器等方面都有应用。镁合金轿车框架及导弹发射箱，如图 4-3 所示。

图 4-3　镁合金轿车框架及导弹发射箱

4.2.1.3　钛合金

钛密度为 4.5g/cm^3，熔点为 1668℃，热胀系数小，钛合金抗拉强度可达

1500MPa，可与超高强度钢媲美，其比强度是常用工程材料中最高的；钛合金可在550℃以下工作，优于铝合金及一般钢；钛和钛合金的低温韧性很好，在-253℃（液氮温度）时仍有良好韧性，是最理想的能在超低温下使用的工程金属材料。

钛在550℃以下的空气中，表面会迅速形成薄而致密的氧化钛膜，使其在大气、海水、硝酸和硫酸等氧化性介质及强碱中的耐蚀性优于大多数不锈钢。但如与液态氧、高压氧接触时，则会发生燃烧或爆炸[28]。

钛与氮、碳结合生成的氮化钛、碳化钛也是非常耐热及坚硬的物质，是制作高耐热、高耐磨工具的材料，而金黄色的氮化钛像黄金一样闪亮，已成为一种高级仿金装饰膜材料。

钛最大的缺点是提炼比较困难、成本高、加工性能差、切削、焊接、表面处理都较难。因为钛在高温下极易与氧、碳、氮等元素化合，所以人们曾把钛当作“稀有金属”。其实，钛的含量约占地壳质量的0.6%，比铜、锡、锰和锌的总和还要多十多倍。

钛合金是一种新型结构材料，它具有优异的综合性能，如密度小，比强度和比断裂韧性高，疲劳强度和抗裂纹扩展能力好，低温韧性良好，抗蚀性能优异。因此钛合金在航空、航天、汽车、造船等工业部门获得日益广泛的应用，发展迅猛。

钛产量中约80%用于航空和宇航工业。例如，美国B-1轰炸机的机体结构材料中，钛合金约占21%，主要用于制造机身、机翼、蒙皮和承力构件。F-15战斗机的机体结构材料中，钛合金用量达7000kg，约占结构质量的34%。波音757客机的结构件中，钛合金约占5%，用量达3640kg。麦克唐纳·道格拉斯公司生产的DC10飞机，钛合金用量达5500kg，占结构质量的10%以上。

钛合金最早在F-86战斗机中作为飞机结构材料。钛合金在军用飞机和发动机中的用量迅速增加，从战斗机扩展到大型轰炸机和运输机，它在F-14和F-15飞机上的用量占24%和27%，在F100和TF39发动机上的用量分别达到25%和33%。随着钛合金材料和工艺技术进一步发展，制造一架B-1B战略轰炸机的发动机及壳体结构使用近90t钛材料。F-22“猛禽”先进战术战斗机上，钛合金的用量占比高达42%，结构用钛达36t。“幻影2000”超声速战斗机，采用了6个钛合金主承力隔框。俄罗斯苏-27战斗机主承力部件大量采用钛合金材料。

钛合金在舰船上的应用也相当广泛。俄罗斯在钛合金核潜艇技术上处于国际领先地位，也是最先用钛合金建造耐压壳体的国家。用钛制造的潜艇不仅比钢制潜艇经久耐用，而且可以潜入更大的深度，钛潜艇可以下潜到

4500m 以下，这是钢制潜艇无法逾越的界限。俄罗斯“台风”级弹道导弹核潜艇用钛达 9000t，其主耐压艇体、耐压的中央舱段和鱼雷舱是用钛合金制造的，不仅增加了潜水深度，而且提高了航行速度。典型钛合金装备如图 4-4 所示。

图 4-4　典型钛合金装备

4.2.1.4　复合材料

复合材料是由纤维等增强材料及母体等 2 种或 2 种以上性质不同的材料通过各种工艺手段组合而成。

目前，纤维增强树脂基复合材料的制造与装备技术已经比较成熟，是应用最为广泛的一类复合材料。这种材料以热固性或热塑性塑料为基体，以短切或连续纤维织物为增强材料，经过一定的工艺处理复合而成，具有比强度高、比刚度高、耐腐蚀、耐磨损、疲劳寿命高、可一体化成型等优点，还可以加入一定的阻燃剂等填料以提高阻燃性[29-31]。

随着研究应用的发展，以碳纤维增强树脂基复合材料为代表的纤维增强树脂基复合材料自问世以来就凭借其优良的力、声、磁、电学性能，良好的耐腐蚀性能，良好的设计、加工、维护性能，轻质性能，在国内外的军事领域发挥着越来越重要的作用。

复合材料应用到地面机动武器装备上以有效地减轻整体的质量，减少燃油消耗，提高机动性能、运载能力和可持续作战时间，进而在地面武器装备上得到越来越广泛的应用。

现代高科技战争既要求装甲装备具有高抗弹性，又追求其轻量化、高机动灵活性，以及良好的防护性等，为了满足这些要求，各国都在研究采用树脂基复合材料以期减轻装甲装备质量，而复合材料在装甲车辆上的应用已从简单的非承力件向结构件、动力系统乃至大型整体部件发展。俄罗斯将纤维增强树脂基复合材料成功地应用于主战坦克的装甲防护，以均质钢作为面板和背板，以酚醛复合材料和抗弹陶瓷作为中间层，制得了 T-80 坦克复合装甲；以覆盖了芳纶纤维复合材料的均质钢作为面板和背板，以酚醛树脂复合材料作为中间层，制得了 T-72 主战坦克的轻型复合装甲，大幅提高了顶部防护能力。

英国材料系统实验室对碳纤维复合材料减重效果研究表明，碳纤维增强树脂基复合材料车身质量为 172kg，而钢制车身质量为 368kg，减轻质量约 50%。

地面机动武器装备的底座设计中，复合材料底座比同尺寸的钢底座轻 58%，且可以提供足够的保护，使装备免受或抵抗冲击损伤。与此同时，由于它的阻尼性和无磁性，复合材料底座能够降低武器装备的声音和磁特性。树脂基复合材料具有高于钢几倍的拉伸强度，可以满足对机动武器车辆安全性能的需求。

地面武器装备推进系统的动力传输等部件的装备轻量化过程中，采用由碳纤维增强树脂基复合材料制备的驱动轴可以满足传动装置的部件最少、质量最轻的要求，并且轴越长，减重效果越明显。复合材料轿车框架和风力发电机扇叶，如图 4-5 所示。

图 4-5　复合材料轿车框架和风力发电机扇叶

4.2.2　轻量化结构优化技术

结构轻量化设计是在确保满足强度和刚度等性能要求的条件下，通过结构优化设计将材料、最优的结构形状和尺寸应用在设计中，使每部分材料都能发挥出其最大的能力和特性，从而实现整个系统轻量化设计的目的。结构优化主要分为拓扑、形状、尺寸和形貌等优化技术。

4.2.2.1　拓扑优化技术

拓扑优化技术是在给定的设计空间内找到最佳的材料分布方案，从而使零部件在满足各种性能要求的条件下得到最轻的质量。该设计方法主要应用于零部件的概念设计阶段。

变密度法是目前结构优化尤其是连续体结构优化中较为常用的方法，其原理在于假定基本结构中材料的密度是可以变化的。首先将需要优化的结构进行有限元离散处理，有限元模型设计空间的每个单元的“单元密度”作为设计变量。该“单元密度”同结构的材料参数有关，在0~1之间连续取值，优化求解后单元密度为1（或接近1）表示该单元位置处的材料很重要，需要保留；单元密度为0（或接近0）表示该单元处的材料不重要，可以去除，从而达到材料的高效利用，实现轻量化设计。

建立结构的拓扑优化模型后，以密度为设计变量，通常以最小柔度为优化目标，建立性能或体积约束条件，实现拓扑结构的最优化设计。板状卡扣结构的拓扑优化设计如图4-6所示，图4-6(a）为原始结构和载荷、约束条件，通过结构拓扑优化后得到的结构只保留了特别重要的材料，如图4-6(b）所示。只需要在保留材料的位置进行重点设计即可保证结构性能，汽车控制臂拓扑优化过程如图4-7所示。

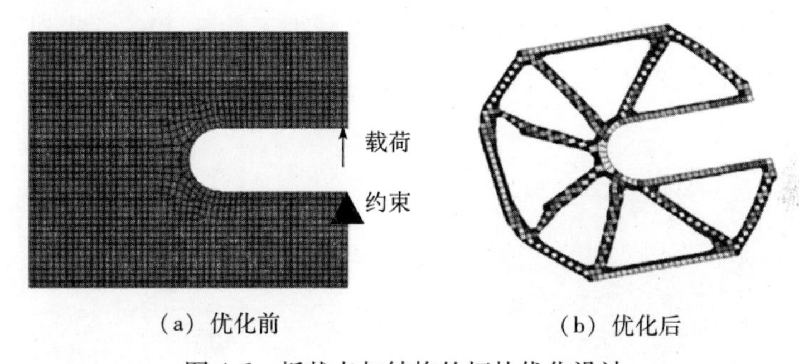

（a）优化前　　（b）优化后

图4-6　板状卡扣结构的拓扑优化设计

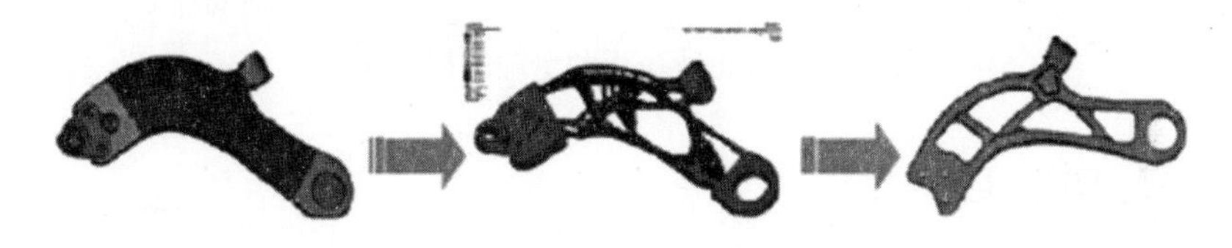

图4-7　汽车控制臂拓扑优化过程

4.2.2.2　形状优化技术

形状优化技术是一种用于详细设计阶段的优化技术，主要是指在满足各工况的前提下，改变结构的整体或者局部变形，使得结构受力更加均匀，从而达到材料的充分利用。在零部件的轻量化设计中，可以将形状优化与尺寸优化相结合，达到对零部件最大程度的轻量化设计。

4.2.2.3　尺寸优化技术

尺寸优化技术是最经典的优化技术，一般也称为参数优化技术，可以对有限元模型的各种参数，如板间厚度、界面尺寸、材料特性、弹性元件刚度等进行优化，根据设计阶段的不同，可以分为用于详细设计阶段的尺寸优化技术和用于概念设计阶段的自由尺寸优化技术。

4.2.2.4 形貌优化技术

形貌优化技术是一种形状最佳化的方法。在形貌优化中，首先将设计区域划分成大量的独立变量并进行迭代优化，在设计区域中根据节点的扰动生成加强肋，并计算该独立变量对结构的影响。需要设置起肋的区域、肋的最大高度、宽度和起肋的角度等参数，这些参数的变化影响形貌优化中加强肋的形成。根据设计要求定义优化目标的同时设定约束条件，通过形貌优化软件自动优化迭代计算得出最佳布局。

根据形貌优化理论对列车空调箱体进行优化，优化后盖板和空调底板模型如图 4-8 所示。盖板质量减轻了约 24%，刚度增加了 10%；底板质量约减轻了 2.29%，刚度增强了 50%。空调箱体总质量减少了约 5.39%，实现了列车空调箱体轻量化设计的要求[31]。

(a) 盖板模型

(b) 空调底板模型

图 4-8 优化后盖板和空调底板模型

4.2.3 轻量化工艺技术

轻量化工艺是指为了实现轻量化材料的应用所采用的连接及成型技术。轻量化工艺主要是配合轻量化设计与轻量化材料的应用，共同构成了轻量化的三个技术途径。目前应用较为广泛的有激光拼焊、热冲压成型、轻量化材料的连接技术等。

激光拼焊是采用激光能源，将若干不同属性、不同厚度的材质进行拼合焊接的工艺技术，以满足零部件对材料性能的不同要求，实现用最轻的质量、最优结构和最佳性能达到零部件轻量化的目的。汽车冷轧钢板激光拼焊示意图，如图 4-9 所示。

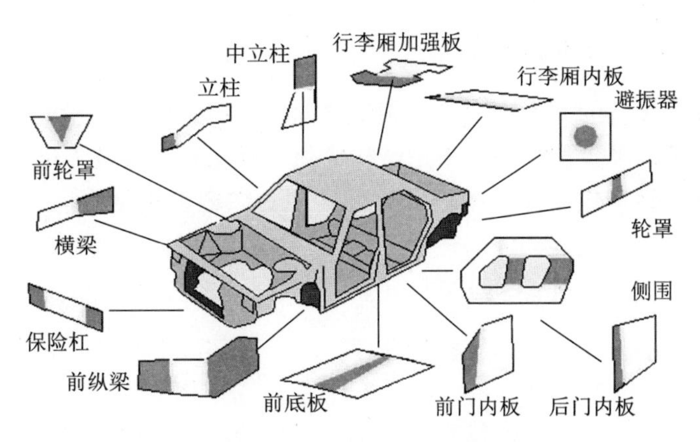

图 4-9　汽车冷轧钢板激光拼焊示意图

热冲压成型技术是一种零件加工方式，先将坯料加热至一定温度，然后用冲压机在相应的模具内进行冲压，以得到所需外形的一种材料成型方法。通过热冲压成型可以得到具有超高刚强度的零部件，从而有效地降低质量。热冲压工艺包括直接成型和间接成型，间接成型工艺增加了设备成本，因此现在的热冲压主要以直接热冲压工艺为主。

汽车上的典型热冲压构件，如图 4-10 所示。

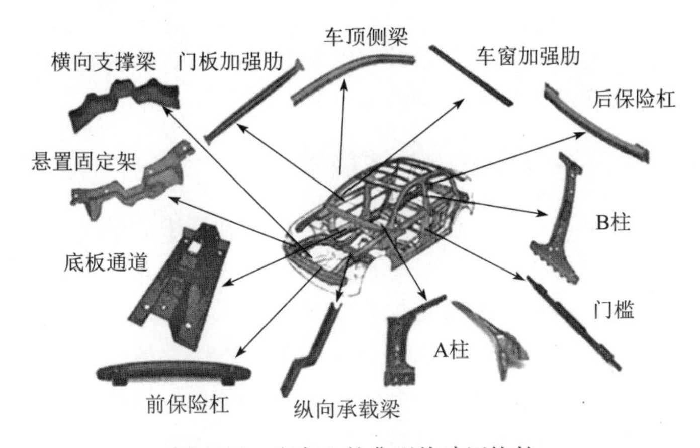

图 4-10　汽车上的典型热冲压构件

轻量化连接方式主要有焊接、铆接、螺接和胶接等，由于铝合金、镁合金、钛合金、复合材料等轻量化材料的使用，传统的焊接方式不再适用，需要新的连接方式。轻量化连接技术主要包括激光焊接、搅拌摩擦焊、锁铆技术、自锁铆、热熔、自攻螺钉以及胶粘，通过先进的连接技术可以实现不同材料零部件的连接，从而实现系统的轻量化。

4.2.4 轻量化技术路线

在轻量化装备的开发中，首先制定开发装备质量目标，然后将装备目标质量分解到各系统及零部件中，采用结构优化、轻量化材料及先进工艺技术对超重零部件进行轻量化设计，在轻量化设计中，综合采用结构优化、材料轻量、先进工艺等方法实现零部件的轻量化设计，最后采用台架试验及整车搭载的方法对优化后的零部件进行验证分析。装备轻量化技术路线，如图 4-11 所示。

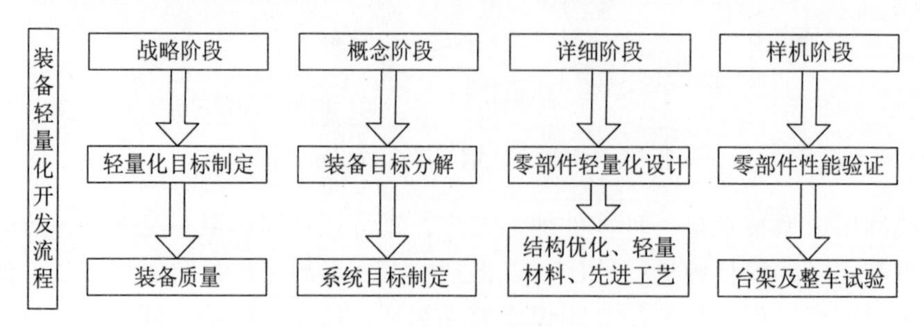

图 4-11　装备轻量化技术路线

4.3 火炮轻量化

火炮轻量化主要有火炮武器系统轻量化总体技术、火炮轻量化结构优化设计技术、火炮轻量化材料应用三种技术途径。

4.3.1 火炮武器系统轻量化总体技术

火炮武器系统轻量化总体技术主要是指为达到全炮质量、射击稳定性、射击精度等技术指标的最佳匹配，对全炮总体进行匹配优化，可以在满足刚强度的前提下合理减重，使火炮质量更轻[32]。

火炮武器系统轻量化总体技术涉及火炮武器系统总体、分系统及部件设计等方面，对提高武器系统机动性和生存能力等主要作战性能具有重要影响。火炮装备轻量化设计必须依靠结构总体、部件及材料等方面进步，进而通过系统总体集成优化设计最终实现轻量化目标，才能在不影响武器系统作战效能的约束条件下，提升装备平台的机动、运输、部署能力[33]。

例如，火炮武器系统采用无人炮塔则通过减掉人员及其乘坐环境带来的负担，实现轻量化。采用低矮的炮塔，体积较小则相应的装甲板也比较小，从而实现轻量化。

火炮武器系统轻量化总体技术主要包括火炮总体设计技术、降低后坐力技术、射击稳定性控制技术等。

火炮发射时的后坐力会将炮身向后推离炮位，使炮架结构复杂，质量增加，机动性降低。火炮采用弹性炮架后，发射后产生的后坐力经过火炮反后坐装置缓冲处理，炮身只是相对炮架进行后移，而全炮不后移，这样炮架受力大大减少，最终不仅便于瞄准和操作，提高了火炮的发射速度，而且大幅减轻了火炮质量，是火炮发展史上一次重大突破。世界上首门采用弹性炮架的火炮是法国 M1897 年式 75mm 速射炮，如图 4-12 所示。

图 4-12　法国 M1897 年式 75mm 速射炮

1914 年，美国海军戴维斯少校发明的世界上第一门无坐力炮，也称“戴维斯炮”。他把两颗弹尾相对的弹丸放在一根两端开口的炮管内发射。射击时，向前射出的是真弹头，向后抛出的另一颗是铅油质的配重体，相互抵消作用力，从而使火炮发射不发生后坐。抛射出的配重体散落在炮尾后不远的地方，射手避开这个危险区就不会受伤害。无后坐力炮发射过程如图 4-13 所示。古斯塔夫无后坐力炮如图 4-14 所示。

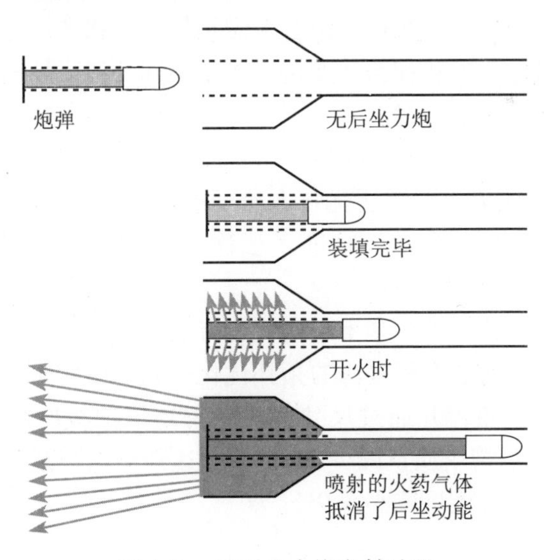

图 4-13　无后坐力炮发射过程

图 4-14　古斯塔夫无后坐力炮

膨胀波低后坐力炮理论上能消除后坐力，详见第 10 章。美国沃特夫列特森纳公司成功研制出的 105mm 膨胀波低后坐力炮，采用 105mm 多用途火炮和弹药系统的武器部件和摇摆炮膛装填系统，使后坐力降低 75%，火炮系统总重降低 25%。

英国陆军研制的 LTH 和 UFH 超轻型 155mm 牵引榴弹炮，除大量使用铝、钛合金及其他低密度、高强度材料，并采用长后坐冲程和低耳轴的“不平衡设计”，使后坐力向下转移，从而使火炮的质量仅有 3. 8t，是同口径性能火炮质量的 1/2。

4. 3. 2　火炮轻量化结构优化设计技术

火炮轻量化结构优化设计技术包括结构的形状、尺寸和拓扑以及它们之间协同设计的优化方法，其优化过程综合考虑拓扑、形状和尺寸等变量对结构的影响，构建结构尺寸、形状和拓扑变量的多个不同几何区域模型，形成参数化的结构尺寸、形状和拓扑变量。

工程中结构优化问题在质量控制、力学性能指标、频率和造价等方面的诸多设计要求，仅凭单一的结构优化方法一般难以得到最优结构，常见的做法是综合使用多种优化手段，通过多层次的优化来获得满足设计要求的结果。

根据火炮的轻量化要求，基于结构优化方法对炮塔进行优化设计研究。在多射角工况条件下，通过变密度法的拓扑优化得到炮塔托架主要传力路径，寻求托架材料的最佳分布；并通过尺寸优化获得炮塔护板厚度的最佳组合，如图 4-15 所示。优化后炮塔质量减少 11. 54%，达到了炮塔减重的目的。火箭炮底座经拓扑优化，底座质量减小 6. 9%。

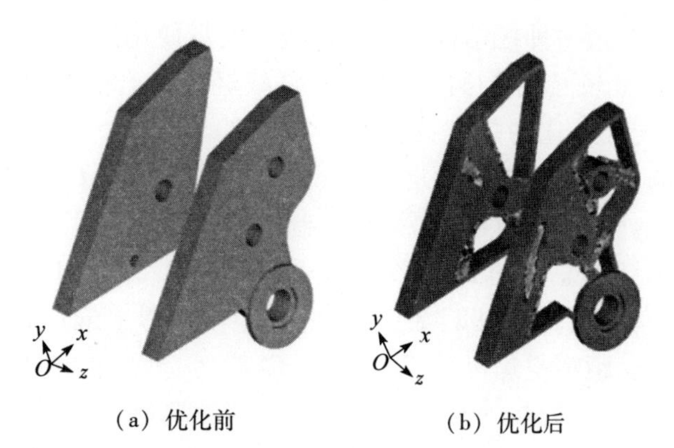

（a）优化前　　（b）优化后

图 4-15　炮塔托架拓扑优化前后对比

4.3.3　火炮轻量化材料应用

火炮轻量化材料应用技术就是轻质材料在火炮上应用的技术。当前火炮应用的轻量化材料主要有铝合金、镁合金、钛合金、复合材料等。

采用轻质材料是火炮轻量化非常重要的技术途径，目前轻型火炮已大量采用铝合金、镁合金、铁合金等轻量化材料。大口径轻型火炮架体结构大量采用轻质合金进行加工制造，并综合应用了超低火线高、长后坐及质心前移等总体技术，保证其全炮质量和射击稳定性能满足技战术指标。

1. 铝合金在火炮中的应用

铝合金由于具有密度低、强度高、加工性能好和焊接性好等特点，在火炮中得到了广泛应用。铝合金材料可用于制造火炮的架体、转台、箱体、支座及火炮外壳等，奥地利突击队员型迫击炮座板盘、M777 超轻型火炮制退机等采用铝合金制成，从而实现轻量化。

2. 镁合金在火炮中的应用

镁是密度最低的金属结构材料，在武器装备中大量应用。德国 AMX-30 坦克的 CN105F1 型线膛炮的身管热护套；英国 120mmBATL6Wombat 无坐力反坦克炮采用了镁合金，大大减轻了质量，加上所配的步枪，总质量才 308kg；以色列已将镁合金用于次口径脱壳弹弹壳、穿甲弹弹托。

3. 钛合金在火炮中的应用

钛合金具有密度小、强度高、耐腐蚀性能好等优点，是非常理想的轻质高强结构材料，可替代密度高的结构钢应用于火炮系统的制造，以实现火炮系统的轻量化设计要求。

美军为满足“黑鹰”直升机的吊运，研制的 M777 式 155mm 口径轻型牵引榴弹炮是世界上第一种在结构设计与制造中大量使用轻质钛合金材料的火炮系统，该炮的质量较传统的野战火炮大幅减轻。钛合金材料的大量使用是M777榴弹炮实现轻量化的关键技术之一，该炮的大架、射击坐盘、摇架、鞍型安装部、驻锄、车轮轮毂等关键承力部件均用钛合金材料制造[34]。

M777榴弹炮全炮总重仅为3745kg，制造过程中共使用了960kg的钛合金材料，占到全炮结构总重的25.63%，比美军现役7.2t的M198炮减轻了将近1/2质量，且整体尺寸较M198减小25%，是目前世界上最轻的155mm口径野战榴弹炮。该炮远距离空运可采用C-130、C-17等运输机，近距离部署可采用UH-60L/H“黑鹰”直升机、MV-22“鱼鹰”倾旋翼机吊运。地面机动时，近距离可使用“悍马”车牵引，远距离机动时20t级的卡车便可拖行。

采用钛合金材料制造炮口制退器可较传统的钢质材料减重30%~40%，由于炮口制退器质量的减轻可明显降低炮管的重力变形挠度，提高火炮的射击精度，同时对应的炮座配重也可大幅度减轻。另外，美国陆军在“十字军战士”自行火炮研制项目中，采用钛合金材料制造榴弹炮的炮座，质量较钢制材料减轻31%。

4. 复合材料在火炮中的应用

在火炮轻量化方面，复合材料也发挥了重要作用。采用高强度纤维树脂基复合材料制成火炮身管、炮管热护套、摇架、牵引杆、电绝缘件、防盾板等可以大幅降低火炮质量从而提高其机动性能。美国研制的石墨/环氧复合材料的转膛炮的复合加长身管替代传统金属加长身管，在解决金属炮管的下垂问题，提高火炮射击精度的同时，质量也减轻37%。以缠绕成型陶瓷为内衬的碳纤维复合材料制成的炮管，可承受1700℃的高温，无射击过程造成的结构损伤，而且其质量只有炮钢身管的30%~50%。

另外聚四氟乙烯、尼龙、超高分子量聚乙烯、酚醛层压制品等材料在火炮上的应用也较多，如一些受力的导轨、导板、护板、壳体、支座等采用了此类工程塑料制品。

美国“十字军”先进155mm自行火炮应用了复合材料炮塔，并完成试验验证。复合材料炮塔较同等应用需求的金属炮塔具有显著的减重效果，最大减重率可达30%以上，且综合性能得到显著提高，如图4-16所示。

图4-16 采用复合材料炮塔的“十字军”自行火炮

4.4　典型轻型超轻型火炮

在火炮发展历史上，出现了多种轻型/超轻型火炮，如超轻型迫击炮——掷弹筒、突击队员型迫击炮、美国 M224 轻型迫击炮、法国膛线后坐力轻型车载迫击炮、美国“鹰眼”超轻型榴弹炮、美国 M777 超轻型火炮、新加坡“飞马”高机动轻型榴弹炮、英国 UFH 超轻型榴弹炮等。

4.4.1　超轻型迫击炮——掷弹筒

掷弹筒是一种典型的超轻型迫击炮，攻击范围介于手雷和火箭筒之间，属于排一级一线支援武器，主要使用于第二次世界大战期间。掷弹筒主要特点是射角大、弹道弯曲、射程不远，用来杀伤躲藏在工事和隐蔽物后的敌人或者在远距离杀伤敌人有生力量。掷弹筒的杀伤效果好，操作方便，可以由单兵携带伴随一线步兵移动，对一线步兵进行支援。由于单兵携带且可以隐蔽在障碍物后发射，它的隐蔽性很强。掷弹筒弹药由特制的弹药袋携带，一个二人掷弹筒小组可以携带 16 枚，如图 4-17 所示。

图 4-17　掷弹筒及系统

掷弹筒发射时射手先拉动击发杆，然后由弹药手将弹药从筒口装入，完成弹药的安装。射手握住发射筒，根据目标距离转动手柄直至调节杆达到对应长度，通过瞄准线进行概略瞄准后，拉动击发机上的皮带，击发底部发射药将榴弹发射出去。

掷弹筒具有质量轻、威力大、射速高、成本低、命中率高的优点。

（1）质量轻。世界同口径的迫击炮一般至少要超过 6kg，掷弹筒却只有不到 3kg，比步枪还轻，非常适合单兵携带，甚至掷弹筒小组可以随着步兵冲锋。

（2）威力大。掷弹筒的杀伤半径大约在 5~8m，一发 50mm 榴弹如果落在人群中可以杀伤数十人，威力大。

（3）射速高。掷弹筒发射时间很短，射速可达 30 发/min，可以隐蔽在障碍物后发射。

（4）成本低。掷弹筒的造价只有步枪的 1/4。

（5）命中率高。有经验的老兵在 400m 内命中率高达 85%~95%。

4.4.2 奥地利突击队员型迫击炮

奥地利西滕贝格防御系统公司研制了 M6C-640T 突击队员型迫击炮。M6C-640T 突击队员型迫击炮不带支撑架，空炮质量只有 5.7kg，是同口径迫击炮中质量最轻的，也是真正意识上的单兵迫击炮。

M6C-640T 突击队员型迫击炮口径 60mm，迫击炮全长 815mm，发射管长 640mm，可发射西滕贝格公司各种 60mm 口径迫击炮弹，最大射程 1921m。

M6C-640T 突击队员型迫击炮由发射管、击发系统、座板组成。发射管由高密度特种钢铸造而成。为减轻质量，便于单兵携行，该炮没有支撑架腿，而是在炮管前半部分安装了护手，通过背带，士兵可以将迫击炮背在身上机动执行任务。奥地利突击队员型迫击炮如图 4-18 所示。

图 4-18　奥地利突击队员型迫击炮

该型迫击炮采用压发击发方式，装填炮弹时，无须将炮身竖起。装好弹并瞄准目标后，按压击发手柄前端的击发按钮即可击发。

底板由两部分组成，其中座板盘由铝合金制成，而座板中心则由钢制成，以保证强度。

4.4.3 美国 M224 轻型迫击炮

为适应现代城市作战、山地丛里作战、步兵快速机动作战要求，满足步兵对迫击炮火力需求，美军研制了质量轻、射速快、用途广、价格低廉的 M224 轻型迫击炮。该型迫击炮装备美军步兵连、空中突击连、空降步兵连和海军陆战队，为步兵提供近距离火力支援。

M224 轻型迫击炮口径 60mm，炮身长 1.016m，全重 20.8kg，采用滑膛结构，炮弹初速 237.7m/s，最大射程 3489m，最小射程 50m，最大射速 30 发/min，持续射速 15 发/min，如图 4-19 所示。

M224 轻型迫击炮系统可以分解为 6.5kg 的炮筒、6.9kg 的支架、6.5kg 的固定底座或 1.6kg 的单手持握底座，以及 1.1kg 的光学瞄准系统。该迫击炮系统可以在支座或单手持握两种状态下使用，握把上还附有扳机，当发射角度太小，依靠炮弹自身质量无法触发底火时就可以使用扳机来发射炮弹，如图 4-20 所示。

图 4-19　M224 轻型迫击炮

图 4-20　手持模式和炮架模式操作 M224

M224 迫击炮，质量轻、结构简单、易于分解携行和组装、射程较远、火力强度大，尤其适合山地作战，可以发射高爆榴弹、烟雾弹、照明弹、训练弹、红外线照明弹、全射程练习弹。M224 迫击炮造价约 1 万美元，价格低廉。

M224 改进型 M224A1，在火力强度和精度不变的前提下，总重降低了 20%，也就是 16.6kg。

4.4.4　法国膛线后坐力轻型车载迫击炮

车载迫击炮在局部战争和低强度冲突中杀伤力强、效能高，已成为世界各军事强国研制和装备的重点之一。车载迫击炮的难点是需要一个有效的制退机构来减轻 120mm 弹药发射时产生的强大后坐力及自动装填技术，120mm 车载迫击炮的一种思路是强调快速进入和撤出战斗的能力，必须采用轻型化设计。

法国泰利斯公司研制的“膛线后坐力轻型车载迫击炮”安装在 VAB 6×6

轮式装甲车上，配备全套火控系统、导航系统和弹道计算机。

膛线后坐力轻型车载迫击炮系统配用泰利斯公司的 120RT 牵引式线膛迫击炮的身管和弹药。该迫击炮口径 120mm，总重 1500kg，最大射速为 10 发/min；发射标准线膛弹的射程为 8. 1km，发射火箭助推弹的射程为 13km；携弹量大于 35 发，具有首发命中能力；采用半自动装弹系统装弹，射击程序高度自动化，乘员 4 人，如图 4-21 所示。

图 4-21　法国“膛线后坐力轻型车载迫击炮”

4. 4. 5　美国“鹰眼”超轻型榴弹炮

为满足美国陆军步兵旅要求全员都能使用战略运输机投送至战场，并能运用现役直升机空运转移的战略/战术要求，或者说是在火力不减、运量不增的前提下完成火炮的自行化，曼德斯集团研制了结构简单、模块化、超轻型的“鹰眼”榴弹炮。

美国“鹰眼”超轻型榴弹炮本质上是一款卡车炮，是两款成熟装备的结合。底盘采用成熟的悍马轻型卡车底盘，而车载火炮则是美军大量装备的 M119 型 105mm 榴弹炮。由于“鹰眼”超轻型榴弹炮是两款成熟装备的组合，因此使用和维护都相当方便，弹药和零件通用性强，如图 4-22 所示。

图 4-22　美国“鹰眼”超轻型榴弹炮

美国“鹰眼”超轻型榴弹炮口径 105mm，质量 1t 左右，采用普通炮弹射程 11.5km，采用火箭增程弹射程 15.1km，可以进行 360°旋转，在 15~20s 之内就能够实现开火，射速为 10~12 发/min。

“鹰眼”超轻型榴弹炮进行了轻量化改装，取消了炮口制退器，并且采用了“软后坐”原理，能够抵消 70%后坐力，质量比同等口径的传统身管火炮大约轻一半，从而能够装载在悍马车这样的轻型车辆上。

“鹰眼”榴弹炮创新性采用液压系统减少后坐力，在发射之前，“鹰眼”榴弹炮的身管和复进装置都被闭锁装置卡死。而在发射的时候，闭锁装置解锁，带动身管向前冲到预定值，发射炮弹。这时，火炮受到后坐力和前冲力的共同作用，从而抵消了一部分后坐力。

悍马车的机动性可让 2~4 人的一个小组迅速部署、发射，然后在 60s 内撤离，从而实现炮兵经典的“打了就跑”作战。

由于质量很轻，许多平台都能够搭载，比如 C-5、C-17 和 C-130 运输机，此外 CH-47、UH-60 和黑鹰直升机也可以吊装此型火炮。直升机运输的 M119 自行火炮和悍马卡车，如图 4-23 所示。

图 4-23 直升机运输的 M119 自行火炮和悍马卡车

4.4.6 美国 M777 超轻型火炮

155mm 口径火炮在射程、威力等方面与其他口径火炮相比具有明显的优势，已经逐步成为各国陆军装备的主要制式火炮。但是，由于大口径火炮的装药量较大，火炮发射过程中的冲击载荷巨大，为满足射击稳定性、刚强度等战技指标，一般大口径牵引火炮存在质量较大、机动性较差的缺点。

为协调机动性与威力之间的矛盾，大口径火炮的轻量化技术成为现代火炮的重要发展方向。自 20 世纪 90 年代以来，美国 M777 超轻型火炮装备美国陆军并投入实战，通过中型直升机吊运 4t 级 155mm 轻型牵引火炮，实现战场快速部署，迅速形成火力压制或火力支援，具备极强的战略机动性。

4.4.6.1 M777 超轻型火炮

英国 BAE 系统公司研制美国陆军和海军陆战队选定的 M777 超轻型火炮，是世界上第一种大量采用钛合金和铝合金的火炮。

M777 超轻型火炮口径 155mm，质量只有 4200kg，正常射速 2 发/min，最快射速 5 发/min；使用 M107 炮弹时，射程可达 24km；使用 M982 “神剑” 卫星制导炮弹，射程可达 40km，精度在 10m 以内。只需 5 人就可正常操作一门 M777 超轻型火炮，只需 2min 即可完成射击准备，如图 4-24 所示。

图 4-24　M777 超轻型火炮

M777 超轻型火炮相比美军原本装备的 M198 榴弹炮减重达 41%，运输非常方便，一辆 2. 5t 级的卡车就可以在地面牵引 M777，通过中型直升机或 C-130 运输机即可完成空运，从而大幅节省美国陆军、海军陆战队运力并提高其作战灵活性，如图 4-25 所示。

图 4-25　空运中的 M777 超轻型火炮

4.4.6.2 采用的轻量化技术

M777 超轻型火炮之所以能够大幅减轻质量是因为采用了独特的结构、高效反后坐装置和轻量化材料三种轻量化技术。

1. 采用对称、一件多用等结构技术

M777超轻型火炮通过采用对称结构、长后坐、减小载荷传递路线等措施减小架体受力，采用具有较强的刚性和工艺技术比较成熟的轻质钛合金制造零部件以减轻零部件质量，尽可能通过一件多用、多件合一的设计减少构件数量，从而实现减重。

该炮的炮架没有底板，行军时支撑在两个炮轮上，两个炮轮在必要时还可作为火炮的支点；摇架由四个外伸的钛合金管组成，四个钛合金管式组件既可以作为摇架的一个组成部分，同时又可作为平衡机和反后坐装置的一部分，具有缓冲后坐和控制复进的功能；液压气动式悬挂装置，也可作为液压千斤顶使用。

2. 采用长后坐低耳轴的高效反后坐技术

M777超轻型火炮采用液压气动式反后坐装置，一方面利用两个前置的炮架稳固地支撑着火炮，抵消火炮在发射时所产生的倾覆力矩，另一方面采用了长后坐和低耳轴的方式使后坐力向下转移并直接传到地面，从而最大限度地减小了倾覆力矩并使火炮保持射击的稳定。

3. 采用钛合金、铝合金等轻量化材料应用技术

M777超轻型火炮大量采用了轻量化材料制作的部件，如用钛合金材料制作的大架、射击坐盘、摇架、鞍型安装部、驻锄、车轮轮毂等部件；用铝合金材料制作的制退机；只有身管和一些联结部件是钢材制品。

4.4.7 新加坡“飞马”高机动轻型榴弹炮

新加坡“飞马”高机动轻型榴弹炮之所以被称为“飞马”，是因为“飞马”榴弹炮在设计之初就注重系统必须具有良好的远程投送和可部署能力。其机动方式多种多样，包括吊运、空运、辅助推进和牵引车牵引。

“飞马”榴弹炮系统自重只有5.4t，行军状态外形尺寸为长10m，宽2.75m，高2.4m，其结构紧凑，整体轮廓小，对机舱的要求低，可用C-130等固定翼运输机实施空运。吊运是“飞马”榴弹炮的首要机动方式，也能够用C-47D等重型直升机吊运，如图4-26所示。吊运时，直升机下部索吊火炮，舱内同时搭载炮班全部人员和一定数量弹药，可以跨越地面机动工具不能克服的地形障碍，并具有200km/h的空中机动速度，使火炮战术机动性成倍提高。此外，“飞马”榴弹炮还能够实施伞降。

图 4-26　新加坡“飞马”高机动轻型榴弹炮

4.4.8　英国 UFH 超轻型榴弹炮

英国维克斯造船与工程有限公司研制的 UFH 超轻型榴弹炮的突出特点是部分组构件结合于一体，部分组构件功能复合或多功能，从而使火炮结构简洁、紧凑，利于轻量化。UFH 超轻型榴弹炮口径 155mm，总重 1.9t，身管 39 倍口径、长度 5800mm，最大射程 30km，最大射速 4 发/min，行军战斗转换时间 2min，主要运动方式是车辆牵引或直升机吊运。

UFH 超轻型榴弹炮大量采用具有多功能的火炮组构件，如牵引环与炮口制退器结合为一体；液体气压式平衡机筒与制退机筒都装在摇架的套筒内，与摇架结合为一体，既可作炮身滑轨，又可完成后坐制动与复进，或者说筒式压力容器既是平衡机的一部分，又可作为反后坐装置的一部分；炮身可直角转动，以便炮闩向上开闩。

4.5　火炮轻量化存在问题

轻量化设计与系统的经济性、可靠性甚至产品性能之间存在一定的矛盾。如在结构件设计中应用钛合金，成本将成倍增加，必须考虑产品是否具有良好的效费比。一些较为复杂的复合材料成型技术，也可能带来成本增加的问题。

钛合金、镁合金等在武器系统中仍然应用较少，存在制造工艺研究滞后的问题。还需要强化研究复合材料的抗热变形能力、与金属材料的连接工艺方法、抗老化性能及材料性能数据库等，并针对实际应用需求进行试验验证。

其中影响轻量化材料在火炮上应用的主要问题包括：一是轻量化材料成形问题，如镁合金的成形要求较苛刻、工艺要求较高；碳纤维的成形工艺生产效率较低。二是材料差异性问题，轻量化材料与传统材料、轻量化材料之间的性能差异使材料拼接时遇到很多困难，拼接后的性能差异也对系统性能及耐久性产生一定影响。三是轻量化材料的高成本问题。

火炮轻量化设计切忌顾此失彼，不能片面追求轻量化指标，影响火炮武器系统整体性能。

参考文献

[1] 弗兰克亨宁. 轻量化产品开发过程与生命周期评价［M］. 北京：北京理工大学出版社，2015.

[2] 孙冠男. 汽车轻量化技术［J］. 汽车工程师，2017(7)：14-15.

[3] 林一平. 复合材料助力大飞机瘦身增效［C］. 第 17 届全国复合材料学术会议论文，2012，1277-1281.

[4] 王金梅，等. 武器系统轻量化设计技术研究［J］. 兵器装备工程学报，2017，38(12)：131-134.

[5] 彭迪. 超轻型火炮结构动力学有限元分析与总体优化匹配技术研究［D］. 南京：南京理工大学，2012.

[6] 蔡文勇. 大口径车载火炮多柔体动力学与总体优化研究［D］. 南京：南京理工大学，2008.

[7] 周成，顾克秋，卢其辉，等. 履带式自行火炮发射动力学仿真建模［J］. 四川兵工学报，2010，31(6)：20-23.

[8] 宗士增，钱林方，何永，等. 轻型车载火炮二维后坐动力学研究［J］. 弹道学报，2011，23(2)：76-78.

[9] 钱辉仲. 超轻型火炮摇架结构优化［M］. 南京：南京理工大学，2012.

[10] 梁苏. 轻型与强大火力的关系一牵引火炮的研制趋势［J］. 外军炮兵，2000(12)：3-5.

[11] 黄东升. 复杂系统有限元建模技术及其在轻型火炮中的应用研究［D］. 南京：南京理工大学，2013.

[12] 邵跃林. 结构优化及其在轻型火炮设计中的应用［D］. 南京：南京理工大学，2013.

[13] 万李. 某轻型火炮发射稳定性分析及优化［D］. 南京：南京理工大学，2013.

[14] 卜杰. 亮相发展的轻型火炮［J］. 国防科技，2004，6：27-31.

[15] 景鹏渊. 某轻型火炮反后坐装置特性研究与优化匹配［D］. 南京：南京理工大学，2017.

[16] 冯颖芳. 中国超轻型 155 榴弹炮亮相珠海使用铁合金［J］. 中国铁业，2015，1：51-52.

[17] 张鑫磊. 大口径火炮发射过程的结构刚强度问题研究［D］. 南京：南京理工大学，2016.

[18] 陈瑞祥. 某轻型车载火箭炮方案设计及结构分析 [D]. 南京：南京理工大学，2012.
[19] 连鲁军. M270 的继任者—美国陆军“海马斯”轮式火箭炮系统 [J]. 环球军事，2004(13)：42-43.
[20] 赵玉玲. 英国轻型机动式炮兵武器系统（LIMAWS）[J]. 兵器知识，2006(1)：40-41.
[21] 王新春. 车载火箭炮空投着陆冲击仿真与轻量化设计 [D]. 南京：南京理工大学，2014.
[22] 何庆. 空降型火箭炮总体方案设计与分析 [D]. 南京：南京理工大学，2011.
[23] 刘世刚. 军事革命战场上的“大力神”——美军正在研制的轻型“轮式高机动性多管火箭发射系统 [J]. 国际展望，2002(5)：51-53.
[24] 岳松堂. 美国陆军“海玛斯”高机动性火箭炮系统的发展 [J]. 外军炮兵，2008(9)：18-23.
[25] 赵玉玲. “海玛斯”高机动性火箭炮系统的设计思想 [J]. 外军炮兵，2008(10)：24-28.
[26] 倪桂敏. 国外火炮新型轻质材料技术的研究与发展 [J]. 兵器材料科学与工程. 1996(2)：51-53.
[27] 许小忠，等. 镁合金在工业及国防中的应用 [J]. 华北工学院学报，2002(3)：190-192.
[28] 黄晓艳，等. 钛合金在军事上的应用 [J]. 轻金属. 2005(9)：51-53.
[29] 窦培明，等. 国外新型轻质复合材料在火炮上的应用与发展 [J]. 机械管理开发，2005(5)：58-61.
[30] 陈彦辉，等. 电磁轨道炮身管工程化面临问题分析与探讨 [J]. 兵器材料科学与工程，2018，41(02)：109-112.
[31] 于用军，李飞，王帅，等. 整车轻量化技术研究综述 [J]. 汽车实用技术，2017(24)：43-45.
[32] 杨雕，曾志银，宁变芳，等. 空降型火炮炮塔优化设计 [J]. 火炮发射与控制学报，2015，36(04)：55-58.
[33] 张蓉. 某防空火箭炮发射动力学分析与结构轻量化研究 [D]. 南京：南京理工大学，2008.
[34] 任庆华，张利军. 钛合金在轻量化地面武器装备中的应用 [J]. 世界有色金属，2017(20)：1-4.

第5章　多用途火炮

5.1 简　介

传统火炮武器系统主要基于某单一规定任务进行，如榴弹炮用于火力压制，坦克炮、反坦克炮用于直瞄穿甲，速射小高炮用于防空反导等，对于火炮火力效能的研究也大多基于单一作战任务展开。

现代战争对火炮性能的需求，使得火炮武器功能集成化、多用途化成为趋势，典型的如德国88mm高平两用炮、美军多功能武器与弹药系统、比利时多用途轻型自行火炮、南非多用途火炮、意大利奥拓多用途火炮、俄罗斯"一炮三用"车载自行炮、多用途火箭炮等[1-5]。

5.1.1 多用途火炮定义

多用途火炮在获取火控射击指令后，能迅速对近距离装甲实施直瞄射击；发射常规弹药完成一定纵深的火力压制以及近程防空；发射精确制导弹药对地面或空中重点目标实施精确打击。多用途中口径火炮火力综合打击效能是在规定条件下和规定时间内，完成对地间瞄压制、直瞄穿甲和防空作战任务的能力[6]。

5.1.2 多用途火炮意义

根据多用途中口径火炮的内涵，将火力打击能力分解为间瞄压制能力、直瞄穿甲能力和防空能力。基于美国工业界武器系统效能咨询委员会的效能评估模型框架下引入作战任务分配系数，并对火力分打击能力进行归一化数学建模，得到多用途中口径火炮火力综合打击效能评估值。通过与现役单一用途火炮对比分析，建立效能评估模型评估多用途中口径火炮火力综合打击效能。

多用途中口径火炮射速高，与现役同口径压制火炮相比，具备更好的火力压制能力；与现役同口径坦克炮相比，直瞄穿甲能力相当；单门多用途中口径火炮具备一定的近程防空能力，虽然比小口径高炮弱，但是随着精确制导弹药的不断成熟，多用途中口径火炮远距离防空能力将得到很大提高。同时如果传统压制火炮具备多用途能力，防空编制将大大超过小口径高炮编制，多炮对空射击也可提高多用途中口径火炮的防空能力[7-8]。

单一用途火炮在执行不同作战任务时，火力综合打击效能值差异较大，而多用途中口径火炮在不同作战任务下均能发挥较高的火力综合打击效能，战场适应能力强。

因此，多用途火炮有助于压缩现有战场作战编制、提高作战指挥效率和减小后勤负担。

5.1.3 火炮多用途化的技术途径

火炮多用途化的主要技术途径有“一炮多弹”的多弹种兼容发射方案、“迫击炮+榴弹炮”的迫榴炮方案、“一弹多用”的多用途智能弹药方案、“反坦克炮+高炮”的高平两用火炮方案等。

智能弹药、多用途弹药详见 5.2 节。

5.1.3.1 “迫击炮+榴弹炮”的迫榴炮方案

20 世纪 80 年代，随着苏联陆军机械化建设的基本完成，大量武器装备以及底盘的维护保障给后勤体系带来巨大的压力。在这一背景下，苏联陆军提出了一种武器可执行多种战术作战任务的设计原则。

在火炮的设计研发上，苏联科研人员和陆军指挥员发现当时装备的 120mm 迫击炮和 122mm 榴弹炮具备“合二为一”的可能性。这两种身管火炮是苏联陆军装备数量很大的团一级主要火力支援武器。如果能够研制一种新型火炮同时具备 120mm 迫击炮和 122mm 榴弹炮的威力和技术特性，就能够“以一代二”，大大简化苏联陆军的火炮装备体系和后勤保障压力。由此，迫榴炮便应运而生，如图 5-1 所示。

图 5-1　迫榴炮

120mm 迫榴炮以 120mm 迫击炮为基础进行设计，后膛装填，采用线膛身管，增加了平射能力，配套弹药也分为同口径的迫弹和榴弹两种。虽然 120mm 迫榴炮可以在一定程度上代替 120mm 迫击炮和 122mm 榴弹炮，但有得必有失，牵引型 120mm 迫榴炮的外形尺寸和全重都要超过牵引型 120mm 迫击炮，使得其机动性能受到一定的影响。而在射程和威力方面，120mm 迫榴炮与 122mm 榴弹炮相比仍有差距。比如，D30 型 122mm 榴弹炮发射普通弹的最大射程为 15. 4km，而俄罗斯最新研制的 2S42 型“莲花”120mm 自行迫榴炮发射普通弹的最大射程也不过才 13km。

即便在机动性、火力等方面付出一定的代价，苏联陆军仍然坚持以 120mm 迫榴炮替换 120mm 迫击炮和 122mm 榴弹炮。

5. 1. 3. 2　“反坦克炮+高炮”的高平两用火炮方案

在大口径高炮称雄战场的年代，由于其身管长、初速高、弹道低伸，因此天然地具备很强的反坦克能力。而其中最为著名的，当属第二次世界大战中德国装备使用的 88mm 系列高炮。近年来中口径高炮的发展越来越受到各国的重视，由此也诞生了新一代高平两用火炮。详见 5. 3 节介绍。

5. 2　多用途弹药

5. 2. 1　弹药简介

炮弹是指口径在 20mm 以上，利用火炮发射，完成杀伤、爆破、侵彻或其他战术目的的弹药。通常包括风帽、弹丸（战斗部）、引信、弹带、底火和药筒（内装发射药）等几部分。

根据装弹方法，分成定装弹和分装弹两种。定装弹弹丸和药筒合一，装填时，弹丸和药筒一起装填。分装弹在装填时先装填弹丸，再装填药筒。

炮弹根据用途和使用场合，有多种分类方法。

地面身管火炮（地炮）常用的弹药有杀伤爆破弹（也称高爆弹、榴弹）、穿甲弹、穿甲爆破弹（混凝土爆破弹）、燃烧弹，特殊弹药有子母弹、云爆弹、激光制导炮弹、预制破片弹、末敏弹、布雷弹、照明弹、宣传弹、毒气弹、核弹等。

坦克炮常用弹药有穿甲弹、破甲弹、碎甲弹、高爆榴弹、炮射导弹等。

常见炮弹如图 5-2 所示。

5. 2. 2　智能弹药

为了适应信息化战争需要，弹药的智能化已成为武器装备信息化的重要组成部分。从人道主义的观点出发，弹药应尽量减少不必要的人员伤亡，从传统的能量摧毁型向信息摧毁型、信息遮断型拓展；从传统的摧毁有形的、物质的

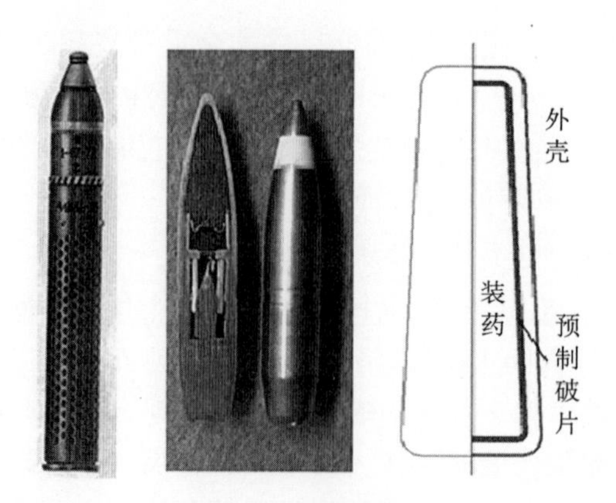

图 5-2　常见炮弹

战场目标，向摧毁无形的、战略型的战场目标延伸。

智能弹药（亦称灵巧弹药）具有信息感知与处理、推理判断与决策、执行某种动作与任务等功能，诸如搜索、探测和识别目标；控制和改变自身状态；选择所要攻击的目标甚至攻击部位和方式；侦查、监视、评估作战效果和战场态势等[9-13]。

近年来，智能弹药得到了迅速发展，一方面是因为光电子、计算机、信息处理、原材料元器件、精密制造等技术的进步给智能弹药的发展提供了强有力的支撑和推动，另一方面则是因为世界军事变革和战争形态的改变对智能弹药提出了强烈的需求。

美国是研发智能弹药投入最大、发展最快的国家，也是实战使用最多的国家。智能弹药在战场上屡试不爽，表现出了卓越的效能。在科索沃战争、伊拉克战争、利比亚战争中，美国及其盟友利用智能弹药进行精确打击和定点清除，准确击毁作战目标，战争进程之快、时间之短、伤亡之小出乎意料。由此可见，智能弹药的广泛应用不仅是现代战争形态变化的重要标志之一，而且也是决定战争最终胜负的关键因素之一。

智能弹药主要包括弹道修正弹、制导炮弹、末敏弹、广域值守弹药和巡飞弹等。

5.2.2.1　弹道修正弹

弹道修正弹，利用弹道修正系统对飞行中的弹丸和战斗部的弹道进行简易控制的炮弹。弹体内的弹道修正系统由弹道偏差探测装置、弹道修正指令处理器和简易控制执行机构等组成。弹道偏差探测装置实时测量弹丸或战斗部的弹道诸元，由弹道修正指令处理器对弹道信息进行处理，并实时发出修正指令，简易控制执行机构按修正指令控制矢量发动机或可变翼片改变弹丸或战斗部的飞行弹道。

弹道修正弹是精度与成本折中的产物，典型代表为美国陆军研制的航向修正引信（course correcting fuze，CCF）。CCF 概念源于 20 世纪 70 年代中期，主要通过改造传统引信实现弹道修正，包括 1DCCF 和 2DCCF。CCF 的制导控制系统一般由全球定位系统（glbal positioning system，GPS）接收机、GPS 天线、系统控制器和制动器等构成，其工作过程为：系统控制器实时读取 GPS 数据并进行必要的弹道解算，根据目标点位置规划气动控制方案，向制动器提供最优的制动指令，实现弹道修正。弹道修正弹典型弹道及弹药如图 5-3 所示。

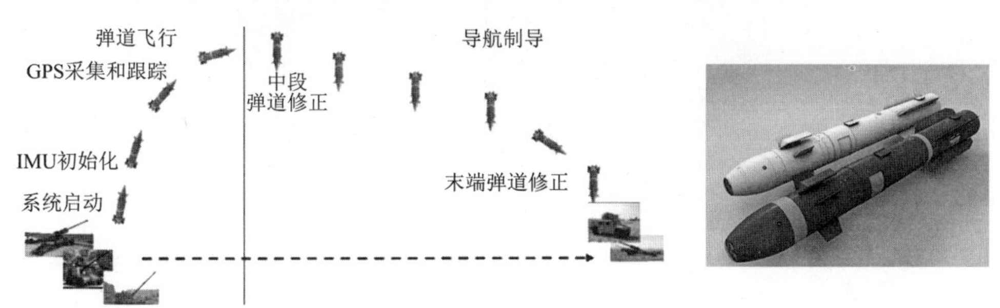

图 5-3　弹道修正弹典型弹道及弹药

5.2.2.2　制导炮弹

制导炮弹是在越来越迫切要求提高火炮远程射击精度的需求牵引下，依靠光电技术、抗高过载技术和小型化技术的发展带动产生的。

20 世纪 70 年代初，美国和苏联开始研制制导炮弹。目前，已有美国、俄罗斯、英国、法国、德国、瑞典和以色列等十几个国家研制了制导炮弹。典型的制导炮弹包括美国“铜斑蛇”、“神剑”GPS 制导炮弹和俄罗斯“红土地”激光制导炮弹等。

“铜斑蛇”和“红土地”两种制导炮弹均采用了激光半主动制导方式，如图 5-4 所示。其工作过程为：炮弹由制式火炮发射后，在末制导段以前，由地面侦察站或空中无人机上的激光目标指示器跟踪瞄准目标。当炮弹飞至离目标约 3km 时，激光目标指示器以预定的编码照射目标。炮弹上的导引头接收到

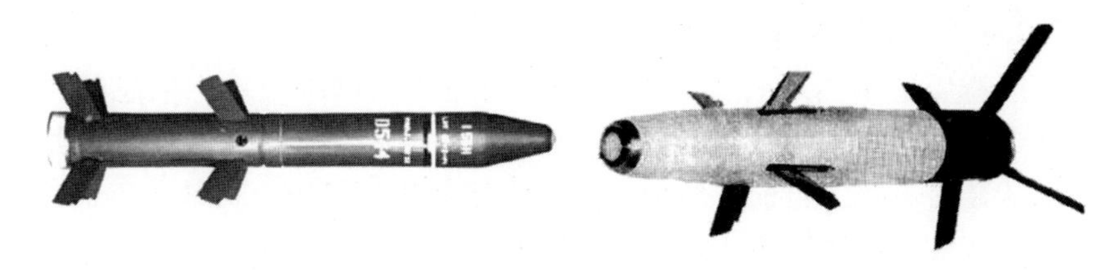

图 5-4　“铜斑蛇”和“红土地”制导炮弹

目标反射回的激光编码信号后，发出控制指令，操纵舵机改变炮弹飞行方向，直至命中目标。

5.2.2.3　末敏弹

末敏弹，全称末端敏感弹药，又称“敏感器引爆弹药”或“现代末敏弹”，是一种能够在弹道末段探测出目标的存在，并使战斗部朝着目标方向爆炸的现代弹药，主要用于自主攻击装甲车辆的顶装甲，具有作战距离远、命中概率高、毁伤效果好、效费比高和发射后不用管等优点，如图 5-5 所示。

图 5-5　末敏弹

末敏弹最大的特点是把先进的敏感器技术和爆炸成形战斗部技术应用到子母弹领域内，它将子母弹的面杀伤特点扩展到攻击点目标，它利用常规火炮射击精度高的优点把装有敏感器引爆子弹的母弹发射到目标区上空，然后靠弹上装定的时间引信点燃抛射药，利用抛射装置从母弹后端抛出敏感引爆子弹。子弹被抛出后，靠弹上的减速旋转装置稳定其下降速度，并终止其由母弹稳定旋转而引起的自转。在子弹稳定下降过程中，子弹轴线与下降垂线成一夹角并绕其下降垂线旋转。这样，子弹边下降边旋转，从而使装在子弹药上的敏感器在地面形成一个螺旋形扫描线搜索目标，当敏感器探测到目标时，信号处理器就会发出一个起爆信号使战斗部爆炸形成一个高速飞行的弹丸去攻击装甲目标的顶部。另外，作为末敏弹的载体除炮弹外，还常用于布散器和导弹，以打击远距离目标。

末敏弹主要有美国“SADARM”末敏弹、德国“SMART”155mm 末敏弹、瑞典/法国合研的“BONUS”末敏弹等。

5.2.2.4　广域值守弹药

为了规避反地雷国际公约，国外将传统地雷与网络技术、信息技术以及声、光、电技术相结合产生了广域值守弹药，用于攻击坦克装甲车辆和反超低空飞行的武装直升机。目前广域值守弹药大多数采用音响、振动传感器以及先进的红外探测器或毫米波雷达识别和探测目标，部分广域值守弹药还可跟踪目标，计算目标的速度和方向，并进行火控决策。

典型的广域值守弹药包括美国的 M93 Hornet 和 XM-7Spider（图 5-6）。M93 Hornet 广域值守弹药由声、红外和振动传感器、地面发射器及 EFP 战斗部构成，可通过人工、直升机或卡车等平台快速布设，质量约 15kg，采用顶部攻击方式，能打击距离 200m 的装甲车辆。

图 5-6　XM-7Spider

5.2.2.5　巡飞弹

巡飞弹是传统弹药技术与无人机技术交叉产生的高技术武器系统，是一种利用现有武器投放，能在目标区进行巡逻飞行，可实现侦察与毁伤评估、精确打击、通信、中继、目标指示、空中警戒等多种类型的作战任务，是灵巧弹药发展的高级阶段。它由战斗部、制导装置、推进系统、控制装置、稳定装置等组成，典型巡飞弹如图 5-7 所示。

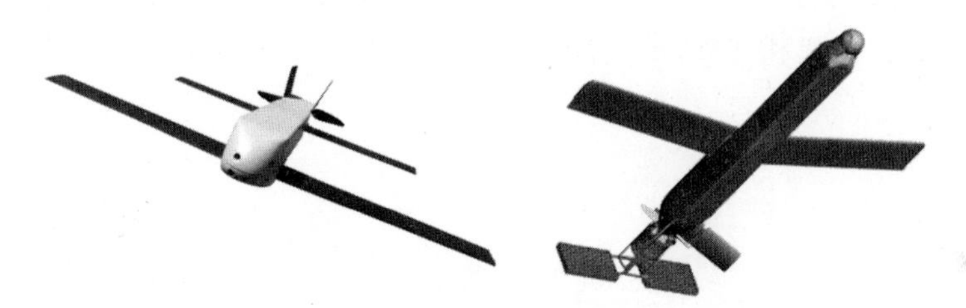

图 5-7　典型巡飞弹

典型的巡飞弹为美国的自主攻击弹药系统“洛卡斯”（LOCAAS）。LOCAAS 是一种小型动力巡飞弹，置有低成本雷达探测器、战斗部及涡轮发动机，有搜索、识别和战斗部毁伤模式选择等功能，可攻击坦克、装甲车、直升机、人员、掩体等多种目标。

5.2.3　多用途弹药

多用途弹药是一种集地面打击和防空袭于一体的新型弹药，能完成对固定目标、装甲车辆、武装直升机、巡航导弹等多种地面和空中目标射击，具有“一弹多能”的特点。

随着新型技术在武器系统中的广泛运用，与新式武器装备相辅相成的新作战理论也因之而生，加之打击目标特性的多元化发展，多样化作战模式已经成为现代战场的主要作战模式。现役的主战坦克炮主要装备穿甲弹、破甲弹、榴弹和攻坚弹等四大弹种，每个弹种只能保证特定的作战功能。坦克的总携弹量有限，如果平均分配弹种，必然导致某种弹药的携弹量不能满足对主攻目标的作战要求，如果按需求分配弹种，却不能满足战场上突发状况下的作战需求。这一矛盾导致现阶段坦克炮弹药不能完全适应新形势下瞬息万变的战场需求，迫切需要研制出一种集破甲、杀伤、攻坚和纵火等功能为一体的坦克炮多用途弹药。

目前，美国、以色列、德国等国家已经开展了坦克炮多用途弹的研制工作，有的型号已批量装备部队。驻伊美军第1步兵师第2旅战斗队的M1A1型主战坦克，作战环境由开阔地带逐步转向城区作战，现役战斗坦克配备的弹药种类适用于对付冷战时期的坦克部队，而对于隐藏在建筑物内和掩体后的反坦克手却没有有效的打击手段。为坦克装备多用途弹，不仅可以改变坦克的作战方式，还可以打击装甲车辆、杀伤徒步士兵或轻型技术兵器。而且多用途弹还能侵彻混凝土防护工事，有效杀伤内部有生力量。除此之外，多用途弹可以替代陆军现役配备的多种弹药，有效提高坦克部队的机动性能和战场生存力。美国陆军研究发展与工程中心正在设计的120mm LOS-MP多用途弹有两种型号：XM1068型次口径弹和XM1069型全口径弹，如图5-8所示，可满足对不同目标的毁伤需求。

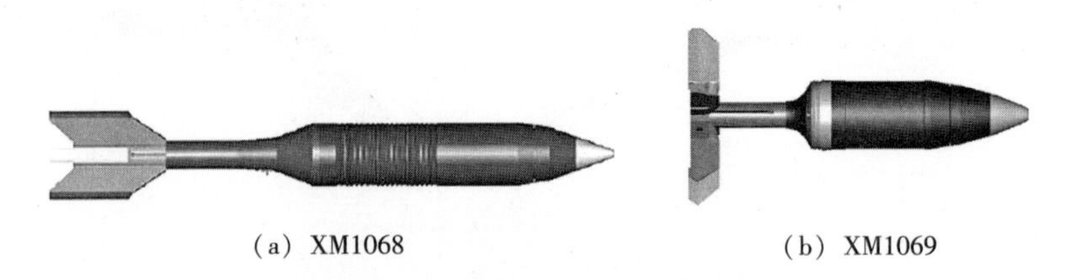

（a）XM1068　　（b）XM1069

图5-8　美国120mm多用途弹药

XM1068型次口径弹，弹丸细长、炸药装药量小，但初速高，直射距离大。XM1069型全口径弹，在近距离范围内的杀伤威力较大。120mm多用途弹采用多功能战斗部，并配用智能可装定引信，坦克乘员可通过感应或射频技术对引信进行装定。如果对付硬目标，引信装定为触发作用模式，弹丸碰击目标后整体起爆；如果对付软目标，引信装定为空炸作用模式，弹体将破碎成大量具有旋转功能的大块破片，用以杀伤有生力量。120mm多用途弹可以替代美国坦克部队现役装备的单一功能破甲弹M830、破甲和杀伤多用途弹M830A1、侵彻延期和杀伤攻坚弹 M908、霰弹 M1028，用于打击反坦克导弹手、集群步兵、轻型装甲和混凝土墙。

以色列军事工业公司研制的“秋牡丹”105mm 反步兵/反器材多用途弹，弹丸采用卵型头部外形子母式总体结构，弹体内装 6 枚破片杀伤子弹，弹丸具有整体空爆、子母开仓、瞬发和侵彻延期作用模式，其作战使命是摧毁土木工事与建筑，毁伤步兵群和反器材，特别是对作战较为灵活的反坦克步兵群，具有较好的毁伤效果，已替代北约装备量最大的 105mm 坦克炮杀爆弹、碎甲弹等四种弹药，如图 5-9 所示，大幅减少了装备弹药种类，实现了一弹多用。

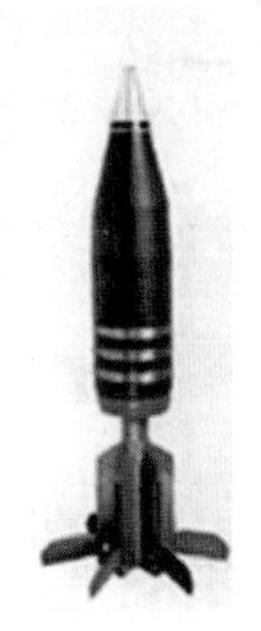

图 5-9 以色列 105mm 多用途弹药

德国 DM11 式 120mm 多用途榴弹，内装钝感炸药，头锥部装有预制破片，弹底安装引信，如图 5-10 所示。引信的作用模式可以装定触发、短延期和整体空爆三种模式，在触发模式下可有效打击土木工事和较薄的双层钢筋混凝土结构目标；在空爆模式下可产生总质量约为 9kg 的大量破片，能够有效打击 800m～5km 的直升机和步兵。

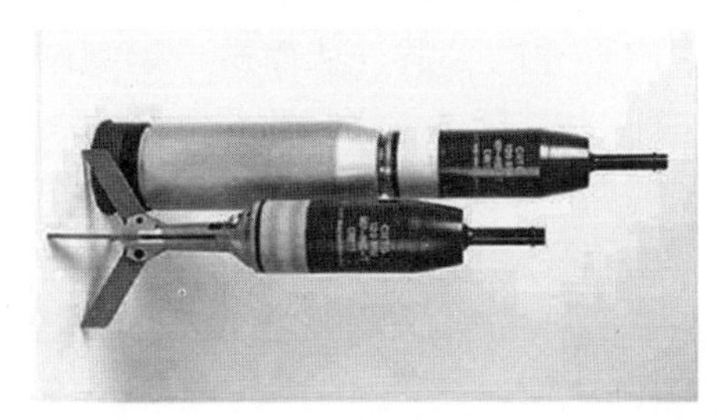
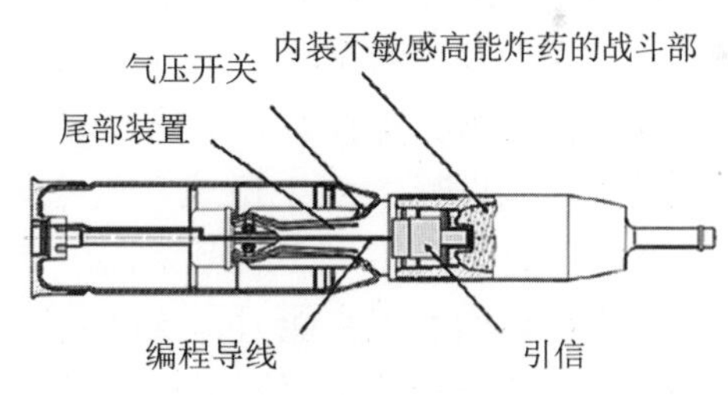

图 5-10 德国 DM11 式 120mm 多用途榴弹

5.3 典型多用途火炮

典型的多用途火炮有德国 88mm 高平两用炮、美国未来战斗系统、比利时多用途轻型自行火炮、南非多用途火炮、意大利多用途火炮、俄罗斯“一炮三用”车载自行火炮、舰载多用途火箭炮等。

5.3.1 德国 88mm 高平两用炮

德国 88mm 高射炮是第二次世界大战中广为人知的火炮之一。88mm 高射炮其实是一个系列，包括 88mm Flak 18/36/37/41 等型号，如图 5-11 所示。

图 5-11　德国 88mm 高平两用火炮

88mm 高射炮在第二次世界大战中并不只是因为它的防空性能而闻名，而是由于它的多用途性，尤其是反坦克能力而大放异彩。一般公认，88mm 高射炮是第二次世界大战中的最强火炮。而对于它的定位，一直都比较模糊，因为它既是高射炮，也是突击炮、防空炮、坦克炮，用途非常广泛。

作为高射炮，第一用途肯定是为了对付轰炸机，因此这款炮的最大射高可以达到 10350m，平射射程可以达到 14500m，再加上射速最大可以达到 25 发/min。第二次世界大战中，德国依靠 88mm 高射炮构筑的防空系统，击落 6400 架美英联军飞机，并摧毁 2.7 万架其他军队的飞机。

88mm 高射炮，配备的 10kg（22lb）穿甲弹可以在近 2000m 的距离上把重型坦克的正面装甲击出一个直径约 100mm 四英寸的大洞，从而击毁坦克装甲车。作为高射炮，却拥有无与伦比的反坦克能力，打得了飞机灭得了坦克，可以说是第二次世界大战中最成功的火炮系统。例如，北非战场上一次两军交战，德军共计损失了 123 辆坦克，其中有 2/3 就是 88mm 高射炮击毁的。

因为出色的反坦克能力，改进后的 88mm 高射炮还成为了虎式坦克、斐迪南坦克歼击车、猎豹坦克歼击车和虎王坦克的主炮。

5.3.2 美国未来战斗系统

美国未来战斗系统的武器包括导弹、火炮、迫击炮以及新概念杀伤武器（如智能弹药系统、超高速炮弹、电磁炮、激光武器等）等，发展重点是减轻质量、减小体积和增强杀伤力。

“多用途武器和弹药系统”（MRAAS）是一种高度自动化的105mm轻型火炮系统，可提供直瞄/间瞄/超视距火力，用于打击50km内的各种目标。该系统重约5t，集成在平台上后战斗全重16~18t，可在多种地形条件下使用。

目前，美国陆军对MRAAS的研究重点集中在6个方面。

（1）将电热化学技术用于高能钝感发射药的精确点火，支持多发同时弹着打击。

（2）后坐力减小40%的可变冲量技术。

（3）采用“摆动药室”的轻型发射器，在装填弹药的同时炮管可高低摆动0°~55°或保持稳定，允许采用比现有设计更简单的自动装填器，从而能有效减轻质量，其目标质量为1115kg（现有设计通常为1500kg），预计射速可达到15~20发/min。为了减小发射器体积，“摆动药室”还将用作弹舱到火炮的传送机构。

（4）新型弹药，例如，可在50km外打击主战坦克、步兵等各种目标的三联装弹药，长度比现有动能弹减小1/2并保持同等性能的多用途空心装药战斗部，可将攻顶武器的穿甲能力提高50%的空心装药战斗部。

（5）可在行进间提供高射速的紧凑型自动化弹药处理系统。

（6）补充性辅助武器系统，如XM307“理想乘员武器”（OCSW）。XM307重15kg，在使用25mm口径空爆弹药对付2000m范围内的隐蔽人员时，其杀伤力是MK19榴弹发射器的13倍、M2机枪的50倍。

美国陆军FCS中口径火炮设计要求：安装在步兵运输车和武装无人地面车辆上遥控操作，能在车辆行进时射击，发射多种配有设定引信的弹药，可在1490m射程内用3发炮弹摧毁轻型装甲车。包括AH-64“阿帕奇”直升机装备的30mm M230和先进两栖突击车选用的30mm/40mm口径MK44火炮。美国陆军正在研究30mm/40mm口径动能弹和空爆弹。动能弹采用钨合金或其他材料制造的先进穿甲弹芯，其侵彻效果与尾翼稳定脱壳穿甲弹相比可提高30%。40mm空爆弹在预定点方圆5m内爆炸，杀伤面积比PGU-13B 30mm高爆燃烧弹大4倍，杀伤区形状也更具致命性，从而大大提高打击隐蔽士兵、车辆传感器和无人机的能力。

FCS计划采用“间射迫击炮车”（NLOS-M），每辆车装有一门120mm迫击炮。芬兰/瑞典帕特里亚·赫格隆茨公司的“先进迫击炮系统”（AMOS）代表了炮塔式迫击炮系统的最新技术，具有火力强、自主操作及可直瞄和间瞄射击等特点，并可以采用多种履带式和轮式底盘。其炮塔由双管120mm迫击炮组成，配有弹药自动装填系统和电子目标攻击/发射系统，可发射现有与未来120mm炮弹。

美国陆军还在改进“龙火”系统，包括减轻“全响应精确任务模块”

（CRAMM）的质量并使其实现自动化操作。按设计，CRAMM 质量小于 1820kg，双向目标指示精度为 804.5m，能在 11s 内发射首发炮弹，采用可容纳 46 发炮弹的自动化弹舱，候选弹药包括 XM984“增程迫击炮弹”和 XM395“精确制导迫击炮弹”（PGMM）。XM984 可发射 M80 DPICM 榴弹，射程达到 8.76km，比美国陆军现有 120mm 迫击炮弹的射程大 23%。它还能发射 6 发霰弹，射程为 11km。PGMM 射程为 15km，可使处在砖石建筑、土木掩体和轻型装甲车辆内的人员丧失作战能力。

智能弹药系统（IMS）是一种由传感器、杀伤和远程杀伤弹药、软件以及通信设备组成的综合系统，它采用自主和无人值守工作方式，可探测、辨别、分类、识别和打击指定目标，其弹药可由小型无人机投放。“快看”可变翼射弹装有传感器和子弹药，长 2.75m，直径 23cm，可携带 34kg 有效负载，能以约 200km/h 的速度巡航 12h，一般情况下在距离发射点 40km 处投放子弹药或为其他武器提供激光指示。按照“区域拒入系统”计划，美国陆军提出两种从 FCSF 平台上发射小型弹药扩大覆盖范围的技术措施：一种是在物理上将弹药导入目标路径，另一种是在防区外从侧面自主打击目标。潜在的传感器技术包括低成本磁力计、单芯片超宽频带雷达和合成声音/激光雷达装置。

超高速射弹详见 2.2.4 节，多用途弹药详见 5.2.3 节。

5.3.3 比利时多用途轻型自行火炮

比利时科克瑞尔机械制造公司研制的 90mm 多用途轻型自行火炮，如图 5-12 所示。

图 5-12 装备比利时 90mm 火炮的美国轮式装甲车

该炮一种为 MKⅠ式，其后坐长为 300mm；一种为 MKⅡ式，后坐长为 500mm。该炮可发射由比利时 PRB 公司研制的曳光破甲弹、曳光碎甲弹、曳光榴弹、曳光黄磷烟雾弹、杀伤群子弹等五种弹药。由于采用了五种弹药，火炮可完成多种任务。MKⅠ 和 MKⅡ 式 90mm 火炮是一种比较牢靠的多用途自行火炮，而且适宜在各种条件下使用。该炮可以安装在轻型装甲车辆上发射各种炮弹，用来杀伤人员，并在 1000m 距离上有效地对付坦克。

5.3.4　南非多用途火炮

南非迪奈尔路面系统公司研制一种 105mm “先进多用途轻型火炮系统”（advanced multi-role light artillery gun capability，AMLAGC），主要参照现有 105mm 火炮系统，但在其性能方面得到显著增强，如图 5-13 所示。南非陆军的关键要求是：该新型火炮必须耐用、可靠、易于操作，其射程必须在 24~30km 之间，并能使用系列弹道兼容性弹药。

图 5-13　南非多用途火炮

新型火炮系统装备 52 倍口径 105mm 炮管，配装炮口制退器。该炮发射制式弹药时的最大射程为 24. 6km，发射底排弹时为 29. 3km，而发射增速远程弹时的最大射程可达 36km。新型 105mm 系列弹药包括配装有可互换锥形弹尾或底排单元的弹丸，以及最大压力为 427MPa 的单模装药系统。该炮配用的弹种包括：高爆自燃破片弹药、高爆预制破片弹药、训练弹、烟雾弹以及照明弹。此外，该炮在试验中已发射了尾翼稳定脱壳穿甲弹，炮口初速达 1700m/s。所有 105mm 弹药都具有钝感弹药的特性，并且还可用于现有的口径 105mm 火炮系统。105mm 预制破片弹药比美国 M107 式 155mm 高爆弹具有更有效的杀伤半径，同时形成 76%的更小危险区域。该火炮系统安装南非丹尼尔公司研制的 Arachnida 计算机化火控系统，以减少其进入战斗的时间并提高有效性。

5.3.5　意大利多用途火炮

意大利奥托·布雷达公司研制的“奥托·马蒂克”76mm 高炮系统，该火炮采用62倍口径身管、立楔式炮闩和自动供弹系统，并装有抽气装置。该炮初速900m/s，理论射速120发/min，携弹量90发，最大射程为16km，对空有效射程6km，最大射高12km，有效射高5km。火炮的方向射界为360°，高低射界为-5°~+60°，如图5-14所示。

图5-14　意大利"奥托·马蒂克"76mm自行高炮系统

由于该炮能高速回转和俯仰，因此对快速空中目标有良好的跟踪性能。采用"帕尔玛利亚"自行火炮底盘，全系统反应时间少于5s，具有全天候和三防作战能力。该炮口径大、射程远，可以对付武装直升机、低空飞机及地面轻装甲目标。为攻击地面目标，该炮研制的新型尾翼稳定脱壳穿甲弹可用于打击装甲车辆，此外，还能发射预制破片弹和高爆弹用于杀伤有生力量。该炮"一炮多用"，是"多面手"。

该炮具有结构紧凑、质量轻、射速高和自动化程度高等优点和原舰炮的内外弹道特性，并对炮膛和炮闩进行了较大的改进，使其能发射新研制的反坦克尾翼稳定脱壳穿甲弹。该炮主要配用两种弹药：一是用于对付空中目标、带近炸引信的预制破片弹，爆炸时能产生6000块快速预制破片，对典型结构飞机的杀伤半径可达10m，对空中目标有较高的命中概率；二是用于对付地面装甲目标的尾翼稳定脱壳穿甲弹，它能在2km的距离上以60°的着角穿透150mm厚的钢装甲。

此外，还研制了专门用于对付导弹目标的高速预制破片弹，其飞行速度高达1100m/s，为提高命中概率和杀伤概率，该弹将配用一种小型毫米波引信。

5.3.6　俄罗斯"一炮三用"车载自行火炮

传统的牵引式火炮作战时，需由多名战士露天装卸搬运火炮并人工完成射击步骤。为保护人员安全、提高炮战效果和机动性，俄罗斯研制出可遥控作战并有三种作战方式的新式车载自行火炮。

这种遥控炮车名为“天蓝绣球”（简称“绣球”），由俄罗斯中央“海燕”科研所研制，其最主要的特点是火炮安装在“乌拉尔”6轮装甲运输车的车厢后部，炮兵班成员都坐在驾驶室内，可以遥控完成所有战斗准备和炮击步骤。

“绣球”炮车采用120mm火炮，设置在有装甲防护的长方形炮塔内，可360°射击，射程为100m~10km。该炮上下俯仰角为-2°~+80°，既能像加农炮那样直瞄射击，又可像榴弹炮那样发射弹道较弯曲的炮弹打击掩蔽物后方的目标，还能发射迫击炮弹沿着高弹道弧线近乎垂直地轰击战壕。

“绣球”炮车上的传动装置能使炮管在射击后恢复到开炮前的瞄准角度，从而提高连续射击的准确度和弹着点密集度。此外，火炮的炮架带有反后坐力系统，缓解火炮后坐时对底座和车体的撞击。

5.3.7　舰载多用途火箭炮

未来战争要求在舰艇有限的空间装备足够的防御武器，但武器装备数量、种类与舰艇空间始终存在着矛盾，因此，发展“一炮多用”的武器是解决这一矛盾行之有效的方法，是未来武器的发展方向。

通过在同一发射装置上发射不同类型的弹药来实现多种功能，缓解舰艇由于空间的限制无法配备全套的武器装备种类，因而无法适应“立体式”现代战争的问题；同时，也增强了舰艇登陆前清障、扫雷准备和“压制性”攻击能力。因此，多用途发射装置是现代战场中海军舰艇十分必要的武器装备，能够更好地配合舰载武器系统开展行之有效的电子对抗、舰艇防御和火力压制等工作。

舰载多用途火箭炮在现代海战中的作用是多方面的：压制和毁伤敌海岸炮兵、滩头阵地，清除登陆障碍；对导弹艇、鱼雷艇、炮艇及运输船队等海上集群目标进行大面积覆盖射击；实施海上机动战术布雷，封锁敌海上舰群、运输船队乃至大型作战编队；发射远程深水炸弹，扩大反潜范围；施放箔条干扰弹，防御来袭的反舰导弹；发射钢珠子母弹拦截空中目标等。特别是在登陆作战时，舰载火箭弹可对纵深面目标进行压制和火力奇袭，弥补了舰炮射击的局限性，形成强大的海上火力支援。同时配合火炮射击精度高的特点，优势互补，对海岸目标进行点面攻击。火箭炮与舰载导弹可组成远程火力支援群，压制敌远程武器[13-14]。

根据火箭炮的特点，可以赋予舰载火箭炮如下作战任务：

（1）压制敌海岸炮兵、滩头阵地以及雷达、指挥所，支援登陆作战。

（2）在15~30km范围内，对敌作战舰艇和补给船队实施大面积覆盖攻击。

(3) 发射不同类型的火箭弹，实施电子干扰，用以迷惑敌雷达，诱骗来袭导弹，还可进行布雷反潜。

南非 MRRL (multirole rocket launcher) 多用途火箭发射装置是一个舰用诱饵发射系统。该系统由格林泰克航空电子设备公司海上分公司生产，由可方位旋转的火箭发射架（可多达4座）和1个电子控制子系统组成。该系统除能发射近程和远程诱饵火箭外，还能发射海岸轰击炮弹。MRRL 系统已在南非海军“勇士”级轻型护卫舰上装备使用。

参考文献

[1] 茅金丽. 比利时新研制的90mm多用途轻型自行火炮 [J]. 现代兵器，1979(08)：3-5.
[2] 陈友龙. 装备比利时90mm火炮的美国“康曼多”轮式装甲车 [J]. 坦克装甲车辆，2016(07)：3.
[3] 沙兆军，刘富书，钱林方. 多用途子母弹对巡航导弹毁伤评估模型研究 [J]. 南京理工大学学报，2012，36(04)：639-644.
[4] 陈红彬，钱林方. 中口径火炮提前发射修正弹反导能力研究 [J]. 弹道学报，2012，24(04)：47-50+55.
[5] 陈红彬，钱林方. 中口径火炮反导限时毁伤评估 [J]. 火炮发射与控制学报，2013(03)：80-83+87.
[6] 陈红彬. 多用途中口径火炮火力综合打击效能评估 [J]. 南京理工大学学报，2013，37(01)：182-186.
[7] 沙兆军. 多功能火炮射击精度模糊聚类指挥控制模型研究 [J]. 火炮发射与控制学报，2012(04)：107-109.
[8] 闫俊超. 多弹种发射新型火炮自动机技术研究 [D]. 南京：南京理工大学，2015.
[9] 赵丽俊. 坦克炮多用途弹关键技术研究 [D]. 沈阳：沈阳理工大学，2018.
[10] 胡延臣，唐程远. 析智能化弹药的发展现状与趋势 [J]. 中国军转民，2018(09)：63-65.
[11] 杨绍卿. 武器装备的新宠——智能弹药 [J]. 科技导报，2012，30(16)：3.
[12] 孙传杰，钱立新，胡艳辉，等. 灵巧弹药发展概述 [J]. 含能材料，2012，20(06)：661-668.
[13] 沙兆军. 多用途子母弹对巡航导弹毁伤评估模型研究 [J]. 南京理工大学学报，2012，36(04)：639-644.
[14] 余强. 南非 MRRL 多用途火箭发射系统 [J]. 舰船电子对抗，1999(06)：4.
[15] 周胜，田福庆，高志恒，等. 舰载多用途多管火箭炮系统 [J]. 舰载武器，2002(02)：38-40.

第 6 章　智能火炮

6.1　人工智能与智能火炮

6.1.1　人工智能

1956 年，达特茅斯会议首次提出“人工智能”（artificial intelligence，AI）的概念，标志着人工智能的诞生。

美国麻省理工学院 Winston 教授在《人工智能》一书中指出：“人工智能就是研究如何使计算机去做过去只有人才能做的智能的工作。”

美国斯坦福大学 Nilson 教授认为：“人工智能是关于知识的学科，是怎样表示知识、获得知识并使用知识的学科。”

人工智能是一门涉及信息学、逻辑学、认知学、思维学、系统学和生物学的交叉学科，是一项使用机器实现、代替人类实现认知、识别、分析、决策等功能的技术，其本质是对人类意识与思维信息过程的模拟，是一门利用计算机模拟人类智能行为科学的统称[1-5]。

人工智能已在知识处理、模式识别、机器学习、自然语言处理、博弈论、自动定理证明、自动程序设计、专家系统、知识库、智能机器人等多个领域取得实用成果。

6.1.2　人工智能发展

人工智能的发展经历了三个阶段。

第一阶段为 20 世纪 50—60 年代，提出了人工智能的概念，主要注重逻辑推理的机器翻译，以命题逻辑、谓词逻辑等知识表达以及启发式搜索算法为代表。这一时期国际学术界人工智能研究潮流兴起，学术交流频繁，但受限于硬件能力不足、算法缺陷等问题，人工智能技术发展速度较慢。

第二阶段为 20 世纪 70—80 年代，提出了专家系统，基于人工神经网络的算法研究发展迅速。随着半导体技术和计算硬件能力的逐步提高，人工智能逐渐开始突破，分布式网络降低了人工智能的计算成本，人工智能平稳发展。

第三阶段自20世纪末以来，尤其是2006年开始进入重视数据、自主学习的认知智能时代。学者们提出了深度学习的概念，随着移动互联网发展，人工智能应用场景开始增多，深度学习算法在语音和视觉识别上实现突破，同时人工智能商业化高速发展[6]。

2012年，深度学习算法在语音和视觉识别上实现突破；2016年，“AlphaGo”以4：1战胜了世界围棋冠军李世石，这一事件瞬间引起了全球对人工智能的兴趣，如图6-1所示。

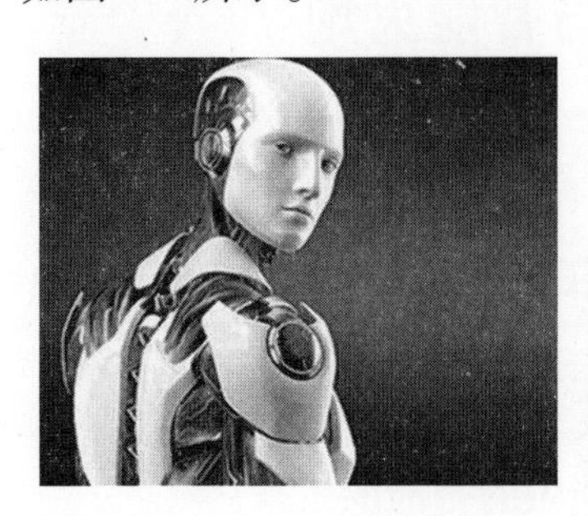

图6-1　AlphaGo大战李世石

美国、欧盟、中国等国家高度重视人工智能技术，基于国家战略布局，通过政策和资金等方式推动语音识别、深度学习、图像识别等产业的布局和发展。IBM、微软、谷歌、百度等企业正基于人工智能技术与整体解决方案逐步形成开源平台，最终将形成完整的产业应用生态系统[7-9]。

6.1.3　国防领域

美国陆军研制的“陆军全球军事指挥控制系统”，目前已经装备陆军航空部队运输直升机，可使直升机驾驶员与前线士兵保持联络，并指挥地面部队。人工智能更容易取代流程、规则相对明确的工作内容。[10]。

俄罗斯军队近年来计划加紧研制可以驾驶车辆的类人智能机器人，组建可与人类战士并肩战斗的智能机器人部队。俄罗斯战略导弹部队正在研制的“狼式”-2移动式机器人系统使用履带式底盘，可在5km范围内通过无线电频道控制，由热成像仪、弹道计算机、激光测距仪和陀螺稳定器保证射击精度，能够在速度3.5km/h的情况下击中目标。此外，俄军还研制和推广空间机器人、海洋机器人、极地机器人等特种智能机器人，建立智能机器人标准体系和安全规则。

人工智能武器和武器装备系统可自动诊断与排除武器系统故障。人工智能武器的控制系统具有自主敌我识别、自主分析判断和决策的能力，包括发射后“不用管”的全自动制导的智能导弹、智能地雷、智能鱼雷和水雷、水下军用作业系统等。

在武器装备内装有以人工智能专家系统为主要程序的计算机系统及执行命令的机器人系统。专家系统内装有自动诊断各种故障的反映专家知识水平的软件包，在通过专家系统确定故障原因之后，再下达指令给机器人维修系统，将故障或潜在故障及时排除。

此外，还能扩展人的体能技能和智能。比如，研发智能外骨骼，打造体力倍增的“机甲战士”。美国研制的两种智能外骨骼助力系统，如图 6-2 所示。通过植入生物信息芯片来提高人的记忆力与反应能力，以使人类战士更好地适应未来高度信息化的作战环境。

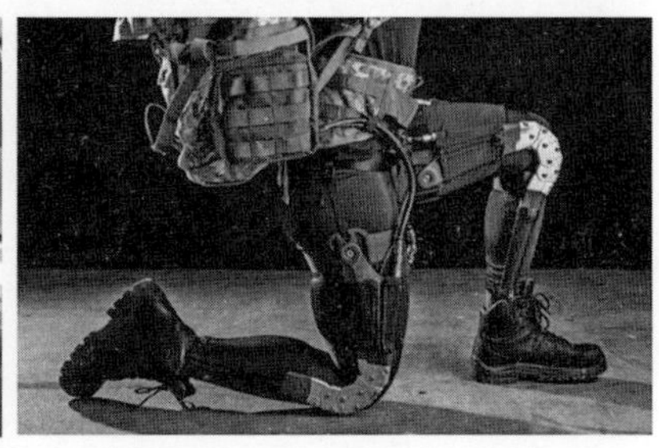

图 6-2　外骨骼助力系统

随着信息技术、纳米技术、生物技术、新材料技术、新能源技术等战略前沿技术领域的发展应用，必将继续推动人工智能相关技术日益走向成熟，在军事领域扮演越来越重要的角色，并对未来战争的战略、战术带来重大影响。

6. 1. 4　智能武器

武器是直接用于杀伤敌有生力量和破坏敌方各种设施的工具；武器系统是由若干功能上相互关联的武器、技术装备等有序组合，协同完成一定作战任务的有机整体；而武器装备则是武装力量用于实施和保障战斗行动的武器、武器系统及与之配套的其他军事技术器材。

人工智能应用在军事上，便产生出人工智能武器这一新的作战手段。

智能武器，亦称“智能化武器装备”或“人工智能武器装备”，是一种把人工智能技术应用于各种武器装备上，具有部分人脑功能，不用人进行直接操作就能自行完成侦察、搜索、瞄准、攻击目标以及情报的搜集、整理、分析与综合等多种军事任务的新型高技术武器。也有人把它称作是“有思维”“会听”“会说”“会看”的武器。这种武器比精确制导武器更先进，它可以“有意识”地寻找、辨别需要打击的目标，有的还具有辨别自然语言的能力，是

"会思考"的武器。

智能武器装备种类繁多，大体上可以分为杀伤性和非杀伤性两种，其中杀伤性智能武器装备又包括软杀伤和硬杀伤两类。

智能枪：一种由计算机控制，能自主识别，具有多种作战能力的新型枪。

智能子弹：一种出膛后能自动跟踪目标的新型子弹，如图 6-3 所示。

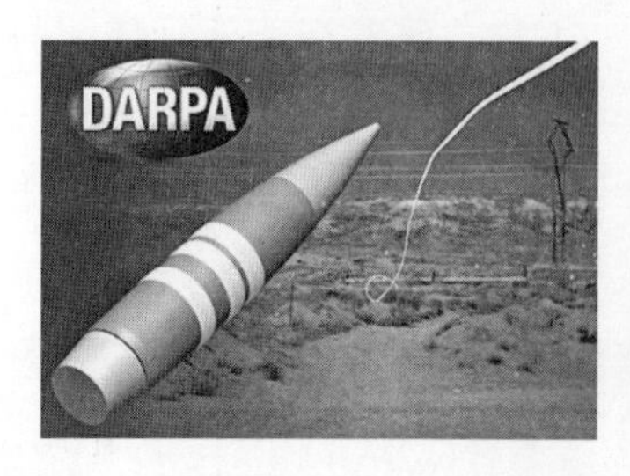

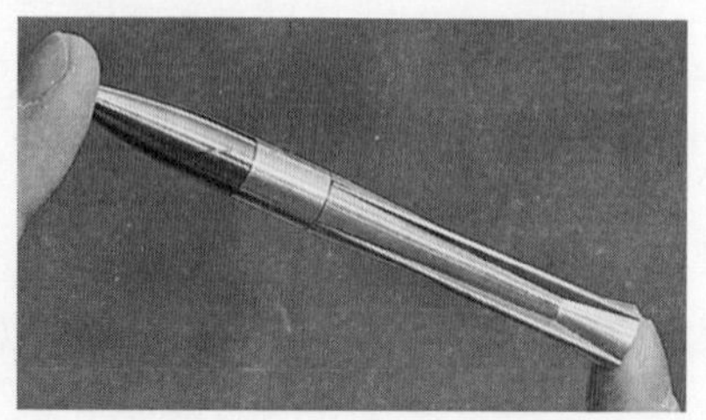

图 6-3　智能子弹

智能导弹：一种自动搜索、识别和攻击目标，并能在找不到攻击目标的情况下自动返航并回收的新型导弹。

智能滑翔炸弹：能够自动发现、跟踪和攻击目标的新型炸弹。

智能坦克：一种质量只有普通坦克的 1/10，可以顺利通过各种障碍物，能够识别目标特征，确定最佳行动方案，控制武器射击，分清敌我，确定目标的新型坦克。

智能地雷：一种具有主动识别目标引信，主动跟踪、攻击目标战斗部的新型地雷。

智能无人机：一种不需人驾驶而能自行完成侦察、干扰、电子对抗、反雷达等多种军事任务的无人机。

智能多用途机器人：一种"耳聪目明"，具有一定的思维、感觉、知觉、识别以及分析和判断能力，能更多地模仿人的功能，从事较复杂的脑力劳动，执行多种军事任务的机器人。美国、意大利军用四足机器人，如图 6-4 所示。

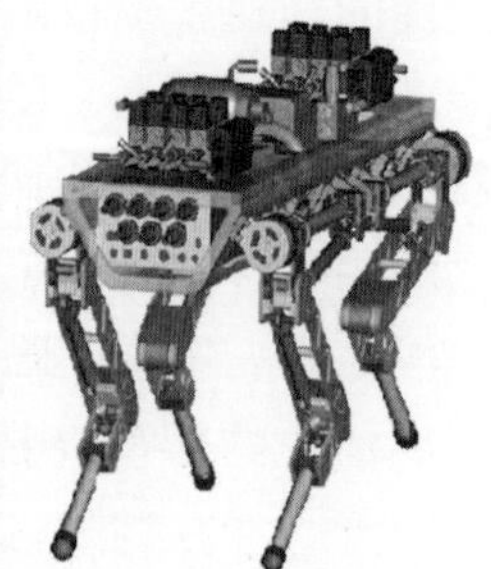

图 6-4　四足机器人

2011年，白俄罗斯推出一款无人驾驶遥控武器平台，这种拥有履带系统的无人作战平台，可在遥控指令控制下使用配备的机枪和榴弹发射器攻击800m内的目标。

2015年底，叙利亚政府军在俄罗斯无人战车的支援下打了世界上第一场以无人战车为主的攻坚战。俄罗斯投入了6台履带式无人战车、4台轮式阿尔戈无人战车和至少1架无人机，战斗持续了20min，一边倒的猛烈打击，显示出战斗机器人的巨大优势。

2015年，美国空军研究实验室提出“忠诚僚机”概念，即为现有的第五代战斗机找一群忠诚可靠的无人僚机，以大幅提升美国空军的有人/无人机协同作战能力。

2017年，“臭鼬工厂”与美国空军研究实验室等机构一起成功完成了基于“忠诚僚机”概念的有人/无人机编组演示试验，实现了无人僚机自主与长机编队飞行并开展对地打击，如图6-5所示。

图6-5 “忠诚僚机”协同作战示意图

6.1.5 智能武器与人的关系

在战争中，人始终是智能活动的主体，智能武器装备只能在人事先安排的程序下动作，按照人赋予的思维功能对战场上的情况做出反应。不管智能武器装备多么智能，都不能改变人是战争主体这一根本。归根到底智能武器装备是人的能力的延伸和发展。与其他武器装备比较，智能武器装备同样要受到人和自然各种因素的制约。既要看到武器装备智能化的大趋势，又不能因为高技术武器装备的突出作用，就否定人的作用。

对于智能武器而言，为了提高其战场应变能力，一般来说应该具备自主打击能力。但是，这存在一个“伤及人类”的道德风险，可以让智能武器拥有一定程度的自主权，但人必须参与发射控制环路，并具有最终决定权。因此，智能武器一般属于半自主型或平台自主型，在对威胁目标的识别、捕捉、跟踪、警告等方面可以实现智能武器的自主功能，即使对于远在千里之外的作战目标最终也应由人来下达射击命令。

未来战争，随着人工智能越来越多走上战场，战争形态将从信息化战争向着智能化战争加速推进。但人工智能机器人“大兵”在战场上冲锋陷阵之时，这些智能武器也会对人类带来诸多风险挑战。

美军的战斗机器人在伊拉克战场就曾无故将枪口指向指挥官；美国一台“发疯”的机器人也曾“失手”将一名装配工人杀死；俄罗斯也出现了机器人莫名“越狱”的事故。

6.1.6 智能火炮定义

随着人工智能技术发展新成果不断涌现，智能火炮的内涵更加清晰，技术上实现的可能性更大。显而易见，智能火炮应该是指整个火炮武器系统，包括搜索器、跟踪器、火控、火炮本体、弹药等设备。火炮武器作为硬杀伤武器，必须有人参与到发射控制环路。

因此定义智能火炮为除射击指令外，能够自动智能完成发现目标、识别目标、跟踪目标，另外还应包括火炮武器系统自身的健康管理，具有故障检测、故障预测和部分自修复功能的新型火炮。由计算机自动控制，火控系统能控制和决定火炮、炮弹打击的先后顺序，实现火炮自动装填发射，炮弹发射后对目标“自动寻找”，打了不用管。

智能火炮作为一种硬杀伤武器同样要遵从不能“伤及人类”的道德要求，属于半自主型或平台自主型智能装备。智能火炮在对威胁目标的识别、捕捉、跟踪、警告等方面拥有自主权，但人必须参与发射控制环路，并最终由人下达火炮射击命令。

智能火炮“平台无人，系统有人”，其本质是有人作战系统的智能延伸，通过人和智能化武器装备的高度融合，最大限度地提升作战效能，满足战争对武器不断发展变化的作战需求。未来战场将形成无人与有人作战系统交互融合的新型作战体系，从而有效提升联合作战体系能力[11-15]。

与传统火炮相比，无人智能火炮主要的表现在以下方面。

1. 智能控制能力强

远程操作手只需下达开机工作指令，搜索设备、跟踪设备、火控设备、无人智能火炮自动供电、开机启动，并根据相关设备的指令或本机传感器反馈状态智能判断所处的阶段和设备的状态，从而完成相应的控制功能[16]。

2. 具有一定的自主能力

搜索雷达需要自主搜索目标，在捕获目标后根据一定的规则对目标进行归类，判断是否为期望的目标；由于跟踪光电接收目标后有可能未跟踪到目标或者跟踪过程中丢失目标，需要不断地与搜索雷达进行交互，直至确认跟踪有效。同样，跟踪光电、火控设备与无人智能火炮之间也存在类似的问题，传统上由操作手进行的判断控制都需要智能火炮武器系统自主控制。

3. 具有较强的故障检测和自修复功能

任何一套设备都有存在故障的可能。传统火炮中，操作手具有一定的经验，可以排除大部分故障，不影响任务的执行。无人智能火炮系统则要求设备本身具备较强的故障检测、一定的故障修复和系统重构能力，最大程度地保证任务执行的可靠性。

6.2 智能火炮关键技术

智能火炮关键技术主要包括火炮自主控制与智能化技术、远程遥控技术、威胁目标识别技术、协同作战技术、智能平台技术、火炮无人值守自主作战技术、智能火炮安全防护技术、智能火炮自动化技术、智能火炮健康管理技术、基于人工智能的模拟训练技术等。

6.2.1 火炮自主控制与智能化技术

自主智能控制技术是使智能武器具有自主学习和记忆能力，能够自主适应多变的战场环境，提高复杂环境执行任务能力。在实现智能化的过程中，主要研究对战场环境的自适应问题，能够自主规划作战任务，必要时自主决策攻击目标。

6.2.2 远程遥控技术

实时性技术、软件容错技术是远程控制系统的关键技术。数据传输时，受战场环境的影响，可能存在延迟、断线、干扰、错误等各种意外情况，使远程控制终端发送的控制命令不能立即使火炮产生作用，造成火炮动作的不连续或者误动作，影响控制系统的正常工作，有可能引起严重后果[7]。同时，火炮的一些状态信息不能及时反馈给远程控制终端，引起远程控制终端操作人员在判断武器状态时出现偏差，这些都会造成控制系统的不可靠。

6.2.3 威胁目标识别技术

目标识别可以理解为计算机对图像特征分析，然后对目标概念理解的过程。对于空中目标的识别相对比较容易，但战场目标密集分布、数量众多、种类繁杂、运动状态多样多变、姿态稳定性差、伪装隐蔽干扰、杂波动态多变等因素严重降低了目标特征提取的稳健性，增加了威胁目标识别的难度。此外，环境、天气等因素的变化都会影响传感器的性能，造成目标漏判或误判，因此，在无人智能火炮系统中，威胁目标自主识别将会面临很大压力，采用多源传感器进行数据融合是提高目标识别概率的有效手段。

人工神经网络具有良好的自适应、自学习能力和高度非线性映射能力，将其用于威胁估计，可提高威胁估计的准确性和适应性。但是，神经网络存在网络结构选择困难、过学习、局部极值以及泛化能力差等缺陷。

6.2.4 协同作战技术

利用战场综合态势信息，特别是针对多个来袭目标时的火力分配优化，是小口径火炮无人化协同作战的重点研究内容，旨在提高系统综合作战效能。

6.2.5 智能平台技术

地面无人作战平台可以替代士兵执行各种危险的任务，用途十分广泛，可用于战场侦察、巷战、反坦克、站岗、放哨、警戒、巡逻、扫雷、探雷、布雷、排爆、装弹等。

鉴于无人作战平台的作战环境和使用要求，美国“未来地面作战系统”提出，无人作战平台应具备以下特点：

（1）装备质量不超过20t。

（2）战备状态下满足所有的体积、质量和其他要求，能够用现在或计划中系列运输机运输。

（3）能够在各种道路上行驶。

无人炮塔又称顶置武器炮塔，是指安装在坦克和装甲车车体顶部的武器部分，乘员则位于低矮的车体内。由于无人炮塔体积小，正面投影面积减小，整车质量有所减轻，乘员位于车体内，因此乘员的战场生存能力得到提高。

无人炮塔的优点主要有以下三点：

（1）可以改善乘员的战斗环境。所有乘员集中位于乘员舱内，乘员舱与炮塔隔离开，因此火炮发射的尾气完全与乘员舱隔绝，不影响乘员的工作，方便成员交流与协作。

（2）可以提高生存性。采用无人炮塔时，全部乘员位于装甲保护的乘员舱内，集中保护，安全性更高。而且炮塔的体积明显变小，从而降低了被敌火力命中的概率，提高了战场生存率。另外，体积变小的无人炮塔降低了整车质量，战斗车辆的机动性得到提高，从而也提高了战斗车辆的战场生存能力。

（3）具有良好的维修性能。无人炮塔系统独立于车体之外，实现了系统的模块化，便于拆卸和维修。

根据自动化程度的不同，地面无人作战平台可分为遥控式、半自主式、平台中心自主式和网络中心自主式四类。

网络中心自主式平台不需要人为控制，只依赖网络联系。由于该类平台具有平台中心自主式的所有特性，以及在网络中心战中扮演独立节点的能力，因此是美军“未来作战系统”计划的组成部分。该类平台能完成侦察、监视与目标探测、固定地区守卫以及城市军事行动等相对复杂的任务。

6.2.6 火炮无人值守自主作战技术

随着未来作战模式的转变，自主化无人智能作战平台的大量应用必将成为一种重要的发展趋势，在此作战模式下，操作手仅完成战前准备和相关勤务操作，武器系统通过对网络化、信息化技术的综合与集成，实现单装作战由智能化设备控制火炮系统完成目标搜索、威胁判定、自主截获、平稳跟踪、航路预测、弹种选择、火力控制、适时发射等作战流程，使火炮控制具有“人在回路之上”而非“人在回路之中”的监督控制能力。

6.2.7 智能火炮安全防护技术

智能武器装备一旦被对手通过恶意代码、病毒植入、指令篡改等手段攻击，将带来“倒戈反击”、战术失利等灾难性后果；识别错误、机器故障、通信降级、环境扰动等因素，也可能使智能武器装备因干扰而失控，安全防护变得更为迫切。

美军智能武器装备的安全主动防御体系，借助商用技术和能力，将威胁预警、入侵防御和安全响应能力相结合，创建跨领域的感知系统，为智能武器装备提供安全保障。

2010年，美国政府公开了一份摘要，包括“部署一个由遍布整个联邦的感应器组成的入侵检测系统”和“寻求在整个联邦范围内部署入侵防御系统”，即“爱因斯坦”2和“爱因斯坦”3计划。“爱因斯坦”3的入侵防御能力主要依靠国家安全局开发的TUTELAGE系统。TUTELAGE是一套具有监控、主动防御与反击功能的系统，通过提前发现对手的工具、意图并设计反制手段，在对手入侵之前拒止，即使对手成功入侵，也能通过阻断、修改指令等方法缓解威胁。美军运用TUTELAGE系统，通过部署在国防部非保密因特网协议路由器网与互联网连接的边界网关上的传感器发现恶意行为，并及时将这些行为报告给TUTELAGE。TUTELAGE通过内嵌的包处理器，透明地干预对手行动，对双向的包进行检测和替换等，实现对恶意入侵的拦截、替换、重定向、阻断等功能。近年来，美军网络司令部重点基于云计算、大数据分析等技术，研发针对网络入侵的智能诊断信息系统，能够自动诊断网络入侵来源、己方网络受损程度和数据恢复能力。

2011 年，美国报道伊朗军方通过分析此前击落缴获的美军无人机，并对相关设备进行逆向仿制后，成功利用美军无人机机载 GPS 卫星导航系统存在的漏洞，对 RQ-170 无人机实施“电子伏击”。“通过对美军无人机进行通信干扰后，迫使这架 RQ-170 进入自动驾驶状态，从而使这架无人机变成了无头苍蝇。”在将机载导航系统“哄骗”后，无须破译来自美军指挥中心的加密数据链，就可以通过修改经纬度数据和着陆高度数据，让 RQ-170 降落到预设地点，如图 6-6 所示。

图 6-6　RQ-170 无人机

俄罗斯“汽车场”大功率电子干扰系统，可同时压制 1 万 km^2 内来自任意方向、飞行高度在 30~30000m 之间的 50 架敌军固定翼战机、直升机的机载雷达及相关电子设备。

6.2.8　智能火炮自动化技术

炮塔实现无人化必然需要弹丸和发射药的自动管理系统，弹药自动装填技术必不可少。目前，世界上服役的第三代自行火炮上均能看到弹药自动装填技术的身影。但严格意义上讲只是弹丸实现了全自动装填，发射药大多停留在半自动装填状态中。因此弹药全自动装填系统是无人炮塔，也是智能火炮的关键技术。

6.2.9　智能火炮健康管理技术

传统的故障诊断方法不能适应智能火炮装备无人值守、长时高可靠性的使用需求，将故障消灭在萌芽状态的“视情维修”和“预知维修”是提高智能火炮生命力、保证可靠性的有效手段。

在装备长期使用、出现故障或发生战损时，由装备智能化状态管理系统通过状态监控、智能推理，根据作战任务类型，进行系统重构管理，优化系统工作模式，必要时可对装备进行降级使用，提高完成任务的可靠性。另外，通过装备智能化状态管理，确定装备的健康水平，进行监控告警，提示开展预防性维修，指导实施修复性维修，触发自主式保障功能，降低寿命周期费用，缩小后勤规模。根据装备长期使用经验，将计划维修升级为视情维修，优化维修模式，提高装备综合保障能力。

在智能火炮的控制系统中，利用传感器的配置集成，采集系统的各种状态信息，借助模糊推理、故障树法等各种算法和状态估计、参数估计等智能模型来预测故障。对于一些常见故障，根据历史数据、训练神经网络学习算法来实现故障诊断。对于一些偶发故障，由于样本较小，神经网络训练难以实现，可以选择支持向量机来进行小样本的故障诊断。并结合各种可利用的资源信息对系统架构进行重构，提升武器执行任务的能力。

要做到智能火炮，其必须能随时知道自体的健康状况。对于电气控制部分，相对比较容易采集信号；对于一般机械部分，可以设置各种传感器检测信号；但是对于火炮自动机，由于工作在高温、高冲击等恶劣环境下，且空间限制，其传感器的布置很难或只有少量位置可以布置，对自动机状态的监控非常困难。

6.2.10　基于人工智能的模拟训练技术

基于人工智能的模拟训练系统需要模拟典型战例或突发事件的过程，模拟带战术背景的军事行动，甚至自主学习军事条令条例，模拟军事方案的制定、推演和计划执行情况，并根据军事装备情况和技术能力，预设各种地理条件和作战环境，有针对性地训练指挥员组织作战指挥能力，训练操作手在对抗环境压力下对装备各项功能操作应用的能力。

6.3　遥控武器站

遥控武器站是一种可以安装在多种平台上相对独立的模块化、通用化武器系统，其最大的特点是车辆乘员不必暴露在车外就可直接操控武器精确射击。遥控武器站配备高精度的昼夜观瞄器材或火控系统，提高了传统武器的作战距离和射击精度，并使武器具有在夜间和恶劣天气条件下的作战能力。遥控武器站一般都装备于机动平台上，不但能减轻作战人员的负载，还可大幅增加武器携弹量，提高武器持续作战能力。部分武器站配备的稳定系统更是提供了武器行进间精确瞄准和打击目标的能力[17-19]。

遥控武器站能够在不做重大改装的情况下升级传统平台，提高现役车辆的战斗力，既可作为主要武器安装在轻型装甲车上，也可作为辅助武器安装在中型装甲车或主战坦克炮塔上，用作防空和自卫武器，还可安装在舰艇等其他平台之上[20]。

武器是遥控武器站实现作战的核心，主要武器有轻机枪、重机枪、机关炮、自动榴弹发射器和导弹等，有些遥控武器站还可安装高能激光器或非致命性武器，可根据需求配置武器[22]。

世界主要军事强国都在积极开发并装备新型遥控武器站，竞争激烈。

6.3.1 遥控武器站组成

遥控武器站一般由车外的无人炮塔和车内操控单元两大部分组成。炮塔之上集成有观瞄系统、驱动系统、稳定系统和武器系统。操控单元则包括火控计算机、显示器、操作手柄和作战软件等。

6.3.2 遥控武器站特点

遥控武器站不需要人去直接操控武器，而是基于视频图像和电驱动实现遥控操作，具有如下特点[22]：

（1）遥控操作使射手摆脱了炮塔的束缚，战斗位置降至车体内部，射手通过控制界面对武器进行控制和操作，杜绝了射手在车外操作的危险性，改善了射手操作环境，提高了射手的战场生存力和持续作战能力。

（2）遥控武器站均配备高精度的昼夜观瞄器材或火控系统，提高了传统武器的作战距离、射击精度、夜间和恶劣天气下的作战能力、火力机动性、火力突然性。

（3）顶置武器射界高，能对抗来自高大建筑物上的各种威胁。

（4）有助于解决装甲车辆的自卫式防空问题。

（5）遥控武器站采用模块化设计，装备兼容性和战场抢修能力好。

（6）显著提高武器操作的自动化、智能化和信息化水平，实现信息共享，从而全面提高顶置武器的整体作战效能。

（7）有助于减小炮塔尺寸、减轻炮塔质量。

（8）可大幅增加武器携弹量，提高持续作战能力。

（9）可根据需要来配置不同武器，适用范围广。

6.3.3　瑞典萨博 TRAGKFIRE 遥控武器站

2016 年，瑞典萨博系统公司推出集成 RBS70NG 近程防空导弹的 TRAGKFIRE 遥控武器站，该遥控武器站采用模块化设计，可按照不同用户的需求配装不同的传感器和武器等，如图 6-7 所示。TRAGKFIRE 遥控武器站可装备各种机枪或榴弹发射器，包括 5.56mm、7.62mm、12.7mm 机枪或者 40mm 自动榴弹发射器。TRAGKFIRE 遥控武器站配置了独立稳定瞄准具（包括双视场红外摄像机、CCD 彩色摄像机和人眼安全激光测距仪），瞄准具不受武器振动和后坐的影响，射手瞄准目标时，火炮随之俯仰和转动，降低了目标获取时间，提高了态势感知、监视与目标捕获能力，也使 TRAGKFIRE 遥控武器站具有更好的稳定性，可实现越野发射[23]。

图 6-7　瑞典萨博 TRAGKFIRE 遥控武器站

6.3.4　以色列“大力士”遥控武器站

以色列拉法尔公司研制出了可用于地面和海上平台的“大力士”系列遥控武器站。该武器站旨在为地面和海上平台提供性能高、生存力强，可用于恶劣作战环境的装备，如图 6-8 所示。

图 6-8　以色列“大力士”遥控武器站

“大力士” MkⅡ全防护式遥控武器站是“大力士”系列中的一种，适用于各种坦克、履带式和轮式装甲车辆。它是一种双向陀螺稳定的双瞄准具型遥控武器系统，采用低矮轮廓设计，不占用车内空间，增强了战斗平台的稳定性，能够安装多种武器，包括 7.62mm 并列机枪、23～40mm 机关炮、反坦克导弹发射器和烟幕弹发射器，还可选装非致命性武器，武器最大仰角达 70°。该武器站配备第三代计算机火控系统、自动目标跟踪器以及集成激光测距仪的昼间/热成像瞄准系统，炮长和车长均配有一个稳定型瞄准具，具备“猎－歼”能力。同时，车长瞄准具可进行 360°无障碍观察。该武器站还可安装附加装甲，装甲防护水平最高达到北约 STANAG 标准 4 级。该武器站使乘员能够不暴露在装甲防护之外而通过舱盖完成补弹和系统维护，增强了乘员防护力和作战连续性[24]。

6.3.5 挪威“保护者”遥控武器站

挪威康斯伯格公司开发了多种规格的“保护者”遥控武器站，如图 6-9 所示。美军是“保护者”遥控武器站的最大用户，美军的“斯特赖克”装甲车大量装备了“保护者”遥控武器站。

图 6-9　挪威“保护者”遥控武器站

2015 年，通用系统公司选择安装 30mm 机关炮的“保护者”中口径遥控武器站来增强“斯特赖克”装甲车的火力性能。

2016 年，康斯伯格公司展出了其新型的“保护者” MCT-30R 遥控武器站。该型武器站战斗全重 2t，采用模块化设计，可配备 20～50mm 中口径机关炮，方向射界 360°，回转速率 60°/s。并列武器可配置 5.56～7.62mm 机枪，还可选配反坦克导弹或非致命性武器，能为装甲车提供精确火力打击能力。

“保护者” MCT-30R 遥控武器站从车内遥控操作，主要武器是 1 门 30mm 机关炮，能够自动选择弹种，可发射穿甲燃烧弹或尾翼稳定脱壳穿甲弹等，战斗射速 200 发/min，可选择单发、5 发点射和全自动射击模式，有效射程 2000m，最大射程可达 3000m。辅助武器为 1 挺 M240 型 7.62mm 通用机枪，采用单向弹链供弹[26]。武器站右侧还集成 1 具“标枪”反坦克导弹发射筒。

6.3.6 意大利 HITROLE 遥控武器站

2016 年，意大利奥托·梅莱拉公司研制了 HITROLE 轻型遥控武器站，如图 6-10 所示。

图 6-10 意大利 HITROLE 轻型遥控武器站

HITROLE 轻型遥控武器站主武器可选配 7.62mm、12.7mm 机枪或 40mm 自动榴弹发射器，武器的高低射界为 -20° ~ +70°，武器站可 360°旋转。该武器站的火控系统包括红外摄像机、激光测距仪、自动目标跟踪软件、火控计算机和多种光学传感器等。除执行传统作战任务外，HITROLE 轻型遥控武器站还能执行侦察监视、城市巡逻、维护边境安全和反狙击等任务。

6.3.7 比利时“科克里尔”遥控武器站

比利时 CMI 防务公司推出的“科克里尔”中口径轻型遥控武器站，如图 6-11 所示。该遥控武器站采用全焊接钢装甲，可根据要求加装附加装甲。武器可配装北约标准 25mm 机关炮或 30mm 机关炮，这些机关炮的射程都可达 2000m，还可安装 1 挺 7.62mm 并列机枪，此外还可选择安装远程反坦克导弹发射装置。武器操纵和弹药装填均在车内完成，大大提升了乘员的安全性。炮塔旋转和武器俯仰采用电动式，武器最大仰角达 60°，车长和炮长配备带有集成激光测距仪的完全稳定式昼间/热成像瞄准具。射手通过平板显示器操纵武器瞄准目标，并显示相关控制和传感器数据。

图 6-11 比利时“科克里尔”遥控武器站

6.3.8 俄罗斯 AU-220M 遥控炮塔

2015 年，俄罗斯 UralVagonZavod 公司研制安装在 BMP-3 步兵战车上的 AU-220M 遥控炮塔，如图 6-12 所示。该炮塔采用钢装甲全焊接结构，主要武器为 1 门 57mm 双路供弹机关炮，辅助武器为 1 挺 7.62mmPKTM 并列机枪，炮塔还装有 81mm 烟幕弹发射器。

图 6-12 俄罗斯 AU-220M 遥控炮塔

57mm 火炮具备发射激光制导炮弹的能力，最大射程 12km。火炮采用沟槽式制退器。炮塔采用全电驱动，方向回转角度为 360°，武器俯仰角度 -5°~+75°，高仰角赋予车辆一定的防空能力。

最新研制的“时代”（Epoch）遥控炮塔，已安装到俄罗斯的 T-15 重型步兵战车、“库尔干”25 履带式步兵战车、“回旋镖”8×8 步兵战车等三种最新型装甲车上。炮塔配备 1 门全稳定型 30mm2A42 双路供弹机关炮，机关炮左侧为 1 挺并列机枪。此外，炮塔两侧各装有 1 个 2 联装“短号”激光制导导弹发射器，导弹射程 8~10km。

6.3.9　美国通用遥控武器站

美国 XM101 通用遥控武器站（CROWS）采用三轴稳定设计，包括传感器和火力控制软件，能够搜索并打击运动目标，能监视 5000m 范围内的区域，识别 2000m 内的目标，如图 6-13 所示。士兵无须俯仰武器就能观察目标，手动式/应急式备份作战能力提高了射击稳定性。

图 6-13　美国 XM101 通用遥控武器站

该武器站可以选配安装 MK19 式 40mm 榴弹发射器、M2 式 12.7mm 大口径机枪、GAU-19 式 12.7mm 转管机枪、M240 式 7.62mm 机枪和 M249 式 5.56mm 班组自动武器等多种武器，并且当射手对目标进行测距后，弹道计算机能自动把武器调整到合适的射角[26]。

遥控武器站正在快速发展和演化，随着遥控伺服控制技术、弹药自动装填技术、装甲防护技术、数字化车际通信技术、感知技术和智能化技术等日渐成熟，遥控武器站在环境适应性、可靠性、防护性和火力配置多样化等方面都有了很大提高，必将在未来战场上发挥更大的作用。

6.4　数字化火炮

6.4.1　数字化与数字化战争

6.4.1.1　数字化

数字化就是将许多复杂多变的信息转变成可以度量的数字、数据，再以这些数字、数据建立起适当的数字化模型，把它们转变为一系列二进制代码，引入计算机内部，进行统一处理，这就是数字化的基本过程[27]。

战场数字化有以下三个含义：

（1）将战场上的各种情报转化成数字信息。

（2）利用数字传输技术、处理系统将这些信息在各个作战平台和作战单位之间资源共享、互联互通。

（3）最终实现战场指挥、控制、通信、情报的一体化。

6.4.1.2 数字化战争

数字化战争，就是数字化部队在数字化战场进行的信息战。它是以信息为主要手段，以信息技术为基础的战争，是信息战的一种形式。

6.4.1.3 数字化战场

美国提出了“数字化战场”的构想。“数字化战场”，是指以信息技术为基础，以信息环境为依托，用数字化设备将指挥、控制、通信、计算机、情报、电子对抗等网络系统联为一体，能实现各类信息资源的共享、作战信息实时交换，以支持战斗人员和保障人员信息活动的整个作战多维信息空间。

数字化战争具有如下特点：

（1）技术数字化：是指信息网络建设运用数字化技术，使网络技术水平适应信息作战的要求。如采用先进的传感器技术和智能化计算机技术，增强多层次、全方位的战场信息获取能力。

（2）综合一体化：是指把指挥控制、情报侦察、预警探测、通信、电子对抗等信息系统和各军兵种信息系统，实行多层次、大范围的综合连接，将其共同纳入一个综合的大系统之中，实现准确的信息传递和信息共享，确保一体化作战整体效能的发挥。

（3）业务多媒体化：是指综合数字信息网络能以会议电视、可视电话、多媒体电子邮件、图文检索、视频检索、视频点播等多媒体形式实现信息交流。

（4）用户全员化：是指信息网络可以实现全员互通，战场上将军和士兵在任何地点、任何时候都能互通情况。

（5）功能多样化：是指信息网络具备信息作战需要的多种战术功能，如对武器系统的有效控制能力、攻防兼备的电子对抗能力、复杂电磁环境下的不间断通信能力和抵御计算机病毒及“黑客”入侵的防卫能力等。

6.4.1.4 数字化部队

数字化部队，即以数字化技术、电子信息装备、作战指挥系统以及智能化武器装备为基础，具有通信、定位、情报获取和处理、数据存储与管理、战场态势评估、作战评估与优化、指挥控制、图形分析等能力，实现指挥控制、情报侦察、预警探测、通信和电子对抗一体化，适应未来信息作战要求的新一代作战部队[28]。

美军率先提出构建数字化部队，这是一支以数字化电子信息装备和机械化主战武器为主导装备，实现指挥控制、情报侦察、预警探测、通信、电子对抗一体化和主战武器智能化，适应未来信息战的新一代作战部队。它能够达到战场信息的最快获取、信息资源的共享、人和武器的最佳结合，因而可实现战场作战的最佳指挥效益。

伊拉克战争中，美国的数字化部队依靠先进的数字化装备，不仅创造了日行170km的行军速度，对攻击目标信息获取、传输、处理及控制作战平台、完成火力攻击的整个过程也只有10s，几乎做到了实时攻击。

美军数字化部队战争实践表明，数字化部队与常规部队相比具有以下优势：

（1）决策与执行速度加快，争取了战场主动。

（2）简化了指挥控制程序，提高了整体作战能力。

（3）改善了情报的获取与传递能力。

（4）加快武器装备反应速度。

（5）增强部队机动能力。

6.4.1.5　数字化装备

数字化装备也可称为机电信息一体化装备，是指在传统的武器装备中，引入信息技术，嵌入传感器、集成电路、软件和其他信息元器件，从而形成了机械技术与信息技术、机械产品与电子信息产品深度融合的装备或系统。数字化装备与非数字化装备相比，具有处理速度快、兼容性强、易于维护和智能化等优点。

6.4.2　数字化火炮定义

数字化火炮就是采用了数字化技术和自动控制技术的炮兵火力平台，能对目标信息或诸元信息进行自动化处理，实现操作自动化、智能化的火炮。

数字化火炮是在传统火炮技术基础上广泛应用信息技术，具有探测能力、通信能力、电子战能力、操瞄控制能力和隐形能力的智能化火炮系统，具有更大的威力、更高的射速和更强的火力机动能力，整体作战能力大幅度提高。

数字化火炮系统是适用未来信息化作战的新型火炮武器装备，把信息技术融合到传统的火炮技术之中，提高其综合作战能力。用数字化信息处理与传输网络覆盖整个作战空间，每一门火炮都与这个网络相连，作为网络的一个节点，每一门火炮都是数字化部队的基本结构单位[29]。

1. 探测能力

能够准确地确定自身和敌方目标的位置，正确识别敌我，为火控系统计算射击诸元提供更为精确的初始数据，大大提高了射击精度。

2. 通信能力

具有 C^4I 系统的接口，与之相连可以全面了解战场情况，获得各种信息，便于实施作战体系的指挥控制。车内通信保证射手实时掌握全炮状态，便于操作与控制。

3. 电子战能力

具有进行侦察、干扰和欺骗的电子战，并能保证火炮自身在敌电磁干扰条件下正常工作的能力。

4. 操瞄控制能力

利用综合电子系统，通过火炮中心计算机与全炮各种电子设备和传感器相连接，把火力、机动、防护、指挥、战场信息管理和后勤保障等功能融为一体，实现自动化操作和信息管理。

5. 隐形能力

具有干扰敌方各种探测手段，包括制导弹药对自身的探测，以提高自身生存能力。

美国陆军认为信息就是力量，在未来战场上信息是克敌制胜的力量。美国陆军把“打赢信息战”列为其现代化的五大目标之首，并认为全面采用数字化技术，是打赢信息战的根本保证。

火炮武器系统实现数字化，可以大幅度提高系统的精确打击能力、快速反应能力和生存能力；有利于兵种间尤其是火炮武器之间的协同作战；也有利于提高作战指挥效能。火炮实现数字化，是火炮技术的重大发展与变革。

数字化炮兵可表述为受过良好数字化训练的战斗人员，使用数字化炮兵装备，应用数字化信息技术，实现人与装备的最佳结合，发挥人与武器装备的最大效能，形成的具有比普通炮兵部队更高作战效能的炮兵部队。

美军数字化炮兵实验结果表明：数字化炮兵的侦察能力是非数字化炮兵的2倍，打击能力是非数字化炮兵的3倍。1个完整的数字化炮兵营的作战能力大约相当于9个普通牵引炮兵营的作战能力。

6.4.3 典型数字化火炮

数字化火炮可能是全新研制的新型火炮，也可能是在现有或新研制的武器系统基础上外加新的技术或嵌入新的数字式模块[30]。

6.4.3.1 美军 M109A6“帕拉丁”155mm 自行榴弹炮

美军 M109A6“帕拉丁”155mm 自行榴弹炮是数字化技术融入火炮技术的一个案例，如图 6-14 所示。

图 6-14　美军 M109A6 “帕拉丁” 155mm 自行榴弹炮

美军 M109A6 “帕拉丁” 155mm 自行榴弹炮采用先进火力支援指挥与控制系统，该系统采用加固轻型计算机的形式，无论是在横向还是纵向的连续作战行动中都能实现火力支援手段的自动化协同和控制。炮上计算机系统可从“阿法兹”系统领受射击任务，可接收来自外部辅助计算机系统和传感器的大量信息，可自动精确计算出射击诸元，并能自动选择击毁目标的用弹量和弹种以及引信组合。火炮上的实时弹丸跟踪系统可根据实时误差数据修正弹道。

该自行榴弹炮采取半自动装填，单炮射速为 3 发/12s。一个 24 门制的炮兵营，对一个正面 300m、纵深 100m，即面积为 $3hm^2$ 的目标地域进行射击，在 12s 内，可向每公顷平均发射 24 发炮弹。

该自行榴弹炮能够在没有外部技术援助的情况下独立作战。其乘员可以通过保密的声音和数字通信系统接收任务数据，计算射击诸元，自动将火炮从行军闭锁状态转入战斗状态，进行瞄准和射击；无须外部技术援助，即可自行转移至一个新的阵地。

1994 年开始，数字化炮兵指挥控制系统开始装备炮兵部队，到 2000 年满装率已达 54%。在该系统的支持下，美军数字化炮兵行进间接到射击指令，1min 内就可开火；停止时接到射击指令，30s 内就可开火。

美军 M109A6 “帕拉丁” 155mm 自行榴弹炮连配备 8 门炮，阵地最大配置正面可达 2. 2km，纵深可达 1. 6km。炮与炮间隔 100～150m；组（2 门炮）与组间隔 300m；排（2 组 4 门炮）与排间隔 1km。这样的配置，作战中即使对方能够使用炮位侦察雷达进行定位，一次连齐射也只能毁伤 1 门炮，一次营齐射时，至多毁伤 2 门炮。在对方射击时，营连内其他各炮，就可根据己方炮位侦察雷达捕捉到的对方火炮位置，迅速进行反击。

美军一个装备 M109A6 “帕拉丁” 155mm 自行榴弹炮的数字化炮兵营，在 1 天的时间内执行了 39 次射击任务，共发射炮弹 1186 发，每门炮平均每次发射6~8发。同时在执行任务中，进行2次生存机动，每次机动300~800m；进行3次战术机动，每次机动7km以上。该营连续30天的试验训练，共发射了12000发炮弹，而且每个训练课题都是按照“走中有打，打中有走”的战法完成。

6.4.3.2 日本数字化迫击炮

日本正在研制一种可与轮式装甲车、小型装甲车等机动装备相结合的新型迫击炮——数字化迫击炮，如图6-15所示。

图6-15 日本数字化迫击炮

数字化迫击炮的突出特点是将装备一种有效的C^4I装置。目前，研究较为成型的是“利用迫击炮散布型传感器收集目标信息和观测弹丸落点系统”。它主要由散布传感器迫击炮弹、发射电磁波迫击炮弹、接收装置和标定装置四大部分组成。散布传感器迫击炮弹主要用于收集目标信息，炮弹能识别履带车、轮式车、气垫车、直升机和有生目标等；发射电磁波迫击炮弹主要用于观测弹丸落点，在普通的120mm迫击炮的底部装上电磁波发射机，发射机在引信启动时发射出火炮的识别代码；接收装置主要用于连接传播（中继传送）电磁波，该接收装置配有GPS定位系统，随时可标定自己的位置；标定装置由接收部分、信号处理部分、存储部分和连接装置组成，主要用于信息的处理、显示、存储等。

6.4.3.3 韩国数字化迫击炮

韩国研制了一种新型120mm数字化迫击炮，具有射程更远、发射更加稳定、炮弹命中精度更高等特点，可搭载多种作战平台，如图6-16所示。该炮总体由炮弹、炮筒、自动装弹机、数字化通信、发射控制台和底座六大部分组成。而迫击炮的炮弹、炮筒、控制台等前五个部分作为一个整体被安装在一个可以进行360°水平旋转和大角度仰俯旋转的厚重钢制底座上。

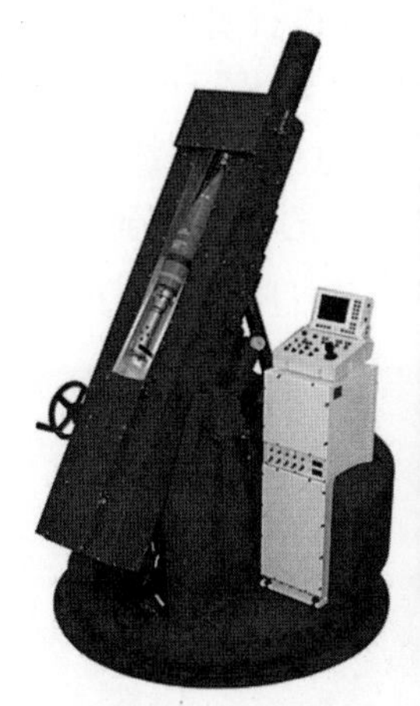

图6-16　韩国数字化迫击炮

虽然该炮体积和质量大，但由于设计比较紧凑，该炮不仅能搭载在各型轮式或履带式装甲车辆上，甚至还可以搭载在卡车等一般的车辆上，因此具有很强的通过性和灵活性。

该炮最主要的特点是安装有数字化火控系统模块以及GPS卫星导航装置系统。该迫击炮在射击时，首先由火炮上的GPS卫星导航装置提供火炮自身和目标所在地的具体地理位置数据，然后由安装在迫击炮上的数字化火控系统模块在瞬间计算出精确射击诸元，最后在操炮手的确认下，数字化火控系统对预先输入的风速、风向等数据做出计算，驱动迫击炮进入最佳射击角度对目标进行火力打击。当迫击炮完成对目标的打击后，在数字化火控系统的作用下，迫击炮的炮身将自动移向下一个目标进行攻击。发射过程中如果炮弹意外地发生晃动，该炮上的火控系统还能对炮身的晃动程度做出分析并计算正确的发射诸元，使首发炮弹就能击中目标，因而是一种十分“智能”的迫击炮。

6.4.3.4　美国“龙火”数字化迫击炮

美国“龙火”数字化迫击炮是一个完全模块化的、可遥控的武器系统，发射迫击炮弹射程超过8.2km，发射火箭增程弹射程13km，如图6-17所示。它可以安装到美国海军陆战队现装备81mm迫击炮的AV-25轮式步兵战车底盘上或者“悍马”高机动车上，也可作为牵引火炮使用。“龙火”底盘的多样化，增强了对不同地形、不同任务的适应能力。“龙火”装备了火炮战术数据系统、射击指挥系统、目标定位系统和车载导航/瞄准系统，实现了自动化指挥，战术灵活性和适用性很好。它可由CH-53E直升机和MV-22倾转旋翼机运载。着陆后，炮手在不到1min就能使“龙火”迫击炮转入战斗状态。只要地形相对平坦，士兵就可充分利用“龙火”的弹道计算机系统结合车载陀螺仪来稳定武器，从而具有“行进间射击”能力。“龙火”可能会成为第一种具备行进间射击能力的非炮塔式自行迫击炮。这意味着一线部队可以随时召唤“龙火”迫击炮的火力支援，大大提高陆战部队的“战场通过能力”。“龙火”从接到射击指令到定位、瞄准、射击，仅用12s，而普通迫击炮要用几分钟。

图6-17 美国“龙火”数字化迫击炮

6.4.4 数字化炮兵的发展趋势

综合各国军队数字化炮兵建设，数字化炮兵的发展趋势如下。

6.4.4.1 优化调整炮兵编制体制，进一步提高炮兵火力支援能力

数字化战场是作战空间、作战效率、作战复杂程度都大为扩展的战场。在这样一个动态作战的环境中，火力支援必须满足分散化、非线式作战的要求，同时能左右整个战局，加之数字化炮兵比普通炮兵综合作战能力提高许多倍。因此，组建小型数字化炮兵部队，增加建制单位的火炮数量，是数字化炮兵编制体制的发展趋势。

如美军已经将原来重型师属9门制的MLS多管火箭炮兵连扩编为一个2×9门制的火箭炮兵营。其目的是增强火力，提高纵深打击能力、增强伴随支援能力及编组灵活性[31]。

6.4.4.2 大力开发自动化指挥系统，实现炮兵指挥灵敏、高效

数字化炮兵给炮兵射击指挥带来了巨大的变革，客观要求炮兵必须改变自上而下的“树状”指挥结构，并逐步被纵横交错的指挥与控制网络所取代。

一些国家已把数字化炮兵侦察体系纳入整个国家军队的侦察系统之中，以实现信息获取的立体化、联通化。把数字化炮兵指挥通信建设纳入国防指挥通

信建设的总体规划之中，实现信息传递的网络化、多样化。

6.4.4.3　大力发展性能更先进的火力发射平台，增强火力的时效性

为适应数字化炮兵发展的需要，世界军事强国正在大力发展性能更先进的火力发射平台，使其成为具有高度的机动能力、射程远、火力功能多的火力发射系统，以增强火力的时效性。

6.4.4.4　发展智能型精确制导炮弹，提高精度和射程

发展智能型精确制导炮弹是数字化炮兵弹药发展的重要内容。随着数字化炮兵的发展，炮兵武器已经全面步入制导化阶段，并开始向智能化阶段过渡。精确制导技术给炮兵弹药性能带来了质的飞跃，未来战场的火力对抗将不再是以数量的多少而是以质量的高低定胜负。

未来战场是以数字信息技术为基础的数字化战场。以信息系统为支柱，以数字化信息网络为基础，实现信息传输数字化、战场信息实时化、指挥控制一体化、武器装备智能化的数字化部队，必将成为战场的主角，被誉为“战争之神”的数字化炮兵，必将再次大显身手。

参考文献

[1] 张申，季自力，王文华．美军智能武器装备发展概况［J］．军事文摘，2019(17)：43-46.

[2] 张申，季自力，王文华．美军加快发展智能武器装备［J］．国防科技工业，2019(08)：56-59.

[3] 王荣辉．透视未来智能化战争的样子［N］．解放军报，2019-04-30(007).

[4] 许玥凡．人工智能武器：福兮，祸兮？［N］．解放军报，2018-06-29(011).

[5] 张敏．智能战争时代，谁来开火？［J］．军事文摘，2017(21)：23-26.

[6] 范云，王忠凯．新型遥控武器站扫描［J］．坦克装甲车辆，2017(23)：38-42.

[7] 刘川．无人遥控炮塔的新发展［J］．坦克装甲车辆，2018(01)：30-35.

[8] 庞伟，李强，刘杰，等．火炮身管液压自紧的一种智能测试系统［J］．四川兵工学报，2014，35(12)：56-60.

[9] 梓文．雷声公司为美国陆军制造用于重型火炮系统的神剑智能弹药［J］．兵器材料科学与工程，2016，39(01)：58.

[10] 吴军．火炮状态智能诊断技术研究［D］．南京：南京理工大学，2013.

[11] 刘庆利．基于智能传感器的火炮姿态调整平台研究［D］．成都：西南交通大学，2011.

[12] 邓志江．自行火炮故障智能诊断与预测系统设计［D］．南京：南京理工大学，2007.

[13] 刘晓光．火炮多参数智能检测平台设计［D］．长春：长春理工大学，2006.

[14] 张习．人工智能火炮机器人火炮［J］．国防科技参考，2000(01)：59-60.

[15] 潘孝斌，谈乐斌，何永. 牵引火炮数字化改造 [J]. 兵工自动化，2011，30(01)：83-84+94.
[16] 孙欣. 现代智能作战概念浅析 [J]. 舰船电子工程，2009，29(08)：9-13.
[17] 范云，王忠凯. 新型遥控武器站扫描 [J]. 坦克装甲车辆，2017(23)：38-42.
[18] 史建民. 遥控武器站：非接触的智能作战系统 [N]. 解放军报，2016-07-28(007).
[19] 郭华新. 基于精确打击的遥控武器站关键技术研究 [D]. 南京：南京理工大学，2016.
[20] 吴永亮，毛保全，高玉水，等. 遥控武器站研究现状与发展 [J]. 高技术通讯，2014，24(02)：193-200.
[21] 毛保全，吴永亮，高玉水，等. 车载顶置武器站发展综述 [J]. 装甲兵工程学院学报，2013，27(05)：1-7.
[22] 吴永亮，毛保全. 遥控武器站发展现状与关键技术分析 [J]. 火力与指挥控制，2013，38(10)：88-93.
[23] 陈延伟，李翔，魏立新. 舰载遥控武器站发展探讨 [J]. 舰船科学技术，2012，34(08)：3-6+17.
[24] 李超，李大庆. 国外装甲车辆遥控武器站的发展现状与趋势 [J]. 四川兵工学报，2012，33(01)：66-70.
[25] 张宇，胡永明，胡正良. 无人化遥控武器站 [J]. 微计算机信息，2011，27(04)：33-34.
[26] 贾永前，杨明华，杜庆洋. 遥控武器站相关技术与发展趋势 [J]. 四川兵工学报，2010，31(06)：48-51.
[27] 邹红霞. 基于数字地球的数字化战场建设 [J]. 现代电子技术，2013，36(08)：23-26.
[28] 李大光. 当今数字化部队建设扫描 [J]. 中国经贸导刊，2014(15)：77-79.
[29] 胡姝，胡雪艳. 浅析“数字化战场”的特点及表现 [J]. 科技信息，2009(02)：617-618.
[30] 张启刚，朱维同. 未来战争与数字化火炮 [J]. 火炮发射与控制学报，1995(04)：32-36.
[31] 李文召，张全礼. 数字化炮兵的现状及未来 [J]. 国防科技，2007(05)：91-94.

第 7 章 可变药室火炮

7.1 简 介

传统火炮的药室容积是固定不变的。可变药室火炮的药室容积可以根据发射需要调整大小，能提高药室容积效率。可变药室火炮采用了模块装药技术和激光点火技术，药室和装药的创新优化了火炮和弹药之间的衔接[1]。

7.2 工作原理

药室容积和发射药性能之间有着密切的联系。身管火炮有多种发射装药量，控制火炮膛内一定装药量发射药的燃尽和燃气压力是非常重要的。药室容积固定火炮，不能在所要求的射程范围内通过单纯地改变同一种类的发射药装药量来控制发射药的燃尽和膛内压力。过去，火炮科研人员通过使用不同种类或不同装药结构的发射药来达到不同的射程需要。理论上，改变药室容积可以增强火炮发射的灵活性。另外，药室容积可变也有助于使一种火炮的发射装药更加容易地适用于另一种火炮[2]。

可变药室火炮可根据射程和射角的需要选用不同的发射药模块，根据发射药量调整药室容积，使炮弹具有不同的炮口初速和发射方向，从而完成不同的射击任务。可变药室火炮的设计，在考虑初速变化能力的同时，也要考虑改进射程覆盖范围及单炮多发同时弹着射击的能力。

在火炮原有药室与邻近药室的周边设备之间放置一个活塞，可以通过打开这个活塞，容纳最大限量的发射药量以增大药室容积效率。但是这种方法没有考虑到减小原有药室容积来适应更少的发射药量，而且这种装置的可行性也没有得到验证，因此火炮需要一个可灵活调节药室容积的装置来使射手使用起来更加机动灵活。

可变药室火炮，改进了药室、身管和炮尾组件，如图 7-1 所示。炮身由线膛炮管和燃烧药室组成，在炮尾的一端固定药室容积的大小。燃烧药室的可变部分从火炮身管尾部向药室里的背面算起，通过改变闩塞进入药室的深度调节药室容积。连接在火炮身管尾部的炮尾组件，由炮尾环、炮尾托架、炮尾闩塞组件（含炮尾闩塞、转轴组件、炮尾密封垫和密封垫圈组成的炮尾密封组件、后衬圆环、弹簧及螺母等）以及连接它们的组件构件，如图 7-2 所示。炮尾的密封圈可同时作为抵抗挤压的环形圈和避免炮尾部分受到燃烧药室里燃烧气体损伤的热防护。炮尾环设置在身管尾端，参与连接炮尾托架。发射弹药时，通过旋转炮尾闩塞组件使得炮尾托架沿炮管中心轴线的隔断螺纹与炮尾闩塞组件的隔断螺纹相啮合以转移发射负荷[3]。

图 7-1 可变药室火炮的炮尾装置

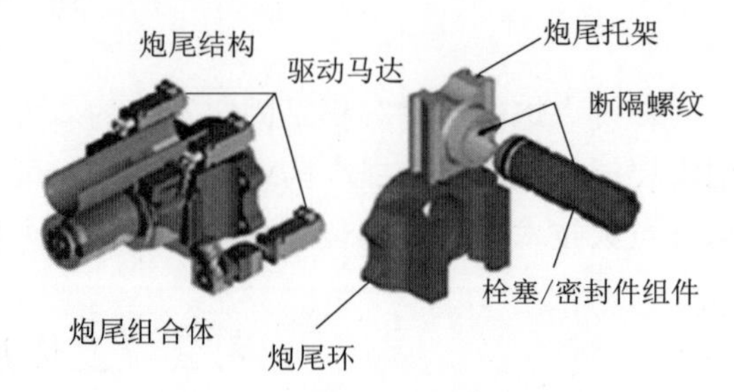

图 7-2 可变药室火炮炮尾结构

可变药室火炮改进了现有的常规螺纹和炮尾密闭技术，使用一个塞子和一个改进型炮尾密封垫，通过使炮尾密封垫向里和向外移动到不同深度来调节容积，塞子则是通过移动并锁定到铸造在炮尾上的隔断螺纹内的办法调节其深度。于是，火炮可以根据发射药量的多少自动增减药室的空间，通过选用不同的发射药模块达到不同的射程。这种装药模块数量的可选择性和药室容积的可调节为进一步优化火炮性能提供了可能。

炮尾操作过程包含提升炮尾托架、调节闩塞组件进入药室的深度以改变药室容积、旋转闩塞至锁定位置三个过程，如图 7-3 所示。

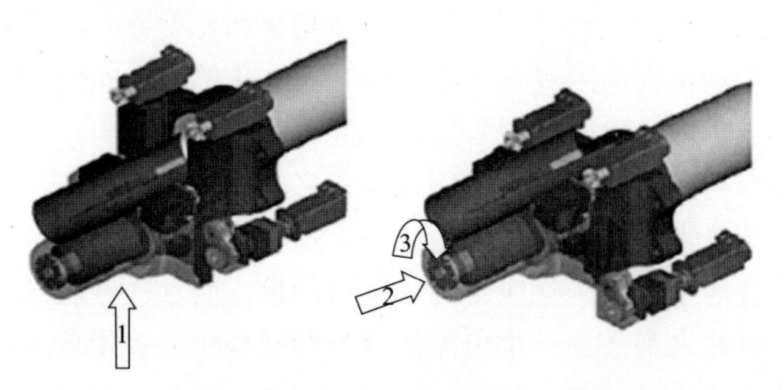

1—提升炮尾托架；2—调节闩塞组件进入药室的深度以改变药室容积；3—旋转闩塞至锁定位置。

图 7-3 可变药室火炮的炮尾操作示意图

可变药室火炮的工作过程：炮手接受射击任务，完成射击编程，可变药室火炮根据目标选择装药；火炮装定引信，并由自动装弹机装填弹丸和发射药；炮尾闩塞提升、关闭，并旋转到锁定位置；火炮利用激光点火系统进行发射；重复发射（如 10 发/min），直到完成发射任务。

7.3　模块装药技术

模块装药是指由可燃容器、发射药、点传火系统及装药附件制成一定尺寸的刚性单元模块装药，并按射程需要把单元模块装药组合成不同装药号的发射装药。模块装药技术是适应提高大口径火炮快速反应能力、实现自动装填、提高弹道性能的新型发射装药技术。模块装药的性能主要包括燃烧性能、点传火性能、装药结构性能、弹道性能、不敏感性能、使用性能和工艺性能等[4-5]。火炮膛内模块装药如图 7-4 所示。德国 PZH2000 自行火炮及其使用的模块装药如图 7-5 所示。

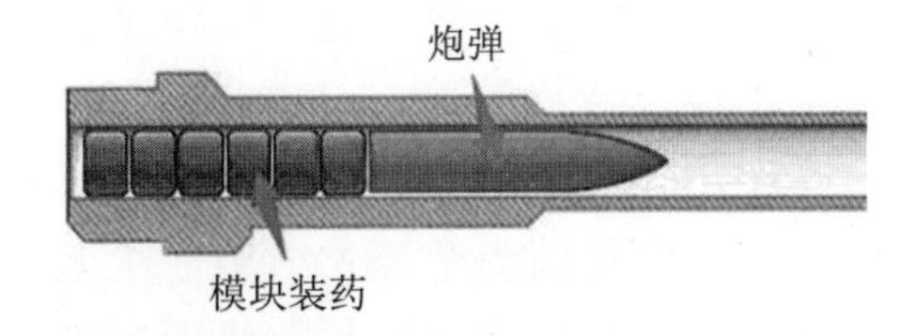

图 7-4　火炮膛内模块装药

图 7-5　德国 PZH2000 自行火炮及其模块装药

模块装药是由一种结构统一、几何形状固定、性能一致的刚性单元模块装药组成的发射装药。模块装药与传统的药筒或药包装药相比，具有如下优点[6-8]：

（1）模块装药具有的刚性单元模块装药尺寸标准统一，有利于大口径火炮自动装填。

（2）模块装药的单元模块装药可组合成满足火炮不同射程的各种装药，组合数量多，利用率高，经济性好。

（3）模块装药采用可燃容器，综合考虑了点传火、消焰、防烧蚀等功能，减少了装药元件，简化了勤务要求。

（4）模块装药具有统一规范性，便于实现自动化装药生产。

模块装药既可提高火炮的射速和机械化水平，又能提高火炮的快速反应能力和战场生存能力。

模块装药研究重点是在保证装药燃烧性能的条件下，解决如何用最少的单元模块数量和最简单的模块组合方式，满足火炮从最小射程到最大射程的全弹道覆盖要求。

由于模块装药在燃烧性能上存在不同装药号燃烧性能匹配性问题，模块装药主要有全等式结构和不等式结构两类。

全等式结构，就是组成模块装药的各个单元模块装药从几何外形到内部结构是完全相同的，因此在使用中各个单元模块装药具有互换性。甚至每个单元模块装药的内部结构也是轴向对称的，不需要考虑装填入火炮药室时的方向性。

不等式结构，就是组成模块装药的各个单元模块装药是不相同的，不能互换的。因此，在装填入火炮药室时需严格按规定的顺序、方向进行组合。

全等式结构更有利于实现计算机控制自动装填，减少射击逻辑计算负担，减少失误，便于训练和操作，有利于满足勤务管理和使用要求。因此，全等式结构更有利于提高火炮射速。但是因为全等式结构往往无法同时满足最小号装药和最大号装药的弹道性能要求，许多国家都在使用不等式结构。对于采用常规制式发射药的全等式模块装药，当满足了最大号装药弹道性能要求时，最小号装药的发射药往往不能燃尽，膛压偏低不能解除引信保险，严重时产生弹药“留膛”现象。而当满足了最小号装药弹道性能要求时，最大号装药的膛压往往偏高，超出了火炮身管的承受能力[9-10]。

全等式结构模块装药研制难点在于头尾不能同时兼顾。如果满足最小射程，那么就不能很好兼顾最大射程；如果兼顾最大射程，就必须舍弃掉一部分最小射程[11-15]。例如，南非 G6-52 火炮双模块发射药的最小射程 13km，只能选择再搭配一种 105mm 火炮才能弥补其射程覆盖的不足；以色列的全等式结构装药模块在由 39 倍 155mm 口径火炮进行发射时最小射程 4. 5km、发射底排弹的最大射程只有 21. 5km。

不等式结构模块装药的勤务使用性能虽不如全等式结构模块装药，但可以通过调节每个模块装药的发射药量和药型尺寸等，使模块装药满足全弹道性能要求。不等式结构模块装药，实现起来技术难度比全等式模块装药小一些，但是增加了勤务处理的困难。

全等式模块装药系统无法同时满足最小号装药和最大号装药的弹道要求，

为了解决这一矛盾，设计双模块装药系统是一种可行的办法。双模块装药系统是由两种全等式单元模块装药组成，一种模块装药用于小射程的 1~2 号装药，另一种模块装药用于大射程的 3~6 号装药[16]。美国研制的 155mm 火炮的发射药，就是通过不同发射药组合，实现不同射程的覆盖，如图 7-6 所示。

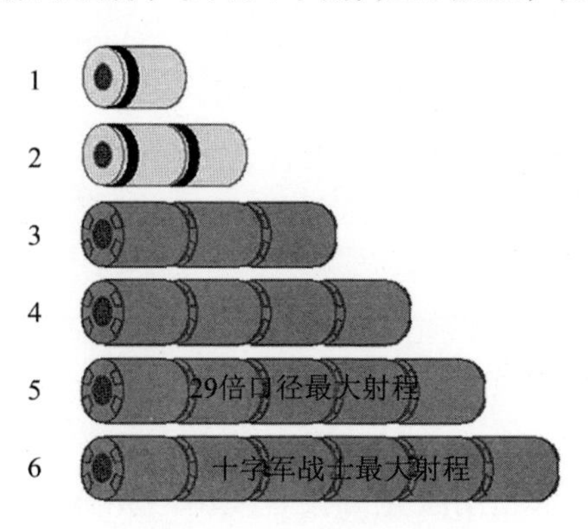

图 7-6　美国 155mm 火炮模块装药解决方案

采用双模块装药系统是实现最少的单元模块装药种类和最少装药号完成从最小射程到最大射程的全弹道覆盖的较好的技术途径。因此，双模块装药已成为世界各国研制和应用的重点。

7.4　激光点火技术

火炮装填密度增大，药床透气性变差使得点传火问题变得日益突出，又加上大口径火炮采用的分装式装药结构，这就给火炮射击安全性提出了点火同时性及一致性的要求。改善密实药床的点传火性能，避免局部点火是大口径火炮的关键问题之一。

近年来，各国内弹道工作者提出了喷管射流点火、等离子激发点火、软点火及激光点火等新型点火概念。由于激光器成本降低，同时激光又具有单色性好、输出功率高、光分散小、能量集中及在传输过程中不易衰减等特点，因此，美国、德国、以色列等国家都投入了大量的精力进行激光点火技术研究[17-19]。

7.4.1　定义

把激光作为一种“精密”点火源，启爆或点燃火工品的技术，即为激光点火技术。激光点火是一种安全、可靠、轻便的新型点火技术，与常规的电桥丝雷管点火相比，具有抗干扰能力强，避免了电磁波、静电等电信号的干扰；

安全性高，实现了炸药、烟火剂与电源装置有效隔离及钝感点火；技术易于拓展，可实现猛炸药的爆燃转爆轰、装置小型化和多点启爆功能等优点[20]。

20 世纪 60 年代中期，美国能源部开始激光点火技术研究，以期用激光点火装置取代热电阻点火系统、雷管及引爆器，满足武器安全的需要。

7.4.2 激光点火方式

激光点火有光-电混合、激光二极管、激光直接、激光驱动冲击等四种点火方式。

1. 光-电混合点火

光-电混合点火技术是将光能转化为电能，在特殊的光指令信号的驱动下，使电容器放电引爆雷管。

2. 激光二极管点火

激光二极管点火技术利用激光二极管发出的光脉冲，通过光纤引出，透过密封光学窗，照射猛炸药，经过一定时间的热积累，实现炸药的点火。虽然激光二极管的输出能量低，但由于点火装置很小，适宜作为武器、烟火药的点火。

3. 激光直接点火

激光直接点火是将激光直接作用在一层铝膜上，使其汽化至等离子化，冲击炸药启爆。因此，作用时间短，需要的功率密度大。Sandia 实验室的激光直接点火计划，理论和实验研究工作进展顺利，但是点火装置运行的热环境和力学环境适应能力较差，而且光纤的损伤概率也比较大，系统组件小型化和工程化方面存在困难。

4. 激光驱动冲击点火

激光驱动冲击点火是美国能源部在原来电驱动冲击片点火基础上发展起来的一种新型点火方式，利用了激光的优良性能和光纤技术方面取得的成果，被认为是最有前途的点火方式。

它的基本原理是：利用激光直接作用于金属膜，使之部分汽化至等离子化，余下部分被加速冲击炸药。其金属膜的厚度一般在微米量级，点火所需功率密度为 GW/cm^2。

Sandia 国家实验室和 Los Alamos 国家实验室均在此方面做了大量实验。目前，激光器一般采用 10ns 脉冲宽度的 YAG 激光器，金属膜选用铝和铜，膜直接沉积在光学衬底或光纤端部，光纤直径一般在 0.2~1.0mm 之间。

7.4.3 基本原理

利用能量光纤传输激光的激光点火系统原理框图，如图 7-7 所示。激光点火机理如下：

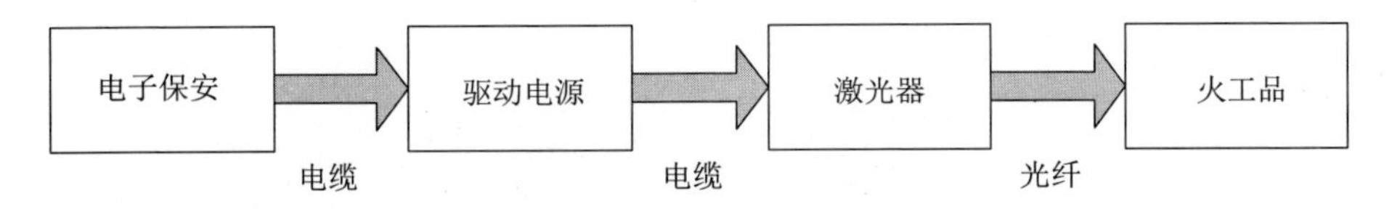

图 7-7　激光点火系统原理框图

（1）激光热点火。主要通过激光瞬间产生的高能热量，点燃引爆药。

（2）激光的化学反应点火。含能材料分子吸收特定频率的激光光子并发生离解，产生的高活性高速离子进一步引起化学链反应，实现点火。

（3）激光的冲击启爆作用。

（4）激光的电离与等离子体点火。激光点火主要是热点火，光化学作用对激光波长有很强的选择性，电离与等离子体点火要求的激光能量密度远大于 GW/cm^2。

7.4.4　激光点火系统

激光点火系统主要由发火控制系统、保险与解除保险装置、激光器及其驱动电源、光纤、光纤连接器和激光点火器组成。

1. 发火控制系统

发火控制系统主要由传感器、信息处理系统和发火装置组成。信息处理系统根据传感器探测到的环境信号或目标信息，计算判断是否发火，并将发火控制信号传递给发火装置。

2. 保险与解除保险装置

全电子安全系统使用钝感炸药激光点火，提高了在生产、运输、储存等方面的固有安全性；系统的响应时间更短等优点，发展前景广阔。

3. 激光器及其驱动电源

光纤激光器是指用掺稀土元素玻璃光纤作为增益介质的激光器，光纤激光器在光纤放大器的基础上开发出来。在泵浦光作用下，光纤内功率密度很容易升高，造成激光工作物质的激光能级“粒子数反转”，当适当加入正反馈回路便可形成激光振荡输出。

激光器是激光点火的关键部件，激光器的选取取决于激光器当前发展水平、炸药起火阈值、体积要求、应用环境要求等。激光器输出功率可以从毫瓦到吉瓦，大部分激光器的输出功率满足激光点火应用需求，但还需研究高功率激光传输、耦合方面的安全性及激光器小型化技术。

脉冲光纤激光器结构，如图 7-8 所示。

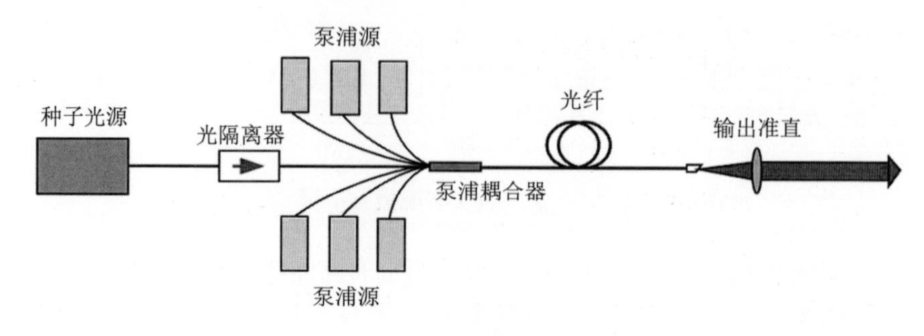

图 7-8　激光器

4. 光纤

微细的光纤封装在塑料护套中，使得它能够弯曲而不至于断裂。通常，光纤一端的发射装置使用发光二极管或一束激光将光脉冲传送至光纤，光纤另一端的接收装置使用光敏元件检测脉冲，如图 7-9 所示。

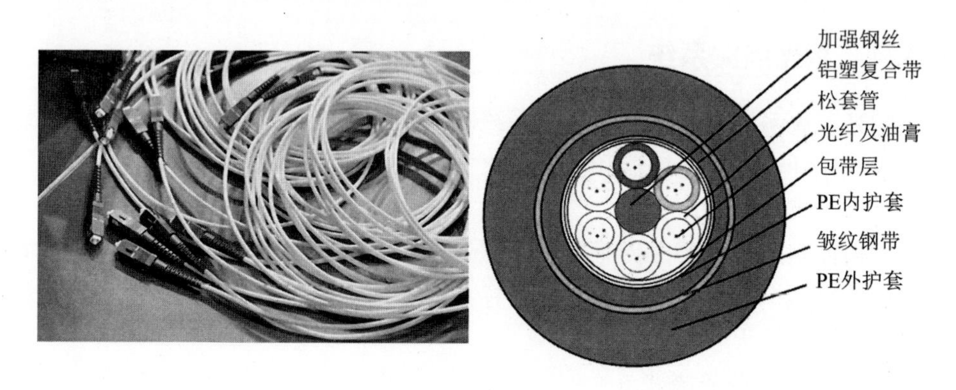

图 7-9　常用光纤

在激光点火系统中，光纤是激光能量传输的通道。如果采用激光二极管作为光源，由于其功率不是很高，而点燃钝感炸药又需要较高的点火阈值能量，则需要提高光纤的能量传输效率及光纤部件的耦合效率。

5. 光纤连接器

光纤－光纤、光纤－激光器、光纤－火工品之间的连接，采用光纤连接器，其连接性能直接影响激光点火系统的能量传输效率。激光多点点火需采用单入多出光纤连接器，常用的光纤连接方式如图 7-10 所示。

6. 激光点火器

激光点火器通常为光纤脚结构，即光纤端面与药剂直接相接触。一般的光纤脚结构，如图 7-11 所示。

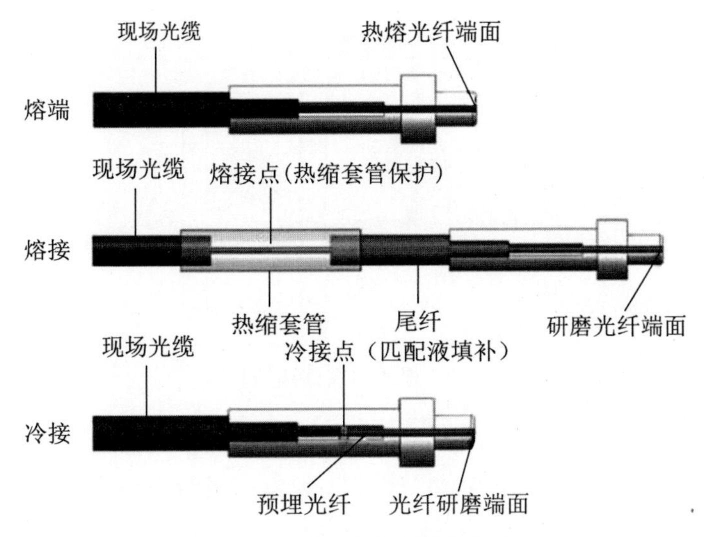

图 7-10　常用的光纤连接方式

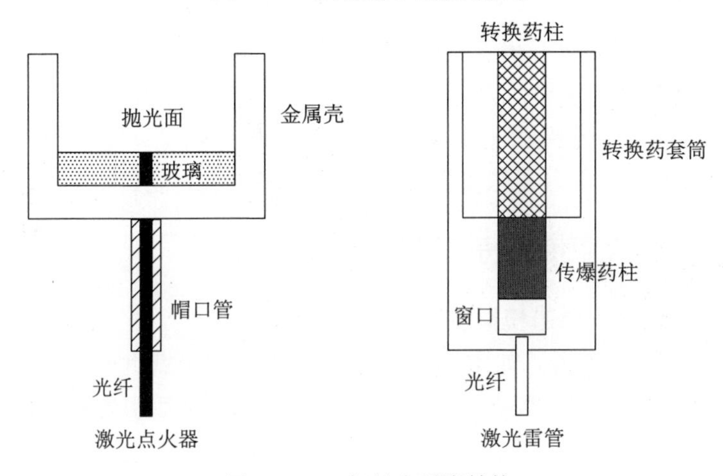

图 7-11　一般的光纤脚结构

7.4.5　火药的激光点火

火药的激光点火特性不仅受到火药的化学、物理及热特性的影响，同时还受到其光学性能的影响。如何使火药形成自维持燃烧从而引爆炸药是激光点火技术的核心，如图 7-12 所示。

（1）点火延迟时间随着激光脉冲宽度的缩短呈线性反比关系；临界点火能量随脉冲宽度的增加而减小。由于激光脉冲宽度与其功率密度相关，当脉冲宽度缩短时，单个脉冲的功率密度就会提高，从而降低点火延迟时间。在相同的脉冲宽度时，提高激光能量，点火延迟时间会缩短。

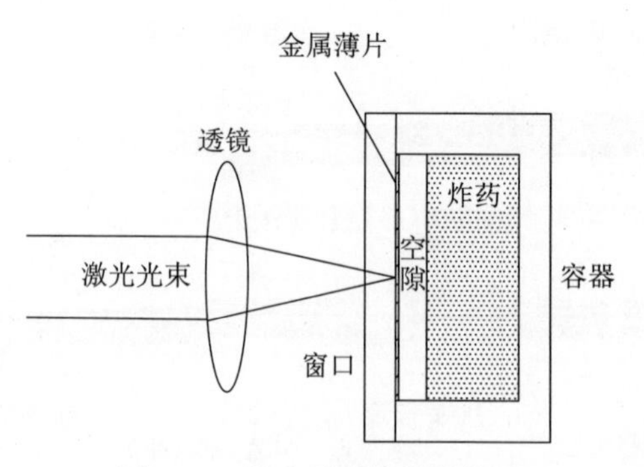

图 7-12　激光引爆炸药结构图

（2）激光脉冲宽度较小时，单个脉冲能量很高；当照射火药时，热量在短时间内不能传导出去，会产生“烧蚀”现象；当激光束直径变小，火药受辐射面积变小，同样会引起“烧蚀”。当火药受辐射面积在 30%~80%变化时，点火延迟时间几乎不变；当受辐射面积小于 30%时，点火延迟时间将会急剧增加，且不能形成自维持燃烧，也就是说当激光能量消失时，燃烧会终止。

（3）激光点火过程中，火药表面的气相反应和周围环境对点火的起始阶段有重要的影响。随着周围环境氧分子浓度从 100%降至 40%，火药的临界点火能量稍有上升；当氧分子浓度低于 20%时，临界点火能量将会急剧增加。

7.4.6　激光点火点传火特性研究

7.4.6.1　25mm 弹道模拟装置

25mm 弹道模拟装置，如图 7-13 所示。试验采用单点点火系统；激光光束透过蓝宝石玻璃窗后激发黑火药药包并点燃黑火药，然后引燃药床。药床中装有少量的活性火药，其余以惰性火药装填。试验证明，激光点火系统成功地将点火激励传给火药床。

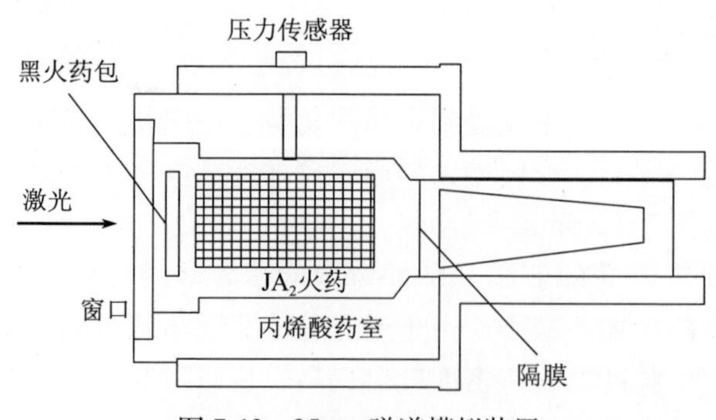

图 7-13　25mm 弹道模拟装置

7.4.6.2　120mm 分装式装药弹道模拟装置

在基本不改变目前坦克炮的装药结构的情况下，美国弹道研究所设计了分装式装药结构的 120mm 弹道模拟器，如图 7-14 所示。主药筒中装有一开孔的中心点火管，且在点火管中引入 3 根光纤。第一根光纤位于点火管根部，第二根光纤位于点火管前端，第三根光纤伸入到点火管头部的起爆管内。

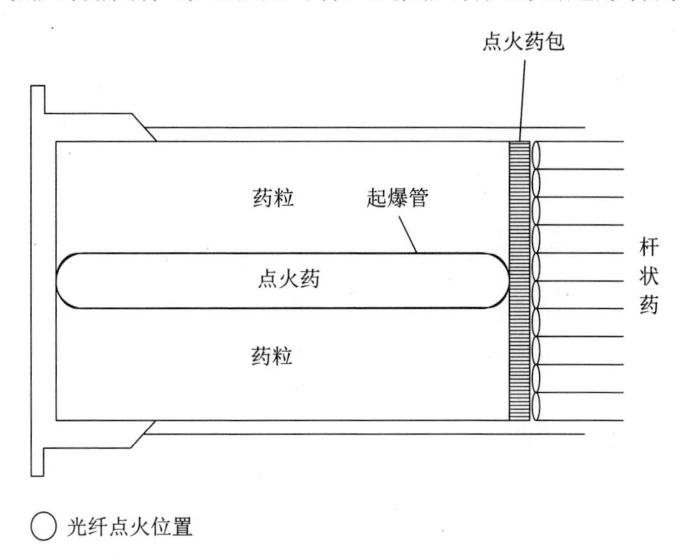

图 7-14　120mm 弹道模拟装置

主药筒内只装入少量活性火药，其他为惰性火药；副药筒底部放点火药包，其上面装惰性杆状药。

为了便于火药的装填，所有的光学部件都应置于点火管内。前两根光纤的作用是引燃点火管内的点火药，从而引燃主药筒中药床；第三根光纤用于引爆起爆管，以便撕裂位于两节药筒之间的界面，有效地点燃副药筒中的装药。

7.4.6.3　140mm 坦克炮弹激光点火

坦克炮对点火系统的要求比一般火炮要严格的多，主副药筒间的点火时间差只能为毫秒量级。美国弹道研究所在 140mm 坦克炮上所采用的激光点火概念，如图 7-15 所示。在药筒底座上装有蓝宝石玻璃窗，它可以防止火药气体对膛底窗口的污染，也解决了激光点火的防污染问题。激光器可以直接安装在炮尾上或通过光纤与炮尾相连。为了保证主副装药的点火同时性，可利用光纤将一部分激光能量传输给副药筒底部的点火药包；为便于火药的装填，所有光纤均置于点火管内或贴于可燃药筒内壁上[21]。

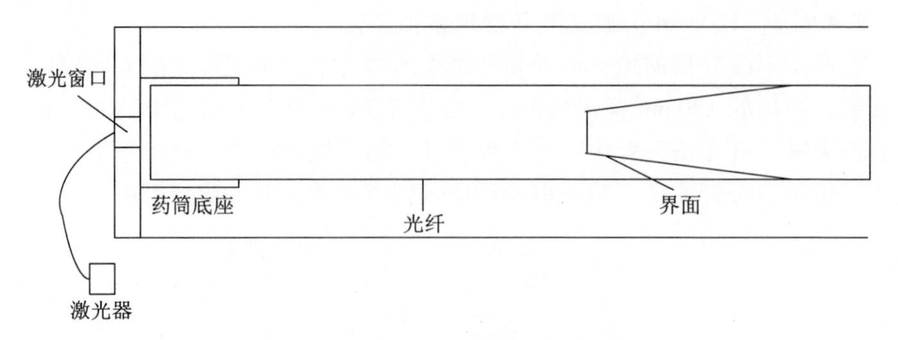

图 7-15　140mm 坦克炮激光点火装置

7.4.7　激光点火系统发展趋势

激光点火作为一种新型的点火技术，对于大口径火炮具有十分重要的意义。但由于火炮系统本身的特殊性，目前在应用上仍存在一些困难。如激光窗口的污染问题，窗口受污染后影响激光的穿透性，火炮的后坐可能会影响激光精度；激光照射到药粒的位置不同，点火延迟时间也不同，使多点同时点火存在困难，以及激光窗口的密封性等问题。激光点火系统的发展趋势是小型化、单脉冲点火和多模点火。

7.5　技术特点

1. 可变药室

可变药室火炮可以根据发射药量的多少自动增减药室的空间，通过选用不同的发射药模块达到不同的射程。这种装药模块数量的可选择性和药室容积的可调节性是可变药室火炮的根本特点。

2. 火炮杀伤力强

美国 105mm 可变药室火炮可以提供精确火力支援、压制火力和对危险目标的近距离射击，确保连续 7 天、每天 24h 的全天候战场优势，火炮射速为 10 发/min，具备单炮多发同时弹着能力。

3. 减轻后勤负担

通过应用可变药室技术，可变药室火炮最多使用 3 个发射药模块即可达到最大射程，这个数量只有美国现役 155mm 火炮发射药使用量的 40%，减少了战场上所需发射药的数量，减少携行发射药的种类和数量，从而减轻了战场弹药后勤负担。

4. 可灵活选择平台

可变药室火炮具有轻型、高效、高度自动化的特点，既可以安装在20t战斗车辆上，也可以作为牵引式火炮、自行火炮，还可以空运。

7.6　美国105mm可变药室火炮

2003年，为兼顾火力的同时减少携带的装药量和弹径种类，解决后勤负担过重问题，以适应美军新一代快速部署反应部队的转型，由美国联合防御公司武器系统部牵头，联合美国陆军武器研究发展与工程中心、陆军研究院、贝尼特实验室、沃特弗里特兵工厂等四家单位开始进行105mm可变药室火炮的研制工作。

研制团队由联合防务公司武器系统分部牵头，负责系统设计，包括可变容积炮尾的设计和生产、密封件设计、集成和试验弹丸的生产；美国陆军武器研究发展与工程中心负责试验弹丸设计、点火装置、内弹道分析和结构部件设计；陆军研究院提供膛内气体控制建模；贝尼特实验室提供结构部件设计支持；沃特弗里特兵工厂负责生产火炮身管和炮闩。

联合团队利用美国陆军现有的155mm火炮的模块装药系统实现弹药的自动装填以及105mm、155mm这两种口径火炮的装药通用，从而减轻后勤负担，而且还避免了为新型口径105mm的可变药室火炮研制与其相配置的新型装药系统所耗费的时间和金钱，减少研发周期、费用，并降低研制风险。

2004年，联合团队进行首次发射试验，发射了211发炮弹，最大初速975m/s。

2005年，联合团队开始进行全自动样炮的生产和试验。

美国105mm可变药室火炮由62倍的105mm线膛炮管、激光点火系统和容积可变药室组成，改进了现有的常规螺纹和炮尾密闭技术，使用一个塞子和一个改进型炮尾密封垫，通过使炮尾密封垫向里和向外移动到不同深度来调节容积，塞子则是通过移动并锁定到铸造在炮尾上的断隔螺纹内的办法调节其深度。

105mm可变药室火炮可用各种药号和重叠的装药号进行发射，只使用3个装药模块就能达到最大射程，如图7-16所示。105mm可变药室火炮不使用火箭增程弹时，射程为24km；使用火箭增程弹时射程为30km。火炮是全自动型的，射速为10发/min，具备单炮多发同时弹着能力。

105mm可变药室火炮武器系统重952kg，具有轻型、高效、高度自动化的特点。牵引式105mm可变药室火炮的质量不超过2.5t，可以使用大多数中型

图 7-16　可变药室火炮

战术车辆进行牵引，射速可达 6 发/min。自行式 105mm 可变药室火炮，最大射程 30km，射速 10 发/min，可用 C-130 运输机空运，具备单炮多发同时能力，技术性能见表 7-1。

表 7-1　美国 105mm 可变药室火炮性能评估表

性能	牵引式	自行式
牵引车	陆军：高机动性多用途轮式车辆（“悍马”） 海军陆战队：中型战术车辆	20t 级轮式或履带式车辆
质量/t	2.497	20
射程/km	30（火箭增程）	30（火箭增程）
最大射速/(发/min)	6	10
持续射速/(发/min)	2	10
精度	圆概率误差小于射程的 3%，无火箭增程	
高低角/(°)	0~70（包括直瞄射击）	-3~+75（包括直瞄射击）
放列时间/s	120（估算）	40（估算）
弹药	目前/未来美国炮弹预置破片弹（南非）M231 和 M232 MACS 发射药	
火控	数字式，高低、方向瞄准采用手工操作，数字式显示方式，电动炮闩操作	数字式控制，全自动高低、方向和弹药装填控制，只需两名炮手
空中运输	陆军：C130、UH-60、CH-47 海军陆战队：MV-22、CH-46、CH-53	C130、C-17、C-5

参考文献

[1] 赵欣. 可变药室火炮模块装药一维两相流数值模拟 [D]. 南京：南京理工大学，2012.

［2］杨艺，华菊仙，李文东. 105mm 可变药室火炮［J］. 现代军事，2005(11)：46-48.
［3］杨艺，华菊仙. 美国 105mm 可变药室火炮［J］. 现代兵器，2005(1)：10-11.
［4］王智洋. 模块硝酸铵发射药研究［D］. 太原：中北大学，2016.
［5］王新强，邓康清，李洪旭，等. HAN 基绿色推进剂点火技术研究进展［J］. 火箭推进，2017，43(02)：72-76.
［6］刘静，余永刚. 不同升温速率下模块装药慢速烤燃特性的数值模拟［J］. 兵工学报，2019，40(05)：990-995.
［7］王育维. 可燃容器对小号模块装药压力波影响的研究［J］. 火炮发射与控制学报，2016，37(02)：31-35+45.
［8］刘松，高跃飞. 模块装药供药装置设计与分析［J］. 弹箭与制导学报，2016，36(03)：159-162.
［9］王泽山，何卫东，徐复铭. 火炮装药设计原理与技术［M］. 北京：北京理工大学出版社，2006.
［10］张洪林. 模块装药性能研究［D］. 南京：南京理工大学，2012.
［11］马昌军，张小兵. 基于改进两相流模型的模块装药内弹道模拟［J］. 兵工学报，2013，34(06)：678-683.
［12］陈桂东，周彦煌. 模块装药膛内受热及其射击工况对它的影响［J］. 弹道学报，2012，24(03)：10-14.
［13］刘志涛，徐滨，南风强，等. 局部阻燃火药在模块装药中的作用［J］. 火炸药学报，2012，35(01)：83-86.
［14］乔丽洁，堵平，廖昕，等. 可燃药筒对模块装药燃烧残渣的影响［J］. 兵工学报，2011，32(10)：1250-1254.
［15］张洪林. 模块装药性能研究［D］. 南京：南京理工大学，2009.
［16］张洪林，刘宝民，焦宗平. 双模块装药弹道设计［J］. 四川兵工学报，2009，30(07)：45-47.
［17］张明安，李军，等. 离子体点火与火炮装药结构适配性试验分析［J］. 火炮发射与控制学报，2004(1)：5-8.
［18］贺爱锋，李骏，曹椿强，等. 激光点火器耐压密封及其影响［J］. 装备环境工程，2019，16(09)：48-52.
［19］牛嘉伟. 电火花点火和激光点火性能对比研究［J］. 南京航空航天大学学报，2018，50(04)：465-470.
［20］韩海涛，潘玉田，解宁波. 基于激光点火系统装置的论述与分析［J］. 机械管理开发，2011(04)：31-32.
［21］王悦勇，麻永平，程伟民，等. 激光点火多路起爆关键技术及发展［J］. 火工品，2010(01)：53-56.

第 8 章　轻气炮

8.1　简　介

轻气炮（light gas gun，LGG）是一种利用高温下低分子量气体工质膨胀做功推动弹丸运动，从而增大气体逃逸速度，减小气体声惯性，使弹丸获得极高速度的发射系统。

近年来，随着轻气炮发射技术发展，弹丸炮口初速增高，轻气炮已经应用到气动力、超高速碰撞、材料力学、军工和航天研究等领域，这些应用又反过来推动了轻气炮技术的发展。

8.1.1　火炮初速影响因素

根据弹丸运动方程，可分析影响火炮弹丸初速的因素。

若作用在弹底的压力为 p_b，弹丸的质量为 m，则其运动方程可表示为

$$Ap_b = \varphi_1 m \frac{\mathrm{d}v}{\mathrm{d}t} \tag{8-1}$$

式中：A 为炮膛截面积；φ_1 为阻力系数；v 为弹丸初速。

$$v_g = \sqrt{\frac{2IA}{\varphi_1 m}} \tag{8-2}$$

$$I = \int_0^{l_g} p_b \mathrm{d}l \tag{8-3}$$

式中：l_g 为弹丸行程长；I 为压力曲线下的积分面积。

由式（8-1）、式（8-2）和式（8-3）可以看出：影响弹丸初速 v_g 的因素主要是炮膛截面积 A、弹丸质量 m 及压力曲线下的积分面积 I。弹丸受力随着炮膛面积的增大而增大，弹丸能获得更高的初速。若其他条件不变，则弹丸初速随着弹丸质量的减小而增大。压力曲线下的积分面积 I 取决于弹丸行程长 l_g 和弹底压力 p_b 两个因素。弹底压力越高，作用在弹丸上的力也越大，这是增加弹丸初速的一个重要途径[1]。

影响弹丸初速的因素相互影响。例如，增大口径虽然可以提高初速，但相

应的火炮质量也很快增加，火炮的机动性下降。减轻弹丸质量但相应的弹丸威力下降。增长身管但相应的火炮机动性降低。同时材料自身强度也制约了膛压的提高，高膛压也会带来很强的炮口冲击波，又会影响使用安全性。

因此，在现有的火炮及材料限制下，不能大幅度提高弹丸初速。要大幅度提高弹丸初速，必须采用新能源、新材料或新的发射原理。轻气炮就是在超高初速发射方面的一种探索。

8.1.2　增大初速方法

利用化学能发射弹丸的火炮，通过内弹道理论推导化学能发射火炮弹丸初速的理论上限。

1. 定常假设下的极限速度

根据对膛内气体流动定常等熵的假设，当气体做无限膨胀，使其温度 T 趋于 0 时，可得到第一种极限速度：

$$u_{\mathrm{Jm}}^{(1)}=\sqrt{\frac{2}{\gamma-1}}c_0 \tag{8-4}$$

式中：c_0 为滞止声速；γ 为绝热指数。

滞止声速，气流某断面的流速，设想以无摩擦绝热过程降低至 0 时，断面上的声速。

$$c_0=\sqrt{\gamma RT_0} \tag{8-5}$$

式中：R 为气体常数；T_0 为热力学温度。

式（8-4）表示在定常假设下，气体的全部能量转变为弹丸动能时所具有的极限速度，它与滞止声速成正比。由此可见，弹丸的极限速度受其滞止声速的限制。

2. 经典内弹道理论的弹丸极限速度

在经典内弹道理论中，气流速度为线性分布，当火药的全部化学能转化为气体动能时，膛内气体流动速度达到最大值 $u_{\mathrm{Jm}}^{(2)}$，即

$$u_{\mathrm{Jm}}^{(2)}=\sqrt{\frac{6}{\gamma-1}}c_0 \tag{8-6}$$

式（8-6）表示弹后空间气流线性分布条件下具有的极限速度。

3. 非定常等熵假设下的逃逸速度

当 $c=0$ 时气体速度 u 达到最大值，此时对应于气体膨胀到温度为 0、压力为 0 的状态。有

$$u_{\max}=\frac{2}{\gamma-1}c_0 \tag{8-7}$$

式中：u_{max} 为逃逸速度。当弹丸速度大于逃逸速度时，弹后的气体就不可能再跟上弹丸推动其运动了。

$$u_{Jm}^{(3)}=u_{max}=\frac{2}{\gamma-1}c_0 \tag{8-8}$$

总之，三种假设下，要提高弹丸初速，都要提高气流的极限速度。

4. 声惯性

假设气体是完全气体，过程为等熵，则状态方程和等熵方程分别为

$$p=\rho RT \tag{8-9}$$

$$\frac{p}{p_0}=\left(\frac{\rho}{\rho_0}\right)^{\gamma} \tag{8-10}$$

式中：p_0、ρ_0 分别为滞止压力和滞止密度。完全气体声速为 $c=\sqrt{\gamma RT}$，则

$$\rho c=\frac{p}{RT}\sqrt{\gamma RT}=\frac{p\sqrt{\gamma}}{\sqrt{RT}}=p_0\frac{p}{p_0}\sqrt{\frac{\gamma}{RT_0}}\sqrt{\frac{RT_0}{RT}} \tag{8-11}$$

因此，声惯性可以表示为

$$\rho c=p_0\sqrt{\frac{\gamma}{RT_0}}\left(\frac{\rho}{\rho_0}\right)^{1-\frac{\gamma-1}{2\gamma}}=\frac{\gamma p_0}{c_0}\left(\frac{p}{p_0}\right)^{\frac{\gamma+1}{2\gamma}} \tag{8-12}$$

由式（8-12）可以看出，声惯性与滞止声速 c_0 成反比。滞止声速越大，声惯性越小。

弹丸运动方程表明，要提高初速就要增大逃逸速度或减小声惯性。

5. 增大逃逸速度

由于逃逸速度是弹丸的最大极限速度，所以逃逸速度越大，弹丸的速度也越大。因此，火炮膛内的理想工质应是具有大逃逸速度的气体工质。

对完全气体，滞止声速为

$$c_0=\sqrt{\gamma RT_0}=\sqrt{\gamma\frac{\widetilde{R}}{\mu}T_0} \tag{8-13}$$

6. 减小声惯性

声惯性反映气体膨胀做功过程中惯性的大小。

在完全气体和等熵条件下，声惯性又与滞止声速成反比。因此，要减小声惯性必须增大滞止声速。

无论是增大逃逸速度还是减小声惯性，理想工质均具有高的滞止温度和小的气体分子量。具有这种性能的工质称为热轻质气体[2]。

7. 轻气

空气的分子量是 29，在 0℃及一个标准大气压下密度为 1. 293g/L。

以空气分子量（密度）为标准，分子量（密度）小于空气分子量（密度）的气体称为轻质气体，简称轻气。

分子量（密度）大于空气相对分子质量（密度）的气体称为重质气体。

常用轻质气体有氢气和氦气。典型推进气体的性能参数见表 8-1。

表 8-1　典型推进气体的性能参数

气体	分子量 $\mu/(\mathrm{kg\cdot mol^{-1}})$	绝热指数 γ	声惯性 $\rho c/(\mathrm{kg\cdot m^{-2}\cdot s^{-1}})$	滞止温度 T_0/K
氢气	0.2016×10^{-2}	1.40	7.53×10^{4}	2411
氦气	0.4003×10^{-2}	1.67	7.46×10^{4}	5723
空气	2.8×10^{-2}	1.40	2.83×10^{5}	2376
火药气体	$(2.0\sim3.0)\times10^{-2}$	1.25	3.69×10^{5}	1250

氢气分子量是 2，在 0℃及一个标准大气压下密度为 0.0899g/L。氢气是分子量最小的物质，其密度只有空气的 1/14，是世界上已知密度最小的气体。但氢气是可燃气体，主要用作还原剂，安全性低。

氦气分子量是 4，在 0℃及一个标准大气压下密度为 0.1786g/L。氦气是分子量最小的惰性气体，其密度只有空气的 1/7。氦气作为惰性气体，化学性质不活泼，通常状态下不与其他元素或化合物结合，安全性高。

目前轻气炮的气体工质主要有氢气和氦气两种。氢气的分子量比氦气小；氢气的滞止温度比氦气低，但温度高的气体对发射管的烧蚀作用也比较大。因此，使用氢气作为驱动气体可以得到更好的发射性能；但从安全性方面考虑，氦气是惰性气体，不会发生爆炸，比较安全。但氦气的价格又比氢气贵得多。

应该指出的是氢气是轻质气体的一种，轻气炮是指采用轻质气体做功的气炮，不是氢气炮。典型的轻气炮，如图 8-1 所示。

图 8-1　典型的轻气炮

8.2 一级轻气炮

8.2.1 一级轻气炮模型

一级轻气炮是直接用压缩状态下的轻质气体（氢气或氦气）为发射工质，驱动试验弹丸在膛内加速，并使弹丸在炮口处获得所需高速的气炮。一级轻气炮模型，如图 8-2 所示。

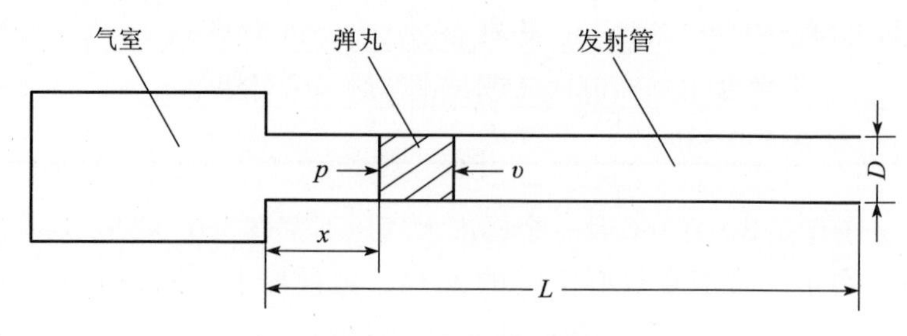

图 8-2 一级轻气炮模型

在建立模型之前，首先做如下假设：

（1）轻气为理想气体，在整个内弹道过程为绝热膨胀。

（2）不考虑各种损耗。

根据以上假设，推导得到一级轻气炮内弹道方程组：

$$\begin{cases}\dfrac{\mathrm{d}\boldsymbol{v}}{\mathrm{d}t}=\dfrac{S\mathrm{p}}{\varphi m}\\ \dfrac{\mathrm{d}x}{\mathrm{d}t}=\boldsymbol{v}\\ p=p_0\left(\dfrac{V_0}{V_0+S\mathrm{x}}\right)^{\gamma}\\ \boldsymbol{v}_{\mathrm{g}}=\sqrt{\dfrac{2p_0V_0}{(\gamma-1)\varphi m}\left[1-\left(\dfrac{V_0}{V_0+SL}\right)^{\gamma-1}\right]}\end{cases} \tag{8-14}$$

8.2.2 模拟炸药一级轻气炮加载试验系统

一级轻气炮加载装置可以开展材料的冲击压缩、层裂、冲击损伤、冲击衰减特性等研究。一级轻气炮的加载时间为微秒量级，能够完整记录弹丸碰撞靶标过程中靶标材料上加载的应力随时间变化的整个过程。因此基于一级轻气炮加载的实验测试系统，可对炸药装药进行加载试验。

模拟炸药一级轻气炮加载装置由增压装置、气室、锥阀、弹体、发射管、测试室、靶室、靶及缓冲器等部分组成，如图 8-3 所示。

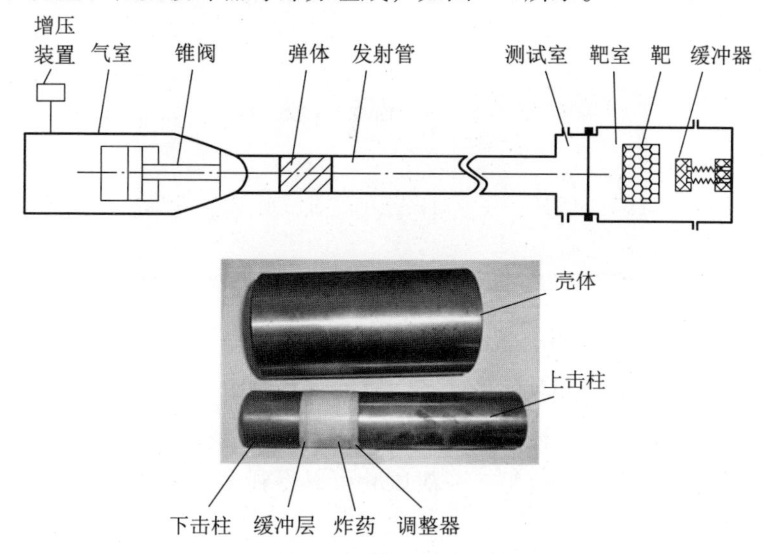

图 8-3　一级轻气炮试验装置及样弹

试验时，炮管中抽真空，把高压气室充到预定弹丸初速需要的气压。自励式快开锥阀迅速开启，高压气体推动弹丸前进，实现发射。弹丸经炮管的导向和不断加速后，在出口时达到最高速度，进入靶室与事先安装在靶箱内的试验靶标相碰撞，达到试验目的，然后在靶室的回收舱中进行回收，完成试验。

该一级轻气炮速度为 100~300m/s，加载时间约 70~160μs，120μs 左右模拟炸药装药的应力达到最大值，应力峰值为 250MPa，低于 155mm 底凹弹全装药常温下的最大膛压值 330MPa。

8.2.3　100mm 轻气炮

100mm 口径一级轻气炮主要指标见表 8-2，如图 8-4 所示。

表 8-2　100mm 一级轻气炮主要指标

参数	数值	参数	数值
弹质量/kg	0.5~8	炮弹质量/kg	0.2~4
炮口速度/(m/s)	40~1500	速度/(m/s)	40~1400
速度重复性	<1%	口径/mm	100
碰撞角/mrad	0.5	炮管长度/m	17

图 8-4　100mm 轻气炮

该炮的口径达到 100mm，相比小口径轻气炮具有如下优势：

（1）增大靶板设计直径，使得应力波衰减试验更接近于一维应变状态。

（2）采用多飞板试验技术，一次试验可以得到多个试验结果。

8.3　二级轻气炮

一级轻气炮气体随着弹丸运动不断膨胀，弹底压力不断下降，难以达到超高速，所以需要发展多级轻气炮。多级轻气炮通常用于超高速撞击试验，其弹丸速度的高低与其内弹道过程密切相关。其内弹道过程极其复杂，包括了火药气体推动活塞压缩轻质气体运动和轻质气体推动弹丸运动，气体压力也随着运动不断变化，弹丸炮口初速还与身管直径、活塞质量、注气压力、装药量等结构参数密切相关，而且这些参数相互影响。

8.3.1　二级轻气炮原理

二级轻气炮模型，如图 8-5 所示。其基本原理是利用火药气体推动活塞，通过活塞压缩加热轻气，然后被压缩的轻气再推动弹丸运动。用这种原理发射弹丸的轻气炮称为二级轻气炮。在发射前，注入轻气室的轻气具有一定的初始压力，当活塞左端药室内的火药点燃后，产生高温高压的火药气体，达到一定压力后即冲破隔板，火药气体推动活塞，由活塞压缩和加热轻气。轻气被压缩和加热通常是靠冲击波在活塞与弹丸之间往复运动来实现的，活塞运动速度越高，产生冲击波的强度也就越强。活塞运动速度可通过装药量及活塞的质量来调节，如果活塞运动速度不大，对轻气压缩过程比较缓慢，可以当做绝热过程来处理。在活塞的压缩下，轻气的压力上升到一定程度后，就冲破轻气室与喷管之间的隔板，弹丸在压缩轻气作用下沿着身管运动以此获得极高的弹丸初速[3-4]。

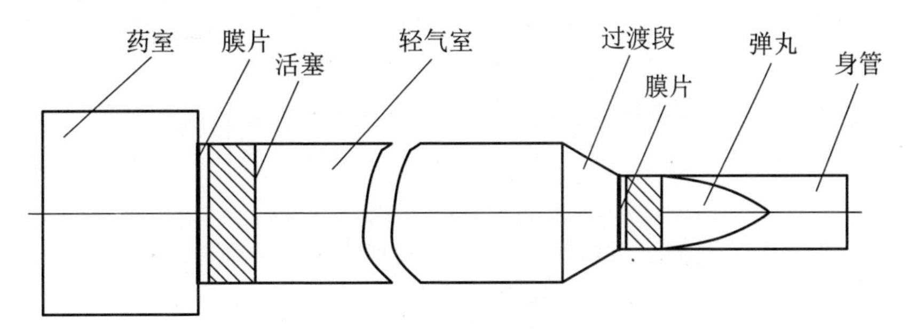

图 8-5　二级轻气炮模型

在弹丸处，有

$$u = v = \int_0^t \frac{(p_b - p_f)A}{\varphi' m} \mathrm{d}t \tag{8-15}$$

$$p_f = p_a \left[1 + \frac{\gamma_a(\gamma_a + 1)}{4}\left(\frac{v}{c_a}\right)^2 + \frac{\gamma_a v}{c_a}\sqrt{1 + \left(\frac{\gamma_a + 1}{4}\right)^2 \left(\frac{v}{c_a}\right)^2}\right] p \tag{8-16}$$

式中：φ'为弹丸的阻力系数；p_b 为弹底压力；p_f 为弹前激波阻力；p_a、c_a 为未受扰动的空气压力和空气声速，且 $p_a = 1.013\times10^5$Pa，$c_a = 342$m/s。

弹丸处的气体密度和内能采用单元控制体方法求出，气体压力则由式（8-16）求出。

8.3.2　典型二级轻气炮

典型二级轻气炮主要有 HVIT 实验室二级轻气炮、白沙试验场二级轻气炮等。

8.3.2.1　HVIT 实验室二级轻气炮

随着人类航天活动日益频繁，地球轨道上空间碎片总数逐年增长。航天器表面空间碎片防护工作受到各航天大国的高度重视。航天器针对毫米级空间碎片主要采用被动防护方式。超高速撞击试验是防护方案设计工作的基础。美国国家航空航天局（NASA）在毫米级弹丸超高速撞击实验中主要采用二级轻气炮。

NASA 负责超高速撞击地面模拟试验的单位主要有：HVIT（hypervelocity impact technology，HVIT）实验室、白沙试验场（whitesands test facility，WSTF）和 Ames 研究中心等。其中 HVIT 实验室负责分析空间碎片、微流星体对航天器的碰撞风险，进而开发新的防护方案及航天器构型设计，并研制先进的防护结构样本。HVIT 实验室也具有独立进行小规模超高速撞击试验技术的能力。白沙试验场对防护样本进行弹道极限测试，并分析试验结果。Ames 研究中心开展行星地质与地球物理计划、“阿波罗”登月计划、双子星探测器设计等研究工作[5-6]。

HVIT 实验室研制的典型二级轻气炮，如图 8-6 所示。腔体底端为火药室，另一端为锥形泵管，泵管内为尼龙活塞。当火药被点燃后，产生的气体膨胀，推动活塞向前运动，压缩活塞前部泵管中的轻质气体，产生极高的气压。当轻质气体气压达到一定程度后，冲破泵管与发射管之间的膜片，这时弹丸进入发射管。发射管原本接近真空，弹丸在高压气体的推动下进一步加速，撞击靶板[7-8]。

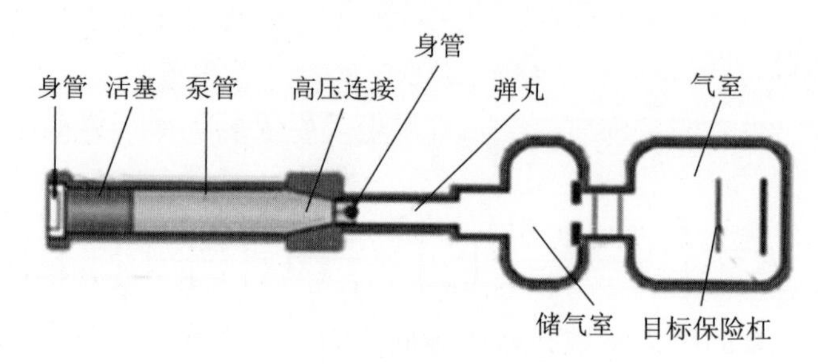

图 8-6　典型二级轻气炮示意图

由以上分析可知，二级轻气炮在发射过程中要承受巨大压力。研究表明，二级轻气炮关键结构最小屈服强度应为 965MPa，而空间中心二级轻气炮相应结构屈服强度为 1965MPa，为最小屈服强度的 2 倍。

HVIT 实验室可进行较小规模的超高速撞击地面模拟试验，其加速装置可将毫米级弹丸加速至 7. 2km/s，如图 8-7 所示。

图 8-7　HVIT 实验室二级轻气炮

8.3.2.2　白沙试验场二级轻气炮

白沙试验场拥有 4 台二级轻气炮，每年进行几百次超高速撞击试验，可将直径 0.05~22.2mm 的弹丸加速至 7.5km/s 以上。弹丸形状可为球形、圆柱体、圆盘形、立方体或其他复杂形状。大口径二级轻气炮打靶时能量较大，危险性大。由于该试验场地处偏远，可对电池、航空航天流体和高压容器等有毒或易爆的材料进行超高速撞击地面模拟试验，其密封靶舱可承受 2.3kg TNT 爆炸时释放的能量。其中 25.4mm 口径轻气炮，如图 8-8 所示。白沙试验场另有 12.7mm 和 4.3mm 的二级轻气炮，因相对安全，可在实验室内操作。

图 8-8　25.4mm 二级轻气炮

白沙试验场二级轻气炮相关信息，见表 8-3。

表 8-3　白沙试验场二级轻气炮

口径/mm		25.4	12.7	4.3
靶舱尺寸	直径/cm	274.32	152.4	106.68
	长度/cm	914.4	243.84	213.36
弹丸直径/mm		0.4~25.4	0.4~11	0.05~3.6
弹丸速度/(km/s)		1.5~7.0	1.5~7.0	1.5~8.5

8.3.2.3　美国其他二级轻气炮

此外，美国 Ames 研究中心等研究机构也拥有二级轻气炮设备。其二级轻气炮设备发射口径、弹丸质量、最高速度，见表 8-4。

表 8-4 典型二级轻气炮

序号	口径/mm	单丸质量/g	最高初速/(km/s)	研究机构
1	12.7	0.94	9.46	Ames
2	12.7	3.17	6.72	
3	25.4	7.42	8.44	美国国家航空和宇宙航行局阿姆斯研究中心
4	38.1	15.21	9.07	
5	38.1	27.41	8.50	
6	38.1	50.0	5.21	CARDE 加拿大军机研究中心
7	101.6	1251.0	4.57	
8	12.7	4.0	6.10	Douglsa 美国道格拉斯公司
9	19.1	10.0	7.62	
10	19.1	14.0	6.40	
11	31.8	10.0	7.92	
12	31.8	25.0	7.31	
13	20.0	3.73	9.90	GM 美国通用汽车公司
14	20.0	11.04	7.50	
15	60.0	87.0	8.90	
16	12.7	0.90	7.62	NOL 美国海军军械实验室
17	12.7	4.00	6.10	
18	32.0	73.0	5.55	
19	32.0	95.0	5.18	
20	21.0	5.20	8.00	NRL 美国国家研究实验室
21	21.0	16.2	7.00	
22	63.5	253	6.16	

8.3.2.4 小型车载式二级轻气炮加载系统

针对爆轰物理研究的需求，中国工程物理研究院流体物理研究所研制了一种小型车载式二级轻气炮加载系统和相应的试验测试系统[9-11]。利用该系统开展了球形和柱形弹丸撞击带盖炸药的试验，结果表明该试验加载系统具备机动灵活和应用范围较宽的特点，可完成较大药量炸药试验研究，如图 8-9 所示。

小型车载式二级轻气炮系统主要由轻气炮主体、车体、膨胀室、抽真空系统、轻气充注系统、手动断隔螺母连接装置、电器控制系统、勤务系统等构成。炮主体主要由发射管、高压段、泵管、药室、炮闩、架体、导轨等组成。车体主要由主架体、轮系组、调平器、刹闸系统和转向系统等组成。

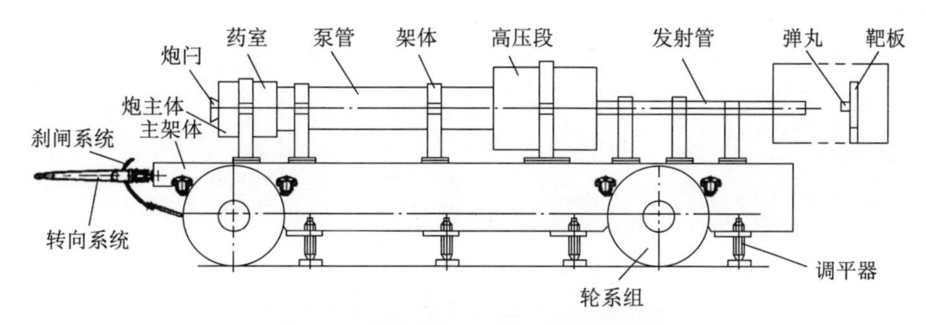

图 8-9　小型车载式二级轻气炮加载系统

该小型车载式二级轻气炮的发射管口径为25mm，发射管长度为4.5m，泵管长度为5.5m，发射管轴线距地面高度为1.2m，车体总长度为13m，可进行整体吊装或由牵引车进行整体牵引，转弯半径为15m；可在野外试验场地开展弹丸引爆炸药、破片毁伤战斗部试验件等方面的试验研究，具有机动灵活和应用范围较宽的特点。

8.3.2.5　203mm 二级轻气炮

为满足大尺寸、高仿真度模型的超高速发射需要，用于开展气动力、气动物理、超高速碰撞等领域的试验研究，中国空气动力研究与发展中心研制了203mm 二级轻气炮[12]。

该二级轻气炮主要由燃烧室、压缩管、高压段、发射管、大小夹膜机构以及发射器支撑系统等构成，具体结构如图 8-10 所示。

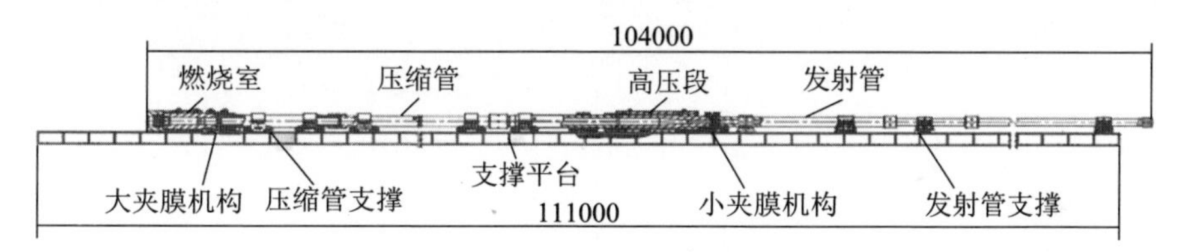

图 8-10　203mm 二级轻气炮结构示意图

建成后的203mm 二级轻气炮炮体支架采用滚动式支撑结构，如图 8-11 所示。高压段及负重、燃烧室及负重、炮体滚轮式支撑、试验后膜片和变形后活塞等细节如图 8-12 所示。

图 8-11　203mm 二级轻气炮

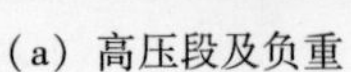
（a）高压段及负重

（b）燃烧室及负重

（c）炮体滚轮式支撑

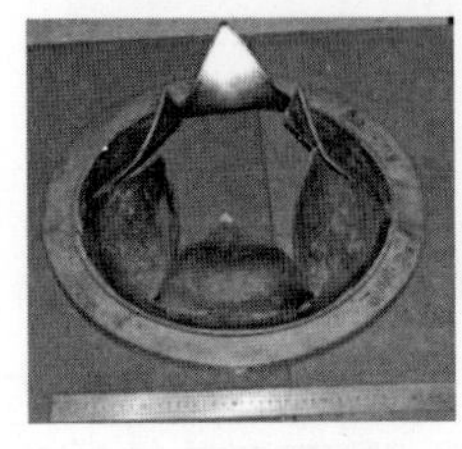
（d）试验后膜片

（e）变形后活塞

图 8-12　203mm 二级轻气炮细节

203mm 二级轻气炮主要技术指标，见表 8-5。

表 8-5　203mm 二级轻气炮主要技术指标

参数	数值	参数	数值
口径/mm	203	发射管最大长度/m	58
模型质量范围/kg	0.5~30	炮体支撑平台总长度/m	111
最小发射速度/(m/s)	0.3~5000	发射管压力/MPa	300~450
二级轻气炮总长/m	104	高压段压力/MPa	600
燃烧室内直径/mm	460	压缩管压力/MPa	200~250
压缩管内直径/mm	380	火药室压力/MPa	450
压缩管长度/m	40.5		

203mm 二级轻气炮发射了整体模型、分离球模型、钝锥模型、尖锥模型、球柱模型及复杂外形模型等，实现了 2.5kg 模型 4km/s、11.58kg 模型 2.9km/s 的发射，试验数据见表 8-6。

表 8-6　203mm 二级轻气炮试验数据

序号	模型类型	发射质量/kg	装药量/kg	充气介质	充气压力/MPa	活塞质量/kg	实测速度/(km/s)
1	整体模型	2.5	38.0	H_2	1.0	504.3	4.058
2	φ70mm 球	2.588	50.0	H_2	0.7	460.9	3.319

续表

序号	模型类型	发射质量/kg	装药量/kg	充气介质	充气压力/MPa	活塞质量/kg	实测速度/(km/s)
3	圆锥模型	2.271	40.0	H_2	0.7	464.8	2.86
4	复杂外形	4.188	31.5	H_2	0.7	124.4	2.223
5	复杂外形	3.5743	38	H_2	1.0	503.4	3.59
6	钝锥模型	11.58	60	H_2	0.9	499	2.854

8.4 三级轻气炮

二级轻气炮存在速度上限，为实现弹丸初速达8km/s的超高速撞击，研究人员在二级轻气炮技术基础上开展三级轻气炮技术研究。

三级轻气炮与二级轻气炮一样，采用分子量小、声速高的轻质气体如氢气、氦气等作为工作介质。小分子量、大比热容的气体，在相同初压状态下或相同温度下，火药气体的能量比轻质气体小很多，这样有助于弹丸逃逸速度的提高和声惯性的减小，所以轻质气体比火药气体推动弹丸获得的初速更高[13-15]。

8.4.1 三级轻气炮结构组成

三级轻气炮，结构如图8-13所示。三级轻气炮由火药室、膜片Ⅰ、膜片Ⅱ、膜片Ⅲ、活塞Ⅰ、活塞Ⅱ、一级泵管、二级泵管、两个高压段、弹丸、发射管等部分组成。

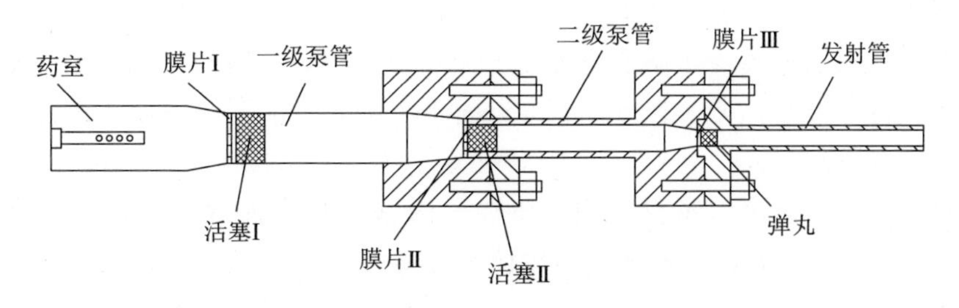

图8-13 三级轻气炮结构示意图

三级轻气炮可分为火炮药室压缩级、一级轻气室发射级和二级轻气室发射级三个部分。火炮药室压缩级同二级轻气炮一样，一级和二级轻气室泵管中注入有一定初始压力的轻质气体。火炮药室和一级轻气室泵管相互独立，中间由活塞Ⅰ连接。一级泵管与二级泵管也相互独立，中间由活塞Ⅱ连接。一级泵管与二级泵管之间、发射管和泵管之间的连接部件是高压段，具有高强度、大尺寸的特点，采用螺纹或法兰方式连接各段管子，便于安装和调整膜片Ⅰ、膜片Ⅱ、膜片Ⅲ、活塞Ⅰ、活塞Ⅱ、弹丸等，也便于取出破裂的膜片、损坏的密封件和活塞，且能够避免发生漏气[16]。

膜片Ⅰ的主要作用是保证一级泵管的真空密封，控制活塞Ⅰ的启动时间，同时对药室压力峰值有一定影响。

活塞Ⅰ的作用是将火药能转为活塞Ⅰ动能，同时压缩一级泵管的轻质气体，相当于将火药能量传递给一级泵管的轻质气体的工具，使气体达到高温、高压，很大程度提高轻质气体的声速。

膜片Ⅱ的作用也是保证一级和二级泵管的真空密封，控制活塞Ⅱ的启动时间，同时对一级泵管的压力峰值有影响。

活塞Ⅱ的作用是将一级泵管轻质气体的能量转化为活塞Ⅱ动能，同时压缩二级泵管的轻质气体，它相当于将一级泵管轻质气体的能量传递给二级泵管的轻质气体的工具，使气体温度、压力进一步提高，此时轻质气体的声速更高，高温高压的轻质气体最终推动弹丸实现超高速发射。

8.4.2　三级轻气炮内弹道过程

三级轻气炮火炮药室内的火药点燃后产生的气体推动活塞压缩轻气室里的一级泵管和二级泵管轻质气体，最终二级泵管轻质气体压力不断增大推动弹丸加速运动。三级轻气炮内弹道过程可以分为以下7个阶段：

（1）最初时刻，火药装在药室内，将具有一定压力的轻质气体注入一级泵管中，底部点火系统点燃火药，随着火药不断燃烧，产生的高温高压火药气体越来越多，药室内压力不断增加。

（2）当药室压力大于膜片Ⅰ的破膜压力时，膜片Ⅰ破裂。破膜压力相当于活塞Ⅰ的启动压力，高温高压火药气体使活塞Ⅰ不断加速运动，火药气体的能量转化为活塞动能。

（3）活塞Ⅰ压缩一级泵管内的轻质气体，冲击波在活塞Ⅰ和活塞Ⅱ中间的轻质气体中反复叠加，致使轻质气体被压缩和加热，活塞Ⅰ速度越高将会产生越强的冲击波。活塞Ⅰ速度可由活塞Ⅰ质量和装药量等参数调节。随着冲击波越来越强，轻质气体压力和温度越来越大。

（4）当一级泵管轻质气体作用于膜片Ⅱ的压力大于对应的破膜压力时，膜片Ⅱ破裂。高温高压轻质气体推动活塞Ⅱ沿二级泵管运动，将一级气室内的能量传递给活塞Ⅱ。

（5）随着活塞Ⅱ推动二级泵管内的轻质气体，冲击波在弹丸和活塞Ⅱ中间的轻质气体中反复叠加。同一级泵管相似，压缩和加热轻质气体，活塞Ⅱ速度越高将会产生强度越高的冲击波，活塞Ⅱ速度可由活塞Ⅱ质量等参数调节。随着冲击波越来越强，二级泵管中的轻质气体压力和温度越来越大。

（6）当二级泵管轻质气体作用于膜片Ⅲ的压力大于相应的破膜压力时，膜片Ⅲ破裂，相当于弹丸的启动压力。高温高压轻质气体推动弹丸沿发射管运动，此时活塞运动并没停止，轻质气体仍然继续被压缩，为弹底气体压力提供了一个恒压阶段，这一阶段，弹丸匀加速，弹丸速度进一步提高。

（7）活塞Ⅱ停止运动，二级泵管轻质气体膨胀推动弹丸继续加速运动，弹丸获得超高速，最后从炮口飞出，三级轻气炮内弹道过程结束。

三级轻气炮的内弹道过程包含了火炮内弹道过程和两个气室轻质气体气动力压缩膨胀过程：既有活塞Ⅰ和活塞Ⅱ的运动规律，还有一级和二级泵管中轻质气体的压强和温度等参数的变化规律。活塞Ⅰ传递火药能量、一级泵管轻质气体传递活塞Ⅰ能量、活塞Ⅱ传递一级泵管轻质气体能量、二级泵管轻质气体传递活塞Ⅱ能量、最终二级泵管轻质气体的能量传递给弹丸运动动能。这些过程既彼此相互独立，又相互影响，极其复杂。

8.4.3　典型三级轻气炮

三级轻气炮主要用于研究超高速撞击和空间防护结构试验，了解不同材料、不同形状的弹丸在不同速度下撞击不同材料与结构靶板时产生的物理效应和力学破坏问题。气炮的规模和造价基本上与弹径呈3次幂关系，即弹径增大1倍，气炮的质量和造价增大7倍左右。空间碎片撞击航天器的速度很高，毫米级碎片就具有很大的杀伤力。为了减小气炮的建造成本和运行成本，空间碎片的撞击试验通常都采用小弹径气炮，上限弹速超过8km/s的气炮发射管口径基本上都在5.6~12.7mm之间，三级压缩气炮弹丸直径也按此选取。

三级轻气炮由2座二级轻气炮串联组成，1~2级是一门特殊设计的二级压缩气炮。与通常的二级气炮设计要求不同，第2级的优化设计目标不是获得最大弹速（二级活塞速度），而是为2~3级组成的二级气炮输送尽可能大的弹丸发射能量，提高二级气炮能量传递效率。使在既定的一级气室容积驱动气压下，三级气炮能发射出比二级气炮更高速度的弹丸。三级压缩气炮的结构如图8-14所示，实物如图8-15所示，一级、二级和三级气室如图8-16所示。

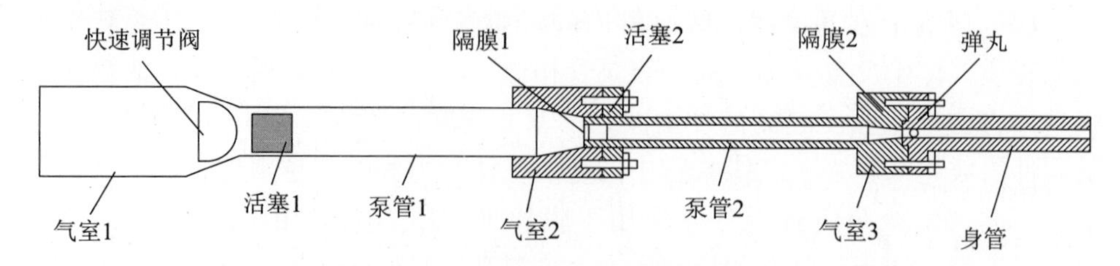

图 8-14 三级压缩气炮的原理结构图

图 8-15 三级压缩气炮

图 8-16 三级压缩气炮的一、二、三级气室

计算表明，发射弹丸初速超过 8km/s，弹丸的三级气室气压峰值需要超过 1GPa，减小二级泵管的直径不但可以提高 2~3 级的能量传递效率，还可以减小三级气室的强度设计负担，有利于减小气炮发射试验中的冲击震动和噪声干扰。但是，在采用压缩氮气驱动一级活塞的条件下，随着二级泵管直径的减小，1~2 级传送能量的效率也下降，不利于提高发射弹速，因此二级泵管口径、长度的优选必须考虑多种因素之间的平衡[17-18]。三级气炮试验弹速对比见表 8-7。

表 8-7 三级气炮试验弹速对比

氮气驱动气压/MPa	二级泵管氢气初压/MPa	弹丸质量/g	弹速/(m/s)	气室气温/K
10.00	0.2	0.46	6000	1860
10.00	0.2	0.46	5900	1860

续表

氮气驱动气压/MPa	二级泵管氢气初压/MPa	弹丸质量/g	弹速/(m/s)	气室气温/K
12.00	0.2	0.41	6520	2260
15.00	0.3	0.41	7025	3330
15.00	0.3	0.41	7350	3330
15.00	0.3	0.41	7560	3330
16.00	0.32	0.42	7690	3057
18.00	0.32	0.42	7690	3767
19.80	0.32	0.42	8090	4079
16.00	0.035	0.41	7730	3100

8.5　燃烧轻气炮

燃烧轻气炮（combustion light gas gun，CLGG）是一种利用低分子量可燃气体燃烧后产生的高温、高压气体推动弹丸运动的新型发射系统。研究表明，这种发射技术所能提供的炮口动能比固体发射药火炮至少高出 30%。相应地，在射程和发射弹丸质量上也有明显的优势。

燃烧轻气炮使用两种或两种以上低分子量的反应气体，代替普通火炮的发射药，常用的如氢气和氧气。氢气作为可燃轻质气体与氧气在压力作用下按给定配比进入燃烧室形成混合气体；发射时，通过点火点燃混合气体，混合气体燃烧形成高温高压轻质燃气推动弹丸在炮膛内运动。由于利用的是轻质燃气推动弹丸，弹底与膛底的压力减小，膛内声速大，当给定足够长的身管时，便可以将弹丸加速到足够大的初速。燃烧轻气炮还通过在燃烧室添加惰性气体来预防形成超高压力波[19-23]。

8.5.1　物理模型

燃烧轻气炮原理结构及典型发射装置，如图 8-17 所示。轻质可燃发射药气体通过膛底输送管道注入燃烧室，轴线上的点火管可沿轴线多点点火。发射前，将弹丸输送至炮膛指定位置，弹后空间完全密封，然后向燃烧室内注入发射药预混气体，完成后关闭气体输送阀门，通过轴线上点火管点燃燃烧室内气体，燃烧后产生的高温高压气体膨胀，并推动弹丸沿身管向前运动。

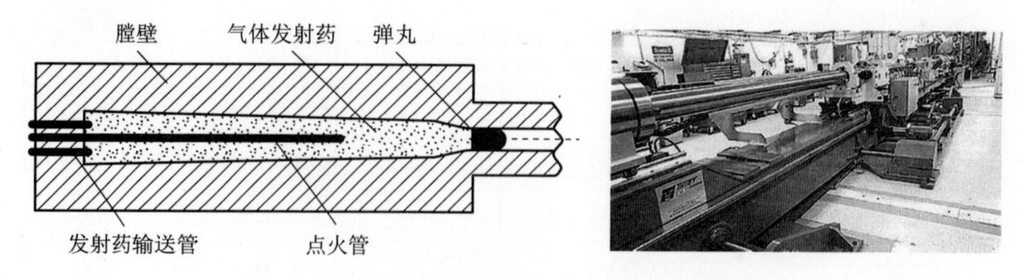

图 8-17　燃烧轻气炮原理结构及典型发射装置

8.5.2　数学模型

燃烧轻气炮可燃气体推动弹丸前进涉及流体运动、气体燃烧过程，当弹丸运动时，燃烧室空间不断增大。

8.5.2.1　边界条件

燃烧轻气炮燃烧室初始条件如下：

（1）气体温度 $T=T_0$，压力 $p=p_0$，燃烧室容积 $V=V_c$。

（2）弹丸运动前，弹后空间完全密封，无气体泄漏。

（3）弹丸运动后，弹底为动边界。

（4）采用轴线多点同步点火，且燃烧过程绝热。

（5）发射药在点火前已经充分混合，点火后膛内气体进行预混燃烧。

（6）膛内气体满足 Peng-Robinson 气体状态方程。

8.5.2.2　控制方程

1. 守恒方程

燃烧室内气体燃烧流动过程为三维非定常可压缩黏性反应流动，各气体成分满足质量守恒方程、动量守恒方程、能量守恒方程以及组分输运方程，其统一形式可写为

$$\frac{\partial}{\partial t}(\rho\varphi)+\frac{\partial}{\partial x_j}(\rho U_j\varphi)=\frac{\partial}{\partial x_j}\left(\tau_\varphi\frac{\partial\varphi}{\partial x_j}\right)+S_\varphi \tag{8-17}$$

式中：各项分别为非定常项、对流项、扩散项和源项；φ 分别为质量、动量、能量守恒方程中的变量；ρ 为气体组分的密度；U_j 分别为 x、y、z 方向的速度，下标 j 依次为坐标轴 x、y、z 方向；τ_φ 为对应于变量 φ 的交换系数；S_φ 为源项。

2. 状态方程

膛内气体采用 Peng-Robinson 气体状态方程，状态方程为

$$p=[RT/(V-b)]-[a(T)/(V^2-2bV+b^2)] \tag{8-18}$$

式中：V 为混合气体比体积；系数 $a(T)$、b 由相应计算公式求出，根据该状态方程和总装药能量计算出初始发射药装填压力。

3. 弹丸运动方程

弹丸运动过程所受的阻力用系数 φ_p 来描述，其运动方程为

$$dv_p/dt = pA_0/(\varphi_p m_p) \tag{8-19}$$

式中：取弹丸运动次要功系数 $\varphi_p = 1.4$，v_p、A_0、m_p 分别为弹丸运动速度、弹丸底部面积和弹丸质量。

4. 湍流及燃烧模型

燃烧室内气体的湍流流动采用 RNG $k-\varepsilon$ 双方程模型描述；气体燃烧过程中当气流涡团因耗散而变小时，分子之间碰撞机会增多，反应才容易进行并迅速完成，故化学反应速率在很大程度上受湍流的影响，反应物的混合速率控制燃烧速率。而反应物的混合速率取决于湍流脉动衰变速率 ε/k，其原始控制方程为

$$R_{fu} = -\bar{\rho}\,\frac{\varepsilon}{k}\min\left(A\overline{m}_{fu}, \frac{A\overline{m}_{ox}}{S}, \frac{B\overline{m}_{pr}}{S}\right) \tag{8-20}$$

式中：$A \approx 4$；$B \approx 0.5$；S 为化学恰当比，且该模型能用于预混燃烧和扩散燃烧；$\bar{\rho}$ 为未燃烧时混合气体密度与燃烧后气流密度之间的平均值；$\overline{m}_{fu}$、$\overline{m}_{ox}$、$\overline{m}_{pr}$ 分别为燃料、氧化剂、生成物浓度的时均值。

8.5.3　发展历程

20 世纪 90 年代，美国 UTRON 公司首先提出了燃烧轻气炮的概念，即采用轻质的可燃气体作为发射剂，通过燃烧膨胀做功来推动弹丸前进。与传统火炮相比，燃烧轻气炮炮口动能要提高 30%以上，预计射程能达到 370km，能有效执行两栖和濒海火力支援任务，提升火炮综合性能。

美国 GT 公司和通用动力公司在 16mm 口径电热轻气炮基础上发展了 16mm 燃烧轻气炮，展示了燃烧轻气炮的巨大潜力，还研究了膛内增压和点火技术。

1994 年，UTRON 公司开始对 45mm 口径燃烧轻气炮进行研究，并建成了车载 45mm 口径燃烧轻气炮。其炮膛和身管在炮架上，炮架上有 2 台吸振器可以减小后坐。该炮已在美国马里兰州 Aberdeen 完成了射击试验，当采用 4.5m 长身管发射 1.1kg 弹丸初速达到 1700m/s，发射 0.544kg 弹丸初速达到 2100m/s。为缩减成本和简化结构，该炮采用了一次性弹壳和单发气体供弹系统，气体由普通气瓶提供，两级高压气泵通过增强气泵将混合气体发射药压入药室中。

2007年，UTRON公司对155mm口径燃烧轻气炮进行了射击试验，采用10.85m长的身管发射15kg弹丸，弹丸初速大于2000m/s，发射45kg弹丸的初速可大于1500m/s。坦克采用53倍口径长身管155mm口径燃烧轻气炮发射45kg弹丸时，射程可达到100km。同时，UTRON公司还设想将燃烧轻气炮集成到DDX级驱逐舰上，作为现役155mm口径舰炮的升级方案。

参考文献

[1] 陆欣. 新概念武器发射原理［M］. 北京：北京航空航天大学出版社，2015.

[2] 张相炎. 新概念火炮技术［M］. 北京：北京理工大学出版社，2014.

[3] 田慧. 小口径二级轻气炮设计与发射技术研究［D］. 北京：南京理工大学，2008.

[4] 朱玉荣，张向荣，邵贤忠，等. Φ100/30mm口径二级轻气炮研制［J］. 实验力学，2010，25(03)：331-338.

[5] 王东方，肖伟科，庞宝君. NASA二级轻气炮设备简介［J］. 实验流体力学，2014，28(04)：99-104.

[6] 管小荣，徐诚. 结构与装填条件对二级轻气炮发射性能的影响［J］. 弹道学报，2005(02)：74-79.

[7] 郑建东，牛锦超，钟红仙，等. 太阳电池阵二级轻气炮超高速撞击特性研究［J］. 物理学报，2019，68(22)：272-279.

[8] 吴静，蓝强，王青松，等. 二级轻气炮压缩级发射技术研究［J］. 高压物理学报，2006(04)：445-448.

[9] 平新红. 25mm口径超高速发射器的内弹道性能分析与结构设计［D］. 长沙：国防科学技术大学，2005.

[10] 于川，庞勇，曹仁义，等. 小型车载式二级轻气炮加载系统的爆轰实验研究［J］. 高压物理学报，2013，27(05)：763-767.

[11] 张德志，唐润棣，林俊德，等. 新型气体驱动二级轻气炮研制［J］. 兵工学报，2004(01)：14-18.

[12] 焦德志. 203mm口径二级轻气炮研制［C］//中国力学学会、北京理工大学. 中国力学大会-2017暨庆祝中国力学学会成立60周年大会论文集. 中国力学学会、北京理工大学：中国力学学会，2017：710-717.

[13] 林俊德，张向荣，朱玉荣，等. 超高速撞击实验的三级压缩气炮技术［J］. 爆炸与冲击，2012，32(05)：483-489.

[14] 张向荣，朱玉荣，林俊德，等. 压缩氮气驱动的高速气炮实验技术［J］. 航天器环境工程，2015，32(04)：343-348.

[15] 王青松，王翔，郝龙，等. 三级炮超高速发射技术研究进展［J］. 高压物理学报，2014，28(03)：339-345.

[16] 肖元陆. 三级轻气炮内弹道过程数值仿真与参数优化［D］. 南京：南京理工大

学，2014.
[17] 王青松，王翔，戴诚达，等. 三级炮加载技术在超高压状态方程研究中的应用［J］. 高压物理学报，2010，24(03)：187-191.
[18] Wang Xiang，Dai Chengda，Wang Qingsong. Development of a three-stage gas gun launcher for ultrahigh-pressure Hugoniot measurements.［J］. The Review of scientific instruments，2019，90(1).
[19] 邓飞，张相炎，刘宁. 燃烧轻气炮多级渐扩型燃烧室流场特性数值研究［J］. 爆炸与冲击，2015，35(03)：409-415.
[20] 黄滔. 燃烧轻气炮点火性能研究与点火具方案设计［D］. 南京：南京理工大学，2015.
[21] 游修东，张相炎，刘宁. 燃烧轻气炮发射药密闭燃烧过程数值模拟［J］. 四川兵工学报，2014，35(08)：22-24+31.
[22] 邓飞，张相炎. 燃烧轻气炮氢氧燃烧特性详细反应动力学模拟［J］. 兵工学报，2014，35(03)：415-420.
[23] 邓飞，刘宁，张相炎. 燃烧轻气炮发射药成分对内弹道性能的影响分析［J］. 弹道学报，2012，24(04)：90-93.

第9章　液体发射药火炮

为提高火炮发射弹丸的初速，要求膛内 p-t 曲线变化比较平缓，固体发射药火炮在这方面的研究一直未取得突破性进展。自 v-2 火箭发射成功后，人们注意到将火箭液体燃料应用到火炮上的可能，并发现液体发射药比固体发射药具有许多潜在优点。

液体发射药火炮（liquid propellant gun，LPG）是一种新概念化学能推进武器，它主要以液体发射药为能源，利用液体发射药燃烧所产生的高温高压燃气膨胀对弹丸做功，推动弹丸运动，使其以一定的速度射出膛外，也称“水炮”[1-3]。

9.1　液体发射药

9.1.1　固体发射药及其不足

常规火炮发射以火药作为能源，利用火药固定药型控制燃烧过程。但固体火药的易损性和易毁性，已成为常规火炮系统安全性的薄弱环节[4]。

固体火药的易损毁性，严重降低了火炮系统的生存能力，给弹药的包装、运输、储存、使用带来问题。固体火药是依赖其固定形状和表面积控制发射过程中的燃烧规律。如果药粒破损，形状及尺寸将发生变化，发射过程中的燃烧规律改变，从而改变发射性能，甚至造成灾难性后果。

1944 年 5 月 21 日，美国夏威夷珍珠港海军基地 LST-353 号登陆舰发生的弹药爆炸事故，最终 6 艘登陆舰相继沉没，造成 163 人死亡，396 人受伤。

2011 年 6 月 3 日，俄罗斯中央军区一座储存炮兵弹药的军火库发生爆炸事故，造成 28 人受伤，在发生爆炸的军火库周边 10km 半径范围的 28000 人被安全疏散。

2016 年 5 月 31 日，印度马哈拉施特拉邦的中央弹药库（印度最大的弹药中心，亚洲第二大弹药中心）发生爆炸事故，造成 19 人死亡，多人受伤。

2017 年 9 月 26 日，乌克兰卡里诺夫卡的军火库发生爆炸事故。库房中存放的 8.3 万 t 弹药，以及大量的“龙卷风”多管火箭炮导弹，在巨大的轰鸣和火光中，迅速粉身碎骨，化为灰烬，造成的弹药损失超过 8 亿美元。弹药库爆炸事故，如图 9-1 所示。

图 9-1　弹药库爆炸事故

此外，据统计，中东战争中，60%的坦克损失与车内燃料及弹药的燃烧、爆炸有关。

9.1.2　液体发射药及其优点

液体发射药（liquid propellant，LP），是一种没有固定形状、燃烧速度很快的均相化学物质，本质上是加入了一定量氧化剂的液体燃料[5]。

与固体发射药相比，液体发射药具有以下特点：

（1）装填密度大、能量高、爆温低、烧蚀小，有利于提高初速。

（2）内弹道曲线平滑，有利于降低最大膛压，提高弹丸初速。

（3）液体自动加注，有利于提高射速。

（4）可以精确控制发射药注入量，智能控制火炮初速与射程。

（5）发射后效小，战场生存能力强。

（6）储运和运输方便，简化勤务要求。

（7）生产成本低。

9.1.3　火炮用液体发射药性能要求

液体发射药是液体发射药火炮系统中首要的物质基础，因此对它有以下特定的性能要求[6-7]。

（1）具有较高的能量密度。

（2）发射药的密度高，有利于提高装填密度。

（3）较快的反应速度，无稳定的中间产物，以便充分利用发射药的能量。

（4）冲击感度低，沸点和分解温度高。

（5）蒸气压力低，以便降低因气穴或气泡引起的压缩点火感度。

（6）有较高的导热率，以免局部过热造成意外。

（7）适当的导电能力，既要防止静电积累可能造成的危险，又要保证有效的电点火。

（8）发射药在 $-55\sim+55℃$ 的温度范围内保持液态，黏度低。

（9）发射药内、外相容性好，储存寿命长。

（10）腐蚀性小，毒性低，废药及过期药易于处理或用于民用。

（11）发射药成本低、原材料丰富、易于制备。

由于对液体发射药有这些要求，因而几乎无法获得理想的液体发射药，只能在满足基本要求的条件下，权衡利弊，选择综合性能较好的液体发射药[8]。

9.1.4 液体发射药分类

液体发射药按点火方式可分为自燃液体发射药和非自燃液体发射药两大类。

自燃液体发射药指氧化剂和燃烧剂接触，不需外加点火能源时能自燃。

非自燃液体发射药指氧气剂和燃烧剂相互接触时不能自燃，需外加点火能源才能燃烧。

液体发射药按化学组成可分为单元液体发射药和双元液体发射药。

单元液体发射药即液体发射药中含有进行燃烧或分解所必需的各种元素的一种单相液体化合物或混合物。

双元液体发射药即氧化剂和燃烧剂分开储存的两种不同组元的液体，需要输送或控制系统将其送入药室（燃烧室），在一定条件下分解、燃烧。

9.1.4.1 单元液体发射药

单元液体发射药是一种含有燃料和氧化剂的稳定而均质的液体，可以由单一原料组成，也可以由两种以上互溶的原料组成。

研制初期应用最广泛的单元液体发射药是鱼雷中常用的液体推进剂奥托II，但毒性较大，使用安全性能差。

目前，各国大多采用美国研制成功的 LP1846 配方。该配方由下列组合构成：烃基硝酸胺质量占 60.8%；三乙醇硝酸胺质量占 19.2%；水质量占 20%。该种液体发射药的特点是密度大、毒性小，常压下不易点燃，安全性好，可以通过生物降解，对环境不会造成污染。其制造方法远比固体发射药简单，将上述两种有机化合物按一定比例慢慢溶于一定量的水中，搅拌混合即可制得。它的生产成本低廉，仅为固体发射药的 1/10，所以被认为是最理想的一种液体发射药。

单元液体发射药的主要优点是点火容易、喷射机构简单、工作方便，缺点是含能量不及双元液体发射药。

9.1.4.2　双元液体发射药

双元液体发射药由燃料和氧化剂两种原料组成。这两种原料在火炮外分开储存放置，射击时再将它们通过各自的管道同时注入燃烧室。

按点火方式，分为自燃和非自燃两种。对于自燃点火，只要把燃料和氧化剂接触，不需外界能量激励就能自动燃烧。对于非自燃点火则需外界给它点火能量后才能燃烧。

双元液体发射药的主要优点是：混合燃烧时含能量高，提高初速的效果明显；调节氧化剂和燃料的配比可以获得优良的点火性能和弹道性能；由于分开存放，储存和运输时比较安全。

双元液体发射药的主要缺点是两种液体要分开存放、储运，并要按比例准确地泵入燃烧室，勤务处理和工程实用性较差，具有毒性和腐蚀性，对管道的腐蚀性较大。

9.2　液体发射药火炮工作原理

液体发射药火炮利用液体燃料作为能源的化学推进剂，是利用液体推进剂燃烧产生的高压燃气做功来推动弹丸的。

与传统火炮相比，液体发射药火炮的发射原理没有本质的变化，仍是利用发射药的化学能，通过点火、燃烧、产生高温高压燃气、推动弹丸运动，从而将化学能转变为弹丸的动能。不同之处是液体发射药具有更大的储能，可明显提高火炮的初速，用它取代固体发射药，由此带来火炮结构的一些变化。液体发射药火炮与固体发射药火炮压力曲线，如图 9-2 所示。液体发射药火炮如图 9-3 所示[9]。

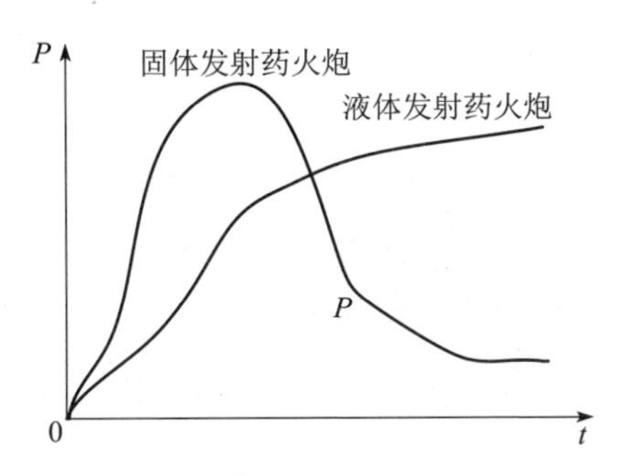

图 9-2　液体发射药火炮与固体发射药火炮压力曲线

图 9-3　液体发射药火炮

根据液体发射药火炮的推进原理与装药结构可分为三种工作方式，即整装式液体发射药火炮（bulk-loaded liquid propellant gun，BLPG）、再生式液体发射药火炮（regenerative liquid propellant gun，RLPG）和外喷式液体发射药火炮（external liquid propellant gun，ELPG）。

9.2.1 整装式液体发射药火炮

整装式液体发射药火炮是采用单元液体发射药一次装填的方式，经点燃底火引燃液体发射药，产生燃气压力推动弹丸运动[10-11]。

整装式液体发射药火炮在装填密度和能量密度方面具有突出优势，以HAN基单元药为例，其装填密度可达 $1.4g/cm^3$，储能密度可达 $5.12\times10^9J/m^3$。整装式液体发射药火炮的燃烧室中填充了单元液体燃料，在内弹道循环的初始期，点火热气流喷入燃烧室，在膛底点燃药室中的液体燃料，液体燃料局部燃烧，生成燃气，形成了气穴，燃烧在气穴中的气液界面上进行。气穴中的燃气在气液交界面上进行气液两相混合，使得液体发生破碎，为燃烧提供了更多的燃烧表面，使得燃烧速度加快，而气穴最终会穿透液柱，追上弹丸，如图9-4所示。

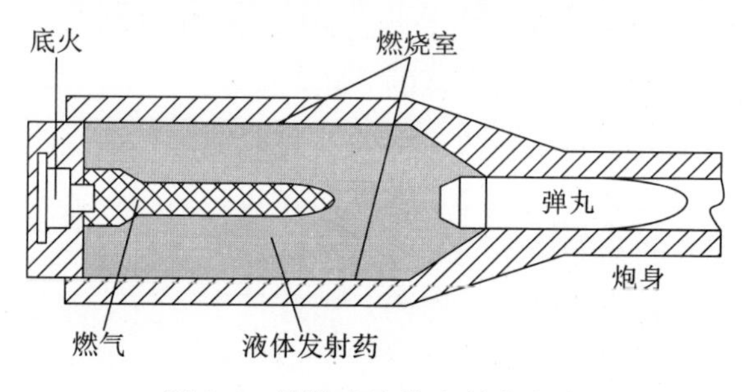

图9-4　整装式液体发射药火炮

整装式液体发射药火炮的内弹道过程，就是利用泰勒-亥姆霍兹不稳定效应，造成气液两相湍流混合，从而使之充分燃烧。

与再生式液体发射药火炮相比，整装式液体发射药火炮无须雾化喷射装置，机械结构十分简单，尤其适用于中大口径火炮。整装式液体发射药火炮这些突出的优势，吸引各国长时间投入人力、物力、财力进行相关研究。

但整装式液体发射药火炮内弹道过程随机性大，内弹道性能不稳定，导致发生多起膛炸事故。

9.2.2 再生式液体发射药火炮

再生式液体发射药火炮是通过机械的方式，将液体燃料按照一定的规律注入燃烧室，燃料最开始装在储液室，燃烧室与储液室之间有一个活塞，活塞上有喷孔，最初喷孔是闭合的[12-15]。再生式，即先向药室注入少量发射药，点燃后再加注适量发射药，增大药室压力，从而可达到控制内弹道过程的目的，如图 9-5 所示。

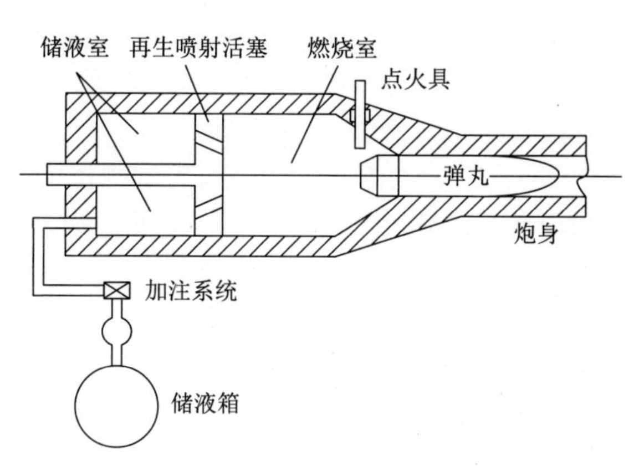

图 9-5　再生式液体发射药火炮

再生式液体发射药火炮发射药的装填精度可以达到 0.032%，弹丸初速达到 2000m/s，但再生式液体发射药火炮机械设计较复杂。

再生式液体发射药火炮的内弹道循环主要是通过机械控制液体燃料喷射规律来完成的，其膛内弹道过程大致可分为 5 个阶段。

1. 内弹道初始阶段

点火装置点火后，产生的燃气使燃烧室压力升高。当压力达到一定值时，开始推动活塞后退，从而压缩储液室内的燃料通过活塞上的小孔喷射入燃烧室，形成了喷射过程。

2. 点火延迟阶段

活塞继续后退，喷射出来的燃料在燃烧室内积累，点火药气体通过对流传导将热量传给喷射雾化后的燃料。这种燃料积累现象对内弹道性能有较大的影响。如果点火时间过长，燃烧室内的燃料就过多，一旦被点燃，就可能产生超压。

3. 压力上升阶段

燃料点燃后，预先积累在燃烧室内的燃料迅速燃烧，压力上升，加速活塞后退，燃烧室燃料增多，压力升至最大值，与此同时弹丸也开始加速运动。

4. 平台效应阶段

当膛压达到最大值之后，其压力基本保持不变。这种平台效应的形成，主要取决于喷射出来的液体燃料燃烧后气体的生成量是否能补偿活塞、弹丸运动所造成的空间压力降低。只有出现平台效应，方能使液体发射药产生的内弹道性能优于常规发射药。

5. 燃气膨胀阶段

活塞运动到位之后，喷射过程也相继结束，但膛内的液体燃料仍继续燃烧，膛压开始下降。当燃料全部燃尽之后，燃气继续膨胀做功，直到将弹丸发射出炮口，整个膛内过程至此结束[15-20]。

再生式液体发射药火炮可通过控制液体燃料的喷射规律，得到压力－时间曲线的平台效果，从而在给定最大压力的条件下能够得到更高的初速。

从内弹道过程来看，再生式液体炮与整装式液体炮存在着本质上的区别，整装式液体炮主要是流体力学问题，而再生式液体炮则主要是研究液体发射药射流的喷射、雾化和燃烧，即喷射规律的控制问题。

9.2.3 外喷式液体发射药火炮

外喷式液体发射药火炮是将喷射活塞、储液室和火炮身管分置，利用外加动力或火炮燃气压力，将液体发射药按照发射过程需要的流量，喷射到燃烧室，按预定规律燃烧，如图 9-6 所示。

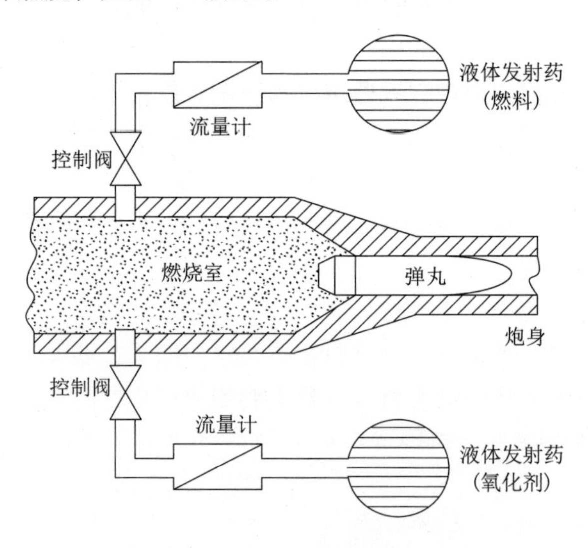

图 9-6 外喷式液体发射药火炮

由于外喷式液体发射药火炮在实际应用中对喷射能量要求过大，因而仅在初期进行了研究，现已放弃该方案[21-23]。

9.2.4　液体发射药火炮技术特点

9.2.4.1　优点

液体发射药火炮作为一种新能源发射药火炮，与传统的固体发射药火炮相比较，具有以下优点。

1. 初速高、威力大、射程远

液体发射药具有更高的能量，一般比固体发射药高30%~50%，弹丸初速高，射程远，使火炮威力大幅度提高。并且由于液体发射药的平均膛压与最大膛压的比值较高，同样质量的弹丸，其初速要增大10%。因此，在相同的膛压和炮身长度条件下，液体发射药火炮能获得更大的初速，初速有望达到2km/s。

2. 容易实现装填自动化，增强了火炮的快速反应能力

液体发射药的流体特性，使液体发射药火炮无需药筒，用专门的管道进行供给灌装，直接注入火炮，使得自动装填机构变得更加简单，操作更加容易。

3. 延长身管寿命

液体发射药的爆炸温度比固体发射药低1000℃左右，而且燃烧时不产生固体颗粒，最大膛压明显降低，这就减少了燃气对火炮身管的磨损与烧蚀，延长了身管的使用寿命。对于中大口径火炮，甚至可以取消火炮身管的冷却装置，从而简化结构，减小射手的工作量，改善后勤供应。

4. 安全性高

液体发射药易存储，对撞击和振动不敏感，常压下不易点燃，有较高的使用安全性，可储存在装甲车、军舰、飞机上等，从而大幅度提高了火炮的战场生存能力。由于液体的体积具有可变性，使得弹药的储存和运输等后勤保障的安全性和效率提高。在液体发射药火炮系统中，液体发射药通常与弹丸分开储存，只有在药室内的高压条件下才能燃烧，减少了被敌武器击中引起的弹药连续爆炸所造成的损失。

5. 内弹道精确可控

液体发射药技术能够以精确的药量保证弹药在全部燃烧过程中得到所希望的膛内弹道效应，通过改变膛内的升压时间来优化内弹道。

6. 隐蔽性好、易损性低

液体发射药大多不含过多的燃烧剂，燃气成分中可燃气的比例小，可减弱炮口火焰和二次冲击波，有利于隐蔽和扩大火炮的射击范围，大大降低了武器系统的易损性。

7. 成本低

液体发射药原材料便宜易得、制造工艺简单、成本低，经济效益好。

9.2.4.2 不足

液体发射药火炮还需要解决以下 5 个方面的问题。

1. 发射药问题

选择发射药时，要选择具有较高比冲，被敌人火力命中不易爆轰，储存和运输不易受环境影响，有较好的化学稳定性和热稳定性，低烧蚀低腐蚀性，对人体无害的发射药。单元发射药通常比冲较低，被击中时容易爆轰；双元发射药一般具有较高的比冲和被击中时不易爆轰，但对人体有害，一般倾向选用双元药。

2. 燃烧问题

燃烧速度和燃烧表面的控制是决定射击过程再现性的最重要因素之一。但是在液体发射药未装入火炮之前还没有形成决定燃烧速度的表面，而且还受到燃烧过程的影响。虽然液体药以小滴的方式注入燃烧室，对燃烧过程比较容易了解，而且通过改变液滴的大小和调节喷嘴的大小控制液量，可控制燃烧速度，但是在射击过程中很难实现像固体火药那样的弹道再现性。

3. 武器设计问题

使用液体发射药的武器结构，与采用的供给和装填方式密切相关。常规固体发射药火炮不需要这些系统，这些系统带来使用方便性和可靠性问题。使用再生式注入方式时要解决承受几千个大气压的运动零件的结构和密封问题，是非常困难的。

4. 点火问题

通常具有较高热稳定性和被击中时不易爆轰的液体发射药，点火是非常困难的。利用高能量点火是非常危险的，很可能会在液体中产生冲击波。如果液体中含有气体的话，可能会使冲击波失控，并导致压缩爆炸。美国 57mm 液体发射药火炮就是因为点火失去控制引起试验装置爆炸而中断研究的。

5. 身管迅速过热问题

身管过热的程度远比最初的估计要高得多，因而不能保持高射速射击。同时导致射弹散布过大，射击精度下降，以最大射程射击时尤其如此，而且也造成引信中电子敏感元件作用失常甚至失效。美国曾试验使用坦克炮的散热套对身管前 1/3 段进行冷却的方法，但收效甚微，若采用液体冷却方法，就要重新设计火炮的结构，既费时又费力更费钱。

此外，炮尾的密封、加注系统的设计、发射药长期储存的安全性等技术问题，也有待进一步妥善解决[24-28]。

9.3　液体发射药火炮的发展

美国、俄罗斯、英国、德国、法国、日本等国家都对液体发射药火炮技术进行了大量研究和探索，其中美国研究最为深入[29]。

9.3.1　发展历程

1945 年，美国陆军对液体发射药的性能进行了初步计算，认为液体发射药取代固体火药能大幅改进火炮性能。

1946—1950 年间，美国首先在 12.7mm 口径武器上对整装式液体发射药火炮、再生式液体发射药火炮和外喷式液体发射药火炮进行了理论与试验研究。最初使用双元液体发射药在 12.7mm 滑膛枪上进行了可行性试验，结果获得了惊人的高初速，引起了人们的普遍重视。当时采用了注入式结构，研究发现注入压力必须大于药室压力才行。后来又由注入式改为研究带药筒的预先装填式。这种结构的问题是，弹道性能变化大，再现性差。

1948 年，美国对双元发射药再生注入式液体发射药火炮可行性进行研究。在 12.7mm 机枪上改进了高压静态和动态密封问题，并证明液体发射药比固体火药对炮膛烧蚀小。在 37mm 火炮上利用氮气作为开始注入的动力进行了再生式注入试验，虽然验证了技术可行性，但暴露了密封问题[30-31]。

这时美国陆军设想将液体发射药火炮用于高射炮和航炮上，以满足高初速、高射速的要求，提高坦克炮初速，改进坦克炮的穿甲性能。将燃料和氧化剂分开放在制式药筒中，用一机构使二者混合自动点火，在 90mm 坦克炮上进行了研究。

20 世纪 50 年代中期，美国陆军又研究利用再生式注入双元发射药提高初速、延长炮管寿命，但因注入系统体积太大不适合坦克应用而停止研究。这时虽然停止了对大口径液体发射药火炮的研究，但仍在继续进行小口径液体发射药火炮的研究。

20 世纪 70 年代，在 75mm 坦克炮上研究采用液体发射药连发射击高初速动能弹，因延迟点火，造成试验装置爆炸。1977 年初，美国陆军停止了 75mm 液体发射药火炮的研究。但美国通用电气公司仍在 M68 型 105mm 坦克炮上进行试验研究。

美国海军对液体发射药火炮研究重点是改进航炮性能，提高大口径火炮的初速。在 30mm 航炮上研究了单元和双元注入系统。利用 40mm 火炮作为 76~127mm 速射炮的模型，试验研究不用药筒的可行性，后因火炮损坏而停止研究。

1986 年，美国陆军开始研制 155mm 再生式液体发射药试验用炮，即后来的“防御者”（Defender）I 号试验炮。

1988 年，美国陆军使用 25～105mm 口径的火炮完成 350 余项的试验，引起了军方的关注。

1991 年，陆军正式决定在“先进野战火炮系统”（1994 年定名为“十字军骑士”）上应用再生式液体发射药火炮，列为陆军的重点研制项目，先后制造了“防御者”Ⅰ、Ⅱ、Ⅲ号试验炮，研制与试验工作进展较快。

“防御者”I 号试验炮口径 155mm，身管长 52 倍口径，药室容积 14.2L，使用 XM46 式再生液体发射药进行试验，发射 M549AI 式火箭增程弹的最大射程为 44.4km，初速 998.9m/s；发射 M107 式制式榴弹的最小射程为 4.4km，能在 8～36km 的距离内确保 4 发射弹同时弹着。

1994 年 7 月和 1995 年 8 月的两次试验发生了爆炸事故，导致试验炮损坏。这两次事故宣告了液体发射药火炮试验的失败，最终美国陆军放弃了液体发射药火炮[32]。

英国、德国等国家在同时期也相继在不同口径不同炮种上成功研制了液体发射药火炮试验装置、原理样机，初速、射程等试验数据均优于常规火炮的指标要求。

20 世纪 50 年代，英国设计出了一种 84mm 液体发射药坦克炮，又在改型的 84mm 坦克炮上使用再生式的双元液体发射药进行了试验，同时还试验了再生式和整装注入的单元液体发射药。

英国皇家军械研究和发展局设计了一个试验装置，对 LP101 型发射药的再生喷射和燃烧过程进行了研究。该装置加上一个 30mm 炮管还可以进行液体炮的射击试验，从而为研究液体发射药火炮的再生喷射、燃烧和内弹道性能建立了基础。

从 1989 年开始，英国试验研究了双活塞 40mm 液体炮，最终目标是研制出 120mm 液体发射药坦克炮，并改进 155mm 榴弹炮。

20 世纪 80 年代，德国开发研制了一种试验型的 120mm 迫击炮系统，这是一种整装式液体发射药火炮，采用单元液体发射药。当迫击炮的装药容积为 $650cm^3$ 时，平均炮口初速 280m/s，标准偏差 2.3%。该项研究为 NM 基单元发射药的研究提供了经验，并为以后的再生式液体发射药火炮的研究奠定了技术基础。

20 世纪 80 年代末期，德国研制了 120mm 再生式液体发射药坦克炮。该炮发射 7.3kg 弹丸，最大炮口初速为 1580m/s。后又研制了采用 NM 基单元液体发射药 120mm 再生式液体发射药坦克炮，该炮采用了喷头式喷注装置，环绕火炮药室周边配置。试验证明，这种结构存在着发射药点火、燃烧和高幅振荡等问题。

9.3.2　37mm 液体发射药火炮

太原机械学院给出了 37mm 再生式液体发射药火炮主要内弹道参数[33]，见表 9-1。计算结果表明，该液体发射药火炮能够将弹丸推动到 1000m/s 的初速，最大膛压 496MPa，加速时间 5.91ms，弹丸膛内运动行程 3.39m。

表 9-1　37mm 再生式液体发射药火炮内弹道参数

参数	数值	参数	数值
活塞在燃烧室侧面积/cm^2	37.04	体积模量/MPa	5661.1
喷孔面积/cm^2	0.5	体积模量系数	9.2849
活塞在储液室面积/cm^2	24.6	火药力/(J/kg)	960000
液体截面积/cm^2	25.1	余容/(cm^3/g)	0.72
储液室体积/cm^3	211.27	弹底面积/cm^2	10.747
活塞质量/kg	1.845	弹丸质量/kg	0.732
喷孔长度/cm	1	身管长度/m	2.315
活塞最大行程/cm	8.26	弹丸挤进压力/MPa	30
燃烧室初压/MPa	15	次要功系数	1.1
液体药密度/(g/cm^3)	1.42	比热比	1.20
最大装药量/kg	0.3		

9.3.3　液体发射药迫击炮

早期液体发射药火炮较高的膛压导致难以克服发射过程中的大幅高频压力振荡。为克服液体发射药在发射过程中的燃烧不稳定性问题，转而研究低膛压再生式液体发射药迫击炮。

9.3.3.1　工作原理

再生式液体发射药迫击炮发射原理及试验装置，如图 9-7 所示。当基本装药或者底火药点燃后，火药燃气进入燃烧室，为活塞气室增压，储液室中的液体药在压力差的作用下经喷射孔雾化后进入燃烧室。液体药液滴与高温燃气相遇后被点燃，进一步产生燃气，对弹丸做功并继续推动活塞运动，建立起液体药喷射燃烧循环过程，实现高速发射[34]。

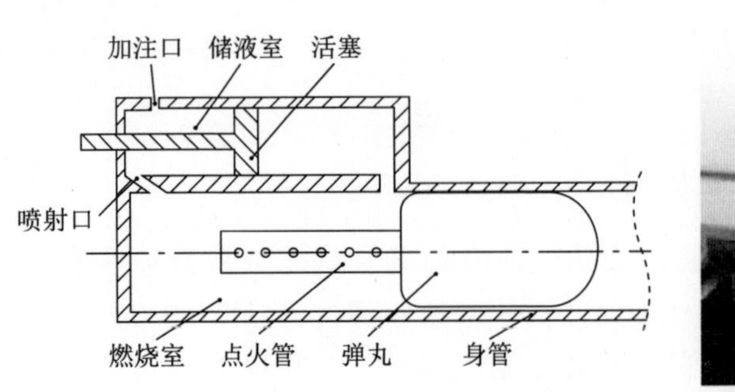

图 9-7　再生式液体发射药迫击炮发射原理及试验装置

9.3.3.2　试验装置

研制的 60mm 口径低膛压再生式液体发射药迫击炮试验系统如图 9-7 所示，主要结构参数见表 9-2。

表 9-2　试验系统主要参数

参数名称	数值	参数名称	数值
燃烧室初始容积/cm^3	3600	活塞质量/kg	3.56
储液室容积/cm^3	32.4	弹丸行程/m	1.28
弹丸质量/kg	1.5	点火药量/(ms/kg)	0.01

低膛压再生式液体发射药迫击炮完成了 3 次射击试验，部分数据见表 9-3。

表 9-3　射击试验结果统计

序号	燃烧室峰值压力/MPa	储液室峰值压力/MPa	弹丸初速/(m/s)
1	44.3	59.9	277.0
2	45.1	61.2	278.3
3	46.3	64.2	278.1

储液室与燃烧室内测得典型压力曲线，如图 9-8 所示。燃烧室压力最大为 45.1MPa，储液室压力最大值为 61.2MPa，利用测速靶测得弹丸炮口初速为 278.3m/s。由图可知，燃烧室压力曲线更加饱满，脉冲宽度更大，相比于传统固体发射药火炮，在最大压力不变条件下，使用再生式液体发射药火炮可以使弹丸获得更大的动能和初速。

低膛压再生式液体发射药迫击炮发射试验证明，在低膛压发射中，可以稳定建立液体发射药的喷射燃烧循环，且没有产生大幅高频压力振荡，可以提升迫击炮的膛压充满度，增强发射药做功能力，提高能量利用率。

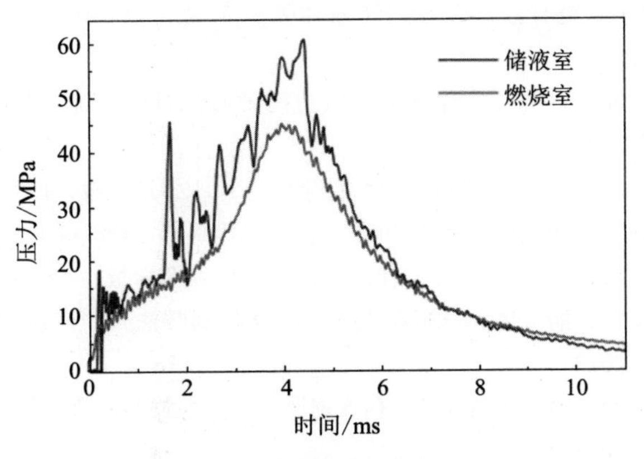

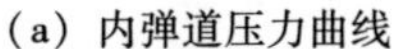

(a) 内弹道压力曲线

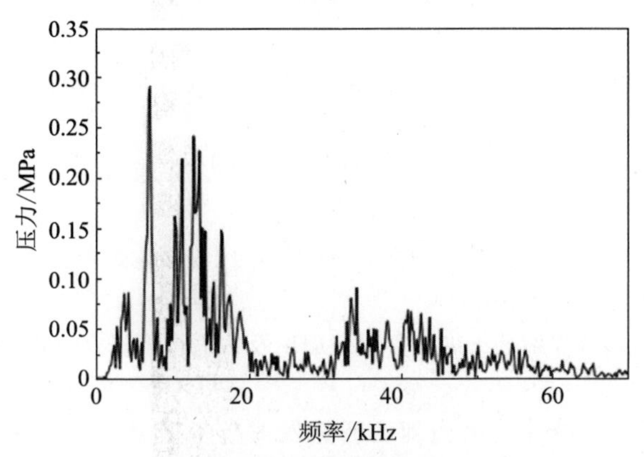

(b) 燃烧室压力幅值频率特征曲线

图 9-8 测试曲线

综上所述，液体发射药火炮初速、射程等主要性能都超过传统火炮，且能够实现多发同时弹着，虽然由于其燃烧不稳定导致在试验过程中出现几次事故，但液体发射药火炮能够大幅度提高火炮性能指标已得到了广泛认可。因此与传统固体发射药火炮相比，液体发射药火炮具有很高的军事价值，仍然是火炮武器系统的重要发展方向之一。

参考文献

[1] 金志明. 现代火炮推进技术述评及建议 [J]. 弹道学报，1993(04)：78-88+94.

[2] 赵尧知. 液体发射药火炮 [J]. 世界知识，1993(23)：4.

[3] 张兆钧，宋明. 液体发射药的研究状况和发展趋势 [J]. 弹道学报，1990(01)：81-88+76.

[4] 李仁祺. HAN 基液体发射药与 OTTO-Ⅱ的比较 [J]. 火炸药学报，1996(04)：27-30.

[5] 肖忠良，朱纪平，樊文欣，等. HAN 液体发射药火药力测试研究［J］. 兵工学报，1995(03)：82-84.

[6] 张兆钧，周彦煌，宋明. 几种液体发射药撞击敏感性的实验研究［J］. 弹道学报，1994(01)：33-37.

[7] 吴杉楠，曹贵桐. 液体发射药的能量特性研究［J］. 弹道学报，1991(03)：12-15.

[8] 崔红. 略谈美国液体发射药火炮的研究［J］. 现代兵器，1981(09)：36-39.

[9] 范文洲. 液体发射药火炮发射安全性的分析［J］. 弹道学报，1993(01)：32-36+62.

[10] 莽珊珊. 整装式含能液体高压瞬态燃烧稳定性控制方法及机理研究［D］. 南京：南京理工大学，2013.

[11] 齐丽婷，余永刚. 整装式液体发射药火炮燃烧稳定性控制的研究进展［J］. 火炮发射与控制学报，2005(04)：72-75.

[12] 孙明亮，刘宁，张相炎. 再生式液体发射药火炮喷嘴内空化流动研究［J］. 弹道学报，2018，30(03)：40-46.

[13] 鞠晓滢. 再生式液体炮内弹道优化设计及数值模拟［D］. 南京：南京理工大学，2013.

[14] 刘宁，张相炎. 再生式液体发射药火炮燃烧室内两相流模型［J］. 南京理工大学学报(自然科学版)，2010，34(03)：347-351.

[15] 刘宁，张相炎. 再生式液体发射药火炮燃烧室压力振荡数值仿真［J］. 系统仿真学报，2009，21(11)：3211-3214.

[16] 刘宁. 再生式液体发射药火炮喷雾燃烧理论及数值模拟研究［D］. 南京：南京理工大学，2008.

[17] 刘明敏. 再生式液体发射药辅助药室发射技术研究［D］. 南京：南京理工大学，2004.

[18] 王亮宽. 再生式液体发射药火炮压力振荡机理及抑制措施研究［D］. 南京：南京理工大学，2007.

[19] 刘俊，余永刚，周彦煌. 再生式液体发射药火炮的雾化问题研究［J］. 火炮发射与控制学报，2002(03)：56-60.

[20] 林钧毅，朱广圣. 37mmRLPG 再生喷射燃烧过程的实验与模拟［J］. 南京理工大学学报，1996(06)：37-40.

[21] 程石，孙耀琪. 液体发射药火炮及其发展趋势［J］. 国防技术基础，2008(04)：51-55.

[22] 邹华. 基于差动原理的新型随行装药技术研究［D］. 南京：南京理工大学，2014.

[23] 柳海波. 液体发射药火炮加注系统仿真研究［D］. 南京：南京理工大学，2012.

[24] 肖天. LPG 加注系统性能与可靠性一体化设计［D］. 南京：南京理工大学，2012.

[25] 王春磊. 液体随行装药喷射雾化与燃烧数值模拟及分析［D］. 南京：南京理工大学，2012.

[26] 柳海波，张相炎. 液体发射药火炮加注系统仿真［J］. 四川兵工学报，2011，32

(07)：51-54.
[27] 阎舜．液体发射药加注系统研究［D］．南京：南京理工大学，2009.
[28] 魏孝达，孙丰寿，军红．液体发射药火炮须深入研究［J］．火炮发射与控制学报，1996(02)：65-69.
[29] 崔平．现代炮弹增程技术综述［J］．四川兵工学报，2006(03)：17-19.
[30] 陈松海，周东晓．浅析美军炮兵新概念武器系统［J］．国防科技，2006(02)：29-33.
[31] 潘孝斌．23mm 实验炮超强装药试验设计及分析［D］．南京：南京理工大学，2004.
[32] 晓路．美国液体发射药火炮夭折［J］．现代军事，1996(08)：10-12.
[33] 张旭翔，梁涛．37mm 液体发射火炮内弹道研究［J］．弹道学报，1991(04)：8-15.
[34] 杨博伦，刘宁，孙明亮，张相炎．液体发射药迫击炮试验研究及数值模拟［J］．火炮发射与控制学报，2020，41(03)：73-77.

第 10 章　膨胀波火炮

10.1　简　介

1999 年，美国陆军坦克车辆与武器装备司令部军械研究开发与工程中心的艾里克·凯斯（Eric Kathe）博士针对当前火炮系统存在的性能问题而提出的一种新概念——低后坐武器系统，也就是膨胀波火炮（rarefaction wave gun，RAVEN）[1]，如图 10-1 所示。

图 10-1　膨胀波火炮发射示意图

膨胀波火炮通过发射方式的革新提高了无后坐/低后坐火炮的性能，是最具有发展前景的低后坐火炮武器之一[2]。

2002 年，膨胀波火炮赢得了美国陆军装备司令部的十大发明奖。

2003 年，艾里克·凯斯博士作为该技术的发明人也赢得了美国陆军研究与发展成就奖。

10.1.1　基本原理

膨胀波是流体力学的基本概念之一，指流体中扰动区与未扰动区的分界面，流体通过此界面会压力降低。

膨胀波火炮基本原理：火炮击发后点燃发射药，膛内高温高压的发射药气体推动弹丸加速运动。如果在某个时刻突然打开闩体，发射药燃气就会向后方喷出，药室内的压力骤然下降，形成稀疏波逐渐沿身管向弹底传播。在炮膛内

“稀疏波”以当地声速传播，传递到弹底会有一段时间。利用这段时间，通过控制闩体开启的时刻和速度，使弹丸在出炮口前“感觉”不到由于提前开闩而引起的膛底压力骤然下降，仍然像在密闭的炮膛内运动一样，几乎以原来的速度飞离炮口。与此同时，后喷的发射药燃气大幅度减小了火炮的后坐动量[3]。

膨胀波火炮介于后膛火炮与无后坐炮之间，是传统火炮发射概念的一次创新。膨胀波火炮与后膛火炮对比图，如图 10-2 所示。

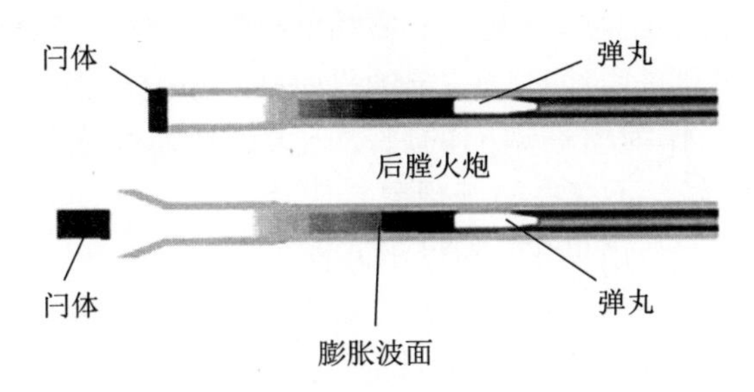

图 10-2　膨胀波火炮与后膛火炮对比图

膨胀波火炮，在不影响炮口初速的前提下，可以减小火炮系统的后坐动量及质量。因此，膨胀波火炮有望为轻型火炮开创一个新时代，是解决火炮系统威力和机动性矛盾的一种方法。膨胀波火炮射击过程伴随着强烈化学反应，具有多维效应的高温、高压和瞬态燃烧过程，特别是高压后喷的发射药燃气的流出情况更为复杂。

10.1.2　惯性炮闩式膨胀波火炮发射原理

惯性炮闩式膨胀波火炮发射原理，如图 10-3 所示。火炮发射时，通过火药燃气控制药室扩张部安装的弹簧卡锁装置解锁，惯性炮闩在火药燃气的推动下运动至扩张喷管前部突然打开炮尾。药室内的火药燃气在压力梯度作用下，从尾部的扩张喷管高速喷出，利用燃气后喷产生的前冲量及后喷动能实现减小后坐和降低身管热量的目的。合理控制惯性炮闩打开后喷装置的时机可以在保证火炮威力的前提下减小火炮后坐和降低身管温度[4-5]。

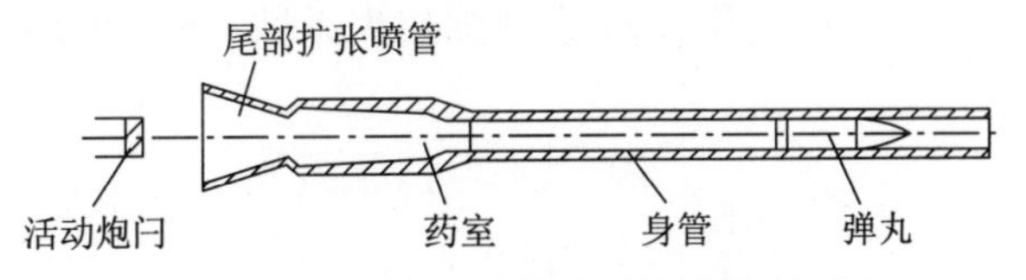

图 10-3　惯性炮闩式膨胀波火炮发射原理

10.1.3 内弹道模型

膨胀波火炮发射的内弹道过程相当复杂，建立精确的膨胀波火炮内弹道模型是比较困难的。

10.1.3.1 基本假设

在实际工程应用中，通常使用膨胀波火炮简化内弹道模型。假设如下：

（1）药粒在平均压力下燃烧并且都遵循燃烧速度定律。

（2）用次要系数 φ 来考虑其他次要功。

（3）弹带瞬时挤进膛线，以一定的挤进压力 p_0 标志弹丸的启动条件；以一定的启动压力 p_E 作为惯性炮闩的启动压力；在惯性炮闩打开后喷装置前，整个过程密闭性良好，不存在漏气现象。

（4）火药气体服从诺贝尔-阿贝尔方程。

（5）忽略炮身后坐对内弹道参数的影响，并且假设瞬时完成开闩过程。

（6）单位质量火药燃烧释放的能量及生成燃气的燃烧温度均视为定值，火药力 f、余容 α 及比热比 k 均为常数。

10.1.3.2 内弹道方程

内弹道对膨胀波火炮的设计非常重要，是膨胀波火炮的设计基础，因此需要建立可以满足实际设计需求的内弹道模型。基于上述基本假设，在常规火炮内弹道的基础上引入惯性炮闩的速度与行程关系、惯性炮闩运动方程、流量方程和能量平衡方程组成膨胀波火炮的内弹道方程[6]。

惯性炮闩速度与行程关系为

$$\frac{\mathrm{d}l_1}{\mathrm{d}t}=\begin{cases}v_1 & (p\geqslant p_E, l\leqslant l_E)\\ 0\end{cases} \tag{10-1}$$

式中：l_1 为惯性炮闩的行程；v_1 为惯性炮闩的速度；p_E 为惯性炮闩的启动压力；l_E 为惯性炮闩的最大行程。

惯性炮闩的运动方程为

$$\frac{\mathrm{d}v_1}{\mathrm{d}t}=\begin{cases}\dfrac{S_1 p}{\varphi_1 m_1} & (p\geqslant p_E, l\leqslant l_E)\\ 0\end{cases} \tag{10-2}$$

式中：S_1 为惯性炮闩的截面积；φ_1 为摩擦损失系数；m_1 为惯性炮闩质量。

流量方程为

$$\frac{\mathrm{d}\eta}{\mathrm{d}t}=\begin{cases}0 & (p\geqslant p_E, l\leqslant l_E)\\ \dfrac{C_A S_1 v_j p}{f\omega\sqrt{\tau}}\end{cases} \tag{10-3}$$

$$C_A=\sqrt{\frac{\theta\varphi m(\varphi+1)}{2\omega}}\left(\frac{2}{2+\theta}\right)^{\frac{(\theta+2)}{2\theta}} \tag{10-4}$$

式中：η 为相对流量；τ 为相对温度；φ 为次要功系数；k 为绝热指数（$\theta=k-1$）；m 为弹丸质量。

能量平衡方程为

$$\frac{\mathrm{d}\tau}{\mathrm{d}t}=\frac{1}{\psi-\eta}\left[(1-\tau)(\chi+2\chi\lambda z)\frac{\mathrm{d}z}{\mathrm{d}t}-\theta\tau\frac{\mathrm{d}\eta}{\mathrm{d}t}-\frac{\theta}{f\omega}\left(\varphi mv\frac{\mathrm{d}v}{\mathrm{d}t}+\varphi_1 m_1 v_1\frac{\mathrm{d}v_1}{vt}\right)\right] \tag{10-5}$$

燃气状态方程为

$$p=\frac{fw\tau(\psi-\eta)}{S(l_\psi+l)+S_1 l_1} \tag{10-6}$$

$$l_\psi=l_0\left[1-\frac{\Delta}{\rho_p}-\Delta\left(\alpha-\frac{1}{\rho_p}\right)\psi+\alpha\Delta\eta\right] \tag{10-7}$$

式中：f 为火药力；ω 为装药量；ψ 为相对已燃体积；S 为炮膛截面积；l、v 分别为弹丸的行程和速度；l_0 为药室缩颈长；Δ 为装填密度；ρ_p 为火药密度。

10.1.3.3　影响因素分析

依据膨胀波火炮的内弹道模型，进行计算模拟，并将计算所得的结果与常规火炮的内弹道结果、膨胀波火炮试验所得到的试验数据，对比分析影响因素[7-11]。

闩体质量、后移速度、喷管膨胀比、后坐动量减少百分比的相互影响，见表 10-1。

表 10-1　各参数对后坐动量的影响

闩体质量/kg	后移速度/(m/s)	喷管膨胀比	后坐动量减少百分比/%
22	16	3∶1	70
18	19.4	3∶1	65
22	14.5	5∶1	75
18	18	5∶1	68

增加惯性炮闩的质量，膨胀波火炮的最大压力增加，开闩后压力下降的速度变大，后喷装置喷口打开时间变长，后喷燃气的相对流量减少。

增加惯性炮闩的行程长，对膨胀波火炮的最大膛压没有影响，开闩后膛内的压力下降速度变小，喷口的打开时间变长，后喷的火药燃气相对流量减少。

增大惯性炮闩的启动压力，膨胀波火炮的最大膛压增加，但是增加幅度不大，喷口打开后膛内压力的下降速度不变，且喷口打开的时间也不变，后喷燃气的相对流量基本没有减少。

后膛火炮与膨胀波火炮的膛底压力曲线，如图 10-4 所示。保持炮口速度不变，后膛火炮与膨胀波火炮炮膛合力曲线，如图 10-5 所示。

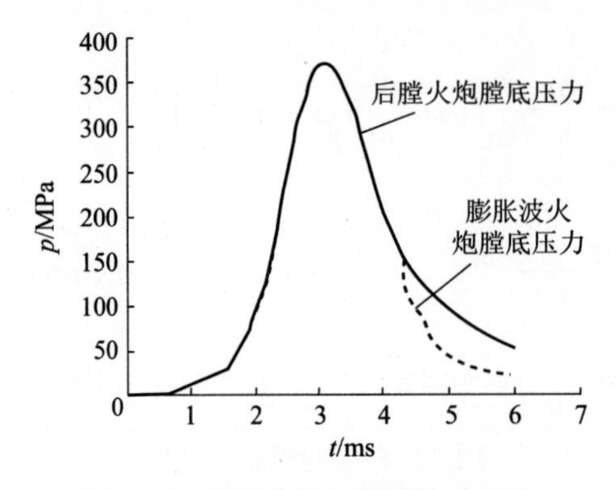

图 10-4　后膛火炮与膨胀波火炮的膛底计算 p-t 曲线

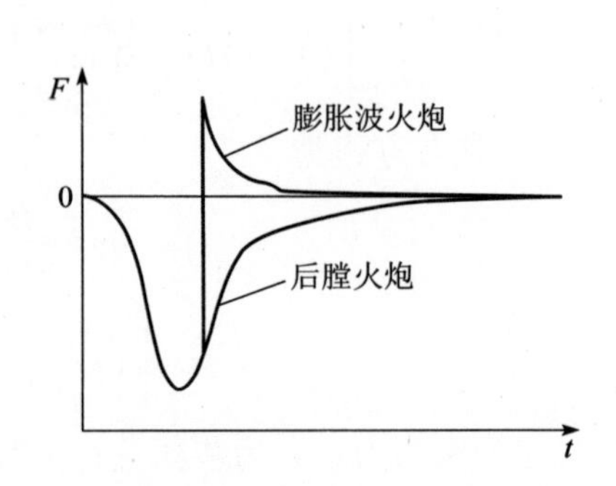

图 10-5　保持炮口速度不变炮膛合力曲线

10.1.4　膨胀波火炮的类型

根据膨胀波火炮的发射机理可知，后喷装置是膨胀波火炮实现低后坐、低身管热量发射过程的重要组成部分，其工作的可靠性及稳定性直接决定了膨胀波火炮的发射性能。

后喷装置的作用是精确控制膨胀波火炮的开尾时机，实现膛内火药燃气的延迟后喷。后喷装置可靠、稳定、有效地工作，是实现发射过程中减小后坐、降低身管热量的前提条件。为了避免由于后喷装置失效对膨胀波火炮发射性能带来的不利影响，膨胀波火炮对后喷装置提出了严格的设计要求，后喷装置的结构设计、打开方式必须严格按照给定的标准进行实施[12-13]。

膨胀波火炮对后喷装置的打开时机、打开过程及结构性能等方面提出了严格的设计要求，具体如下：

（1）后喷打开时机准确可控。

（2）后喷打开过程迅速可靠且具有可重复性。

（3）后喷结构合理适当。

（4）具有较强的抗烧蚀和抗化学腐蚀能力。

（5）弹丸初速衰减程度最低。

后喷装置的打开方式、打开时间是膨胀波火炮设计的关键所在，目前能够用于打开喷口装置的方法有很多，如使用计算机控制、使用凸轮机构控制、使用惯性炮闩或者是爆破片打开的方法。但是考虑到火炮发射所产生的极端环境，符合火炮发射条件的喷口打开方式主要有爆破片打开与惯性炮尾驱动打开两种，并由此形成主动爆炸隔板（爆破片）式、惯性炮尾式两种类型的膨胀波火炮[14-15]。

10.1.4.1 主动爆炸隔板（爆破片）

主动爆炸隔板后喷打开方式是一种依靠爆炸隔板的力学特性实现燃气延迟后喷的打开方式。其具体的实现过程为：在药室与扩张喷管连接处安装具有一定力学强度的爆炸隔板，发射过程中当作用在隔板上的燃气压力超过隔板自身的破坏极限时，隔板将迅速破裂，使药室与扩张喷管连通，膛内燃气在压力梯度作用下开始后喷。通过改变爆炸隔板的厚度及材料的力学性能可实现对膛内燃气后喷时间的控制。

由于主动爆炸隔板打开方式属于力学破坏方式，打开过程极其迅速，同时在后喷燃气的高速冲刷下，其破碎残片不会在药室内残留，在无后坐火炮中得到了广泛的应用。

考虑到在膨胀波火炮发射过程中，在实现减后坐和降低身管热量效果的同时保证炮口动能不受影响，其后喷打开时机一般为膛压达到最大值后的某一时刻，为此直接采用压力破坏方式的爆炸隔板控制燃气后喷时机的打开方式并不能达到理想的效果。但利用火药燃气的热烧蚀作用或通过外触发器启爆，使爆炸隔板既能承受最大膛压又能在预定的时间内破碎的方法，则可实现主动爆炸隔板打开方式在膨胀波火炮后喷装置中的应用。

10.1.4.2 惯性炮尾

惯性炮尾驱动后喷打开方式是一种依靠可移动炮尾的后坐运动实现燃气延迟后喷的打开方式，如图 10-6 所示。

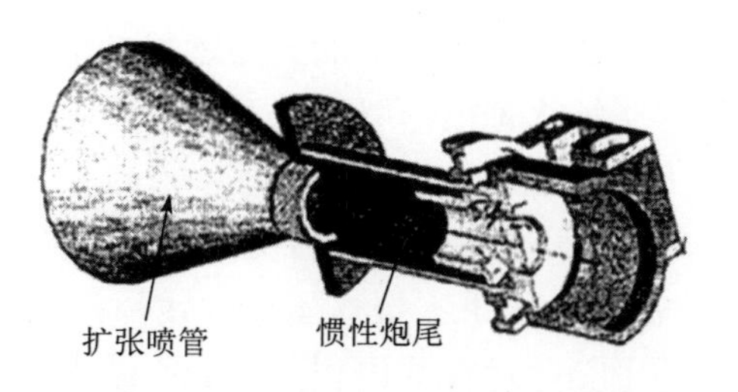

图 10-6 惯性炮尾扩张喷管示意图

其具体的实现过程为：在药室与扩张喷管连接处安装可自由移动的惯性炮尾，发射过程中惯性炮尾在膛内燃气的作用下进行后坐运动，当运动到一定距离后，药室与扩张喷管连通，膛内燃气在压力梯度作用下开始后喷。通过改变惯性炮尾的启动压力、自身质量及移动距离可实现对膛内燃气后喷时机的控制[16-17]。

由于惯性炮尾是直接由膛内火药燃气驱动的，其打开过程迅速可靠，同时在后坐缓冲的作用下可实现自动恢复，可重复性好，为此惯性炮尾驱动方式是当前膨胀波火炮首选的后喷打开方式。

10.1.4.3　主动爆炸隔板（爆破片）式膨胀波火炮

主动爆炸隔板（爆破片）式膨胀波火炮是利用具有特殊力学性能的爆炸隔板或爆破片来控制后喷装置打开的膨胀波火炮，其结构如图 10-7 所示。爆炸隔板或爆破片打开前膨胀波火炮的状态，如图 10-7(a) 所示；爆炸隔板或爆破片打开后膨胀波火炮的状态，如图 10-7(b) 所示。

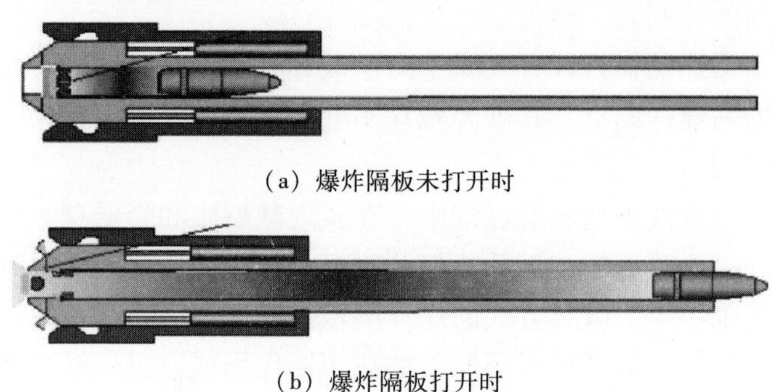

(a) 爆炸隔板未打开时

(b) 爆炸隔板打开时

图 10-7　主动爆炸隔板式膨胀波火炮

主动爆炸隔板（爆破片）式膨胀波火炮具体的发射过程为：在膨胀波火炮后喷装置喷口扩张部与药室连接处安装一个爆炸隔板（爆破片），随着火药燃烧，爆炸隔板（爆破片）上承受越来越大的作用力。当作用力超过爆炸隔板（爆破片）的极限压力时，爆炸隔板（爆破片）迅速破裂。药室底部与后喷装置扩张喷管的喉部连接，弹后空间的火药燃气受压力驱动开始高速向后运动。主动爆炸隔板式膨胀波火炮的后喷打开时间的控制是由爆炸隔板本身的厚度和爆炸隔板材料的力学特性所决定的。

主动爆炸隔板采用力学破坏的方式打开后喷装置，作用时间极短，约 0.1ms。在火药燃气的高速冲刷下，爆炸隔板的残片不会残存在药室内，因此一般应用在无后坐力炮上。主动爆炸隔板用于膨胀波火炮时，一般将火炮膛压最大值定为打开时机。目前较为成熟的爆炸隔板膨胀波火炮通常与埋头弹相配合使用[18-19]。

10.1.4.4　惯性炮尾式膨胀波火炮

惯性炮尾式膨胀波火炮是由火炮膛内的火药燃气驱动惯性炮尾向后运动，

进而打开后置喷管，达到减小后坐的一种膨胀波火炮。在惯性炮尾式膨胀波火炮的药室底部与后喷装置之间安上一个能够移动的惯性炮尾，火炮发射过程中火药燃气推动惯性炮尾向后运动，直到惯性炮尾运动到后喷装置扩张部，使火炮的药室与扩张部直接连接。弹后空间的火药燃气受压力驱动开始高速向后运动。利用惯性炮尾启动压力、质量、最大后坐行程长等参数变化来控制后喷装置的打开时机。惯性炮尾由火药燃气直接推动，因此开闩过程快速高效。惯性炮尾可自由往复运动，因而具有很好的重复性，可多次使用[20]。

根据惯性炮尾式膨胀波火炮发射过程中火药燃气的流动状态，将膨胀波火炮的发射过程分成下述几个阶段，如图 10-8 所示。

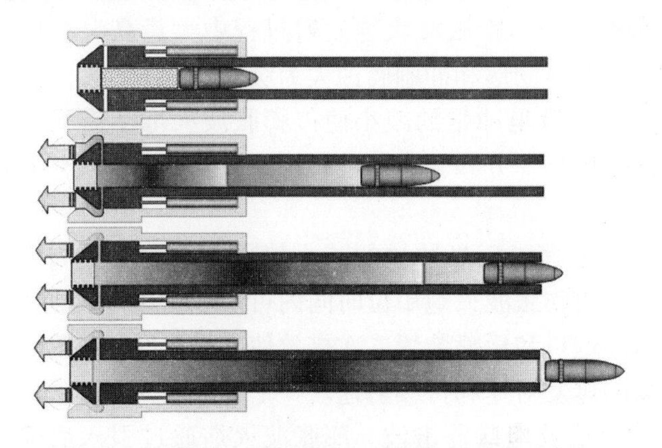

图 10-8　惯性炮尾式膨胀波火炮发射过程示意图

（1）火药点燃后，随着火药的燃烧生成高温高压的火药燃气，药室内的压力逐渐增加。当药室内的压力增加到弹丸的启动压力时，弹丸开始向炮口方向运动。此时惯性炮尾处于静止状态，喷口还未打开。

（2）火药继续燃烧，弹后空间内的压力继续升高。当弹后空间压力增加到惯性炮尾的启动压力时，炮尾闩体开始运动。当炮尾闩体运动距离超过最大后坐行程长时，膨胀波火炮的喷口瞬间打开。炮尾闩体后部的燃气向后快速运动而出，膨胀波向身管前部快速运动。

（3）膨胀波火炮喷口完全被打开之后，膛内的火药燃气一部分从尾部喷管处向后高速喷射而出，另外一部分继续推动弹丸加速向前，直至弹丸运动至炮口。

（4）随着弹丸飞出炮口之后，火炮膛内气体继续从身管的两端高速射出，对身管产生后坐力与反后坐力，这一阶段称为后效期。

根据膨胀波火炮的发射机理可知，后喷装置是膨胀波火炮实现低后坐、低身管热量发射过程的重要组成部分，其工作的可靠性及稳定性直接决定了膨胀波火炮的发射性能。

10.1.5 膨胀波火炮的优势与不足

10.1.5.1 膨胀波火炮的优势

膨胀波火炮的技术优势如下：

（1）减小或消除后坐力。膨胀波火炮发射过程中，膛内火药燃气后喷产生的前冲量显著减小发射过程中产生的后坐力。在膨胀波火炮发射试验中，发射初速为1150m/s的北约标准35mm炮弹时，后坐能量能够减少80%以上；发射初速为686m/s的大号装药榴弹时，后坐能量估计能够减少75%。

（2）减少炮膛烧蚀。膨胀波火炮发射过程中大量高温高压火药气体排出身管，使得身管的升温变形和冲刷腐蚀大为缓解。

（3）减轻质量。后坐冲量的减小使得膨胀波火炮不需配备复杂的后坐缓冲装置，可以减小后坐部分和驻退复进机构的质量；身管受热情况的改善使得身管可以更薄、更轻。

（4）提高火炮射速。后坐冲量的减小使得火炮的后坐周期可以缩短，身管升温情况改善使得膨胀波火炮单位时间内可以承受更多发弹丸的发射。此外膛内火药燃气通过炮口和后喷装置二次排放使其排出时间缩短，因此膨胀波火炮可以获得更高的爆发射速和持续射速。

（5）减小膛口焰及炮口冲击波。膨胀波火炮通过引入后喷装置，把常规火炮火药燃气从炮口一次性排放的过程分解成从炮尾喷管和炮口两次排放，减小了生成炮口焰和发射特征的能量，减轻了炮口冲击效应。此外发射过程中燃气后喷产生的膨胀波对膛内燃气进行冷却和降压后，还降低了二次炮口焰生成的可能性，并提高了火炮武器的战场隐蔽性。

（6）初速可调。膨胀波火炮通过调节后喷装置的打开时机，可对弹丸初速进行调节，实现变装药结构的弹道性能。

（7）提高持续作战能力。与常规火炮相比，膨胀波火炮能够携载更多的炮弹，从而提高了火炮的持续作战能力。

（8）清洁药室。膨胀波火炮燃气后喷产生的超声速气流能够清除膛内的余烬、残渣和碎片，保持药室清洁。

10.1.5.2 膨胀波火炮的技术难题

尽管尚未发现膨胀波火炮存在任何不可逾越的技术问题，但在膨胀波火炮研制开发的过程中，后喷装置的打开、炮尾焰的排放与火炮系统的整体集成仍然成为了膨胀波火炮需要解决的技术难题。

（1）后喷装置打开难题。膨胀波火炮的关键就是后喷装置的打开时机和打开速度，其决定了膨胀波火炮的总体性能。由于受到后喷装置打开的准确性、可重复性和可靠性方面的苛刻要求，真正适用于膨胀波火炮的打开方式有限。目前采用的惯性炮尾驱动装置和主动爆炸隔板打开方式都存在相应缺陷[21]。

（2）炮尾焰的排放与火炮系统的整体集成难题。膨胀波火炮最大的缺点是存在炮尾焰，以及由此引起的火炮系统整体集成问题。目前有关炮尾焰的排放问题仍然没有得到较好的解决，通常的处理方法就是将膨胀波火炮使用在炮管外置式火炮系统中，但在实际应用中还存在一定困难。

10.2　国内外研究现状

膨胀波火炮技术一经问世，就受到美国军方的高度重视，曾被列为美军下一代陆军未来战斗系统中非瞄准线火炮系统（non-line-of-sight cannon，NLOS-C）和乘车战斗系统（mounted combat system，MCS）这两个子系统的主战武器。美国阿瑞斯军械公司做了一系列的发射试验。

10.2.1　理论研究

艾里克·凯斯博士深入研究了膨胀波火炮的内弹道机理。

Benet 实验室在早期研究膨胀波时，采用一维内弹道程序 NOVA 来进行计算，并且开发了采用隐式离散法来计算控制方程 LTCP 程序。

艾里克·凯斯博士联合 ROYA 公司与美国软件工程公司在 LTCP 的基础上进行二次开发，开发出一个基于 N-S 方程的身管边界层程序 CTBL，用来计算身管内火药燃气与火药颗粒间的受热情况。同时程序还能模拟热—化学腐蚀现象。CTBL 程序适用于包括边界条件可变，压缩流体、具有化学反应条件的情况。

艾里克·凯斯博士所在的研究小组对 CTBL 程序与 NOVA 程序进行了对比分析，结果表明：CTBL 程序计算膨胀波传播速度数值较高，它在计算过程中考虑了二维模型里身管中心的气体流动速度更快，一维时则无法考虑这种情况。NOVA 程序所计算的温度更高。除此之外，两个程序计算的结果较为相似。

10.2.2　试验研究

Benet 实验室以艾里克·凯斯博士为首的研究小组，研究了膨胀波火炮的发射性能。

2001 年，阿瑞斯公司在俄亥俄州伊利湖靶场进行了第一次膨胀波火炮的试验。该试验使用的样炮是由 105mm 多用途火炮和弹药系统的武器部件及结合瑞士厄利空 35mm 高射炮炮身改装而成的转膛装填系统，如图 10-9 所示。发射弹药选用的是经过改装的药筒底盖可分离爆破片式的 35mm 炮弹。

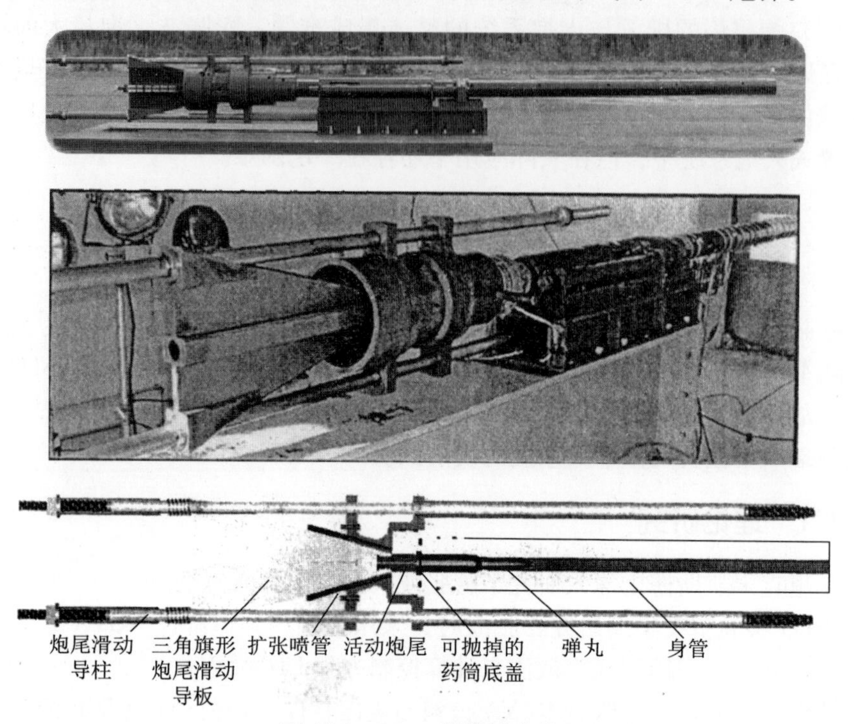

图 10-9　35mm 膨胀波火炮

针对不同的后喷结构进行了 30 次试验。试验过程中，通过布置在身管不同位置处的测压点和测温点、炮口初速测试装置、后坐测试装置以及高速摄像仪，记录了发射过程中，膛内各位置压力和温度变化、膨胀波波阵面的推进过程、弹丸初速和后坐力的数值。

2007 年，阿瑞斯公司将 M1A2 主战坦克上装备的 M256 型 120mm 滑膛炮改装成膨胀波样炮，并将这门火炮安装在轻型装甲车辆底盘上。同时利用 M829A2 动能穿甲弹改装成试验用弹，实弹射击以验证膨胀波火炮的发射原理在较大口径火炮中的适用情况。

2008 年，阿瑞斯公司 105mm 膨胀波火炮采用了摆膛技术，并重新设计后喷装置的喷口及连接装置。该火炮进行了实弹射击，测试结果与理论计算相差不大，取得较好的结果，如图 10-10 所示。

图 10-10　105mm 膨胀波火炮试验射击

参考文献

[1] 王颖泽．基于膨胀波发射技术的火炮内弹道与发射动力学分析 [D]．南京：南京理工大学，2009.

[2] 王宏日．火炮反后坐装置非常规技术概述 [N]．科学导报，2017-03-10(C08).

[3] 郭张霞，范光明，刘国志，等．膨胀波火炮喷口打开时间影响因素研究 [J]．中北大学学报（自然科学版），2019，40(02)：107-111，125.

[4] 范光明．膨胀波火炮惯性炮闩运动分析 [D]．太原：中北大学，2019.

[5] 范光明，郭张霞，田家林，等．惯性炮闩对膨胀波火炮膛压影响分析 [J]．火炮发射与控制学报，2018，39(04)：16-19，25.

[6] 岳文龙，董彦诚，李雪松，等．膨胀波火炮内弹道初步研究 [J]．火炮发射与控制学报，2011(02)：47-50.

[7] 韩铁，吴亚山，郝博，等．前置式膨胀波火炮后喷装置结构研究及优化 [J]．井冈山大学学报（自然科学版），2016，37(03)：62-69.

[8] 刘耀，袁志华，梁振刚．膨胀波火炮前置式喷口连接角对火炮后坐的影响 [J]．沈阳理工大学学报，2013，32(03)：86-90.

[9] 张小嘎，狄长春，赵金辉，等．装填条件对膨胀波火炮弹道设计评价标准的影响 [J]．火力与指挥控制，2012，37(12)：92-94，98.

[10] 张小嘎，狄长春，郭博，等．双门式炮闩膨胀波火炮最佳开闩时机确定和分析 [J]．火炮发射与控制学报，2011(04)：21-23，28.

[11] 张小嘎，狄长春，刘林，等．装填条件对膨胀波火炮发射性能的影响 [J]．火炮发射与控制学报，2011(02)：78-81.

[12] 陈新，曹从咏，周翠平．膨胀波火炮后喷冲击波流场数值模拟 [J]．南京理工大学学报（自然科学版），2010，34(03)：333-336.

[13] 王颖泽，张小兵．膨胀波火炮两相流内弹道性能分析与数值模拟 [J]．兵工学报，2010，31(02)：154-159.

[14] 王颖泽，张小兵．膨胀波火炮发射性能计算分析 [J]．高压物理学报，2009，23(06)：433-440.

[15] 王颖泽，张小兵，袁亚雄. 膨胀波在火炮膛内传播规律的捕捉计算分析 [J]. 弹道学报，2009，21(02)：1-5.

[16] 支建庄，郑坚，狄长春，等. 惯性炮尾式膨胀波火炮膨胀波速度和行程计算仿真 [J]. 火炮发射与控制学报，2009(01)：5-8.

[17] 支建庄，郑坚，狄长春，等. 惯性炮尾式膨胀波火炮内弹道建模与仿真 [J]. 四川兵工学报，2009，30(02)：13-15，22.

[18] 王颖泽，张小兵，袁亚雄. 新型低后坐膨胀波火炮的原理分析及模型研究 [J]. 火力与指挥控制，2009，34(01)：30-34.

[19] 张帆. 膨胀波火炮发射原理及其在常规结构枪炮中的应用 [D]. 南京：南京理工大学，2008.

[20] 华菊仙，岳松堂. “未来战斗系统”的关键技术——“渡鸦”膨胀波火炮技术 [J]. 现代兵器，2004(08)：8-10.

[21] 王健，任辉启，王海露，等. 某低后坐火炮发射性能及后喷爆破装置延时影响研究 [J]. 防护工程，2019，41(03)：49-53.

第 11 章　电热炮

电热炮（electrothermal gun，ETG）是一种发射时利用高功率脉冲电源（pulsed power supply，PPS）的电能，形成电弧放电并且输入等离子体管，电弧促使等离子体管内两电极发生电离，产生高温高压的等离子体，等离子体不断烧蚀聚乙烯毛细管壁，当达到一定压力后，高温高压的等离子体射流冲破等离子体管前端膜片，从等离子体管内喷出，与化学工质发生相互作用分解释放出化学能共同驱动弹丸加速的新概念火炮[1-5]。

11.1　等离子点火技术

11.1.1　等离子体

等离子体（plasma）是由部分电子被剥夺后的原子及原子团，再被电离后产生的正负离子组成的离子化气体状物质，尺度大于德拜长度的宏观电中性电离气体，其运动主要受电磁力支配，并表现出显著的集体行为[6]。

等离子体是由带电的正离子、负离子、自由基和各种活性基团组成的集合体。等离子体中存在的带电粒子，与电场和磁场相互耦合，因此，等离子体与固体、液体或气体有本质的区别，属于物质的第四态。

等离子体是一种很好的导电体，可以利用磁场捕捉、移动和加速等离子体。等离子体物理的发展为材料、能源、信息、环境空间、空间物理、地球物理等科学的进一步发展提供了新的技术和工艺。

在日常生活和大自然中经常遇见等离子体。例如，日光灯管和霓虹灯管中的放电气体、燃料中掺有易电离成分的火箭和喷气式飞机的射流、原子弹和氢弹爆炸时产生的气体中都有一定数量的等离子体。宇宙中90%以上的物质都是等离子体，宇宙中的星体、星云绝大部分都以等离子体方式存在，太阳就是一个灼热的等离子体火球。由于太阳紫外线和其他高能粒子的辐射作用，在距地球六十到上千千米的高度上，稀薄的空气发生电离，形成的电离层是由电子、离子及中性粒子混合而成的等离子体。

11.1.2 等离子体存在条件

等离子体作为物质能量较高的聚集态有着独特的性质。等离子体中每个带电粒子的附近都存在电场，当该电场被周围的粒子完全屏蔽时，在一定的空间区域外等离子体处于电中性。这种屏蔽效应称为德拜屏蔽，屏蔽粒子场所在的空间尺度称为德拜长度 λ_D，在 $r \leqslant \lambda_D$ 的微观尺度内电中性概念无效。

根据等离子体物理，德拜长度 λ_D 为

$$\lambda_D = \sqrt{\frac{\varepsilon_0 kT}{2(n_e + n_i)e^2}} = \sqrt{\frac{\varepsilon_0 kT}{2ne^2}} \tag{11-1}$$

式中：ε_0 为真空介电常数；k 为玻尔兹曼常数；e 为电荷电量；T 为等离子体温度（K）；n_e 和 n_i 分别为电子和离子的数密度（m^{-3}）。对于宏观电中性等离子体，电子和离子在空间均匀分布，即 $n_e = n_i = n$。

由式（11-1）可以得到等离子体存在的三个基本条件：

（1）$\lambda_D \geqslant n^{\frac{1}{3}}$，即德拜长度大于离子间的平均距离。由于德拜屏蔽是大量粒子的统计效应，因此要求德拜屏蔽球内要有足够数量的粒子。

（2）$\lambda_D \ll L$，即德拜长度远小于等离子体所在系统的特征长度。由于德拜屏蔽球内不满足电中性，因此德拜屏蔽球内的粒子群就不能看作电中性的等离子体。对于电弧等离子体，要求放电管的直径要远大于德拜长度。

（3）$\omega_p > v_c$，其中 ω_p 为等离子体的振荡频率；v_c 为粒子间的碰撞频率。只有等离子体带电粒子由于静电力的作用产生的振荡频率高于粒子运动过程中的碰撞频率，才能维持等离子体振荡。

11.1.3 等离子体状态方程

虽然电热炮放电管内电弧产生的受约束高温高压等离子体不是热力学平衡态的理想气体。但对于偏离理想状态不远的弱电离等离子体，仍可在理想气体状态方程基础上引入偏离系数 Z 来描述其状态方程，即

$$p = Z\rho RT \tag{11-2}$$

引起真实气体偏离理想状态有两种情况：

第一种情况是在常规低温和高压条件下，分子间相互作用的范德瓦尔斯力很大。考虑分子本身的体积和分子间相互作用力，修正理想气体状态方程，可以得到真实气体状态方程：

$$\left(p + \frac{a}{v^2}\right)(v - b) = RT \tag{11-3}$$

式中：a 为气体分子间引力修正量；b 为气体分子体积修正量，一般称为余容。

第二种情况是在高温条件下气体发生解离或电离，改变了气体中粒子数量，从而引起气体偏离理想状态。根据玻尔兹曼统计理论可得理想等离子体状态方程为

$$p = kT\sum_{\mathrm{i}} n_{\mathrm{i}} \tag{11-4}$$

11.1.4　等离子体点火原理

自然产生的等离子体称为自然等离子体（如北极光和闪电），人工产生的等离子体称为实验室等离子体。实验室等离子体是在有限容积的等离子体发生器中产生的。

等离子体发生器（plasma generator），是用人工方法获得等离子体的装置。能产生维持较长时间等离子体的方法主要有：直流弧光放电法、交流工频放电法、高频感应放电法、低气压放电法和燃烧法。

等离子体点火是通过高功率等离子体发生器向工质放电，将电能以等离子体的形式注入火药，实现火药的有效点火和燃烧增强，从而改善弹道性能的一种点火方式[7]。

在等离子体点火中等离子体对火药的作用有两种：一种是通过等离子体的加热作用实现固体推进剂的点火；另一种是在推进剂的燃烧过程中注入等离子体，实现推进剂的燃烧增强，从而展宽膛内压力曲线，提高内弹道性能[8-10]。

常见的等离子体点火方式有等离子体射流点火、电晕等离子体点火、瞬态等离子体点火三种。等离子体点火的机理主要表现为热效应、化学效应和气动效应三种。

热效应是指放电击穿放电介质，加热放电介质使其温度迅速上升。

化学效应是指等离子体放电过程中，电子与空气/燃料分子发生碰撞，大分子碳氢燃料被电离成活化能很小的带电活性粒子，空气中的氧气和氮气分子被电离成氧化性更强的活性粒子，从而加速化学连锁反应。

气动效应是指等离子体放电的过程会对流场产生扰动：一方面增强燃烧室内气流湍流脉动度，有利于等离子体流和燃烧室气流掺混；另一方面有利于等离子体在混合气中的定向迁移，从而扩大了火焰焰锋面积，显著增大火焰传播速度，增强燃烧稳定性。

等离子体发生器试验系统主要由脉冲功率电源系统、综合测控系统、等离子体发生器、试验装置等几个部分，如图 11-1 所示。

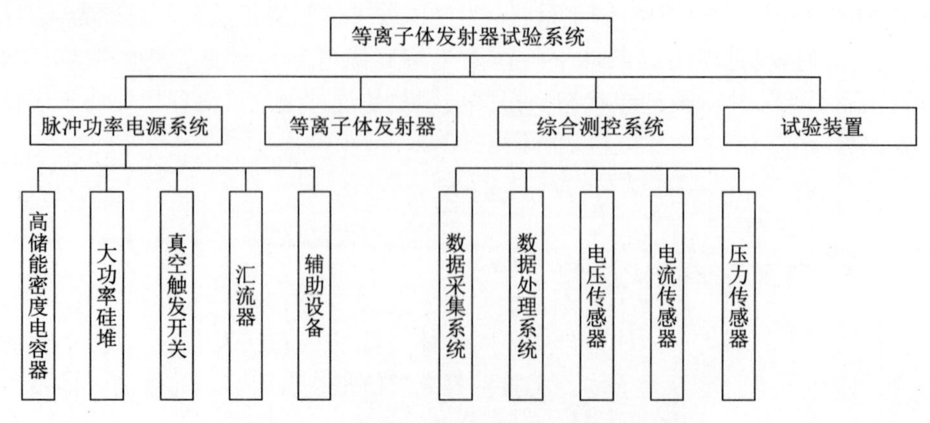

图 11-1 等离子体发生器试验系统组成框图

脉冲功率电源系统是等离子体发生器工作的能量来源，它由高储能密度电容器组、大功率硅堆、真空触发开关、汇流器及其辅助设备组成。

综合测控系统由控制系统和测试系统组成，而测试系统由数据采集系统、数据处理系统、电流传感器、电压传感器及压力传感器等组成。

等离子体发生器及试验装置是实现能量转换的平台，结构组成多种多样。

试验装置模拟电磁化学发射过程。

大口径高膛压火炮装药结构包括等离子体点火管、发射装药、模拟弹，如图 11-2 所示。

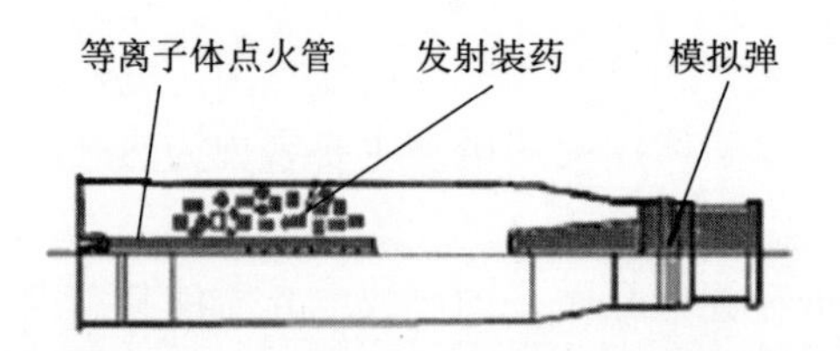

图 11-2 大口径高膛压火炮装药结构示意图

11.1.5 等离子体点火优点

在电热炮中应用等离子体点火技术具有以下优点。

1. 良好的点火性能

（1）能点燃常规点火技术难以点燃的发射药。美国、德国和以色列等国的射击试验表明：采用等离子体点火的电热炮能使低易损火药全面点火，尤其是对高装填密度发射药具有良好的点火性能，而常规点火技术难以点燃该火药。

（2）点火延迟时间短。采用等离子体点火技术时，火药的点火延迟时间约为 0.04ms，而常规火炮点火延迟时间约为 lms，相差数十倍。

（3）初速散布小。美国、以色列、德国和英国等国家的大口径电热炮试验证实，采用等离子体点火技术火炮的膛压和初速散布比传统点火技术要小。

2. 装药温度补偿

环境温度对火炮射程影响可达 10%～20%。采用等离子体点火技术可以调节输入的电能来影响发射药在弹道初始阶段的燃速，从而控制最大膛压和初速，基本实现初速和膛压在不同温度段的一致性，使其具有高温时的初速，从而使火炮的性能得到充分发挥。

3. 体积小、机动性好

采用等离子体点火技术的电热炮脉冲电源储能约几百千焦耳，体积减小，火炮机动性提高。

4. 成本低

由于电能需求大大减少，对脉冲电源性能、规模和成本大幅度降低。

11.2　电热炮工作原理

11.2.1　分类

1. 按工作原理分类

按工作原理分类，电热炮分为单热式电热炮和复热式电热炮。

（1）单热式电热炮。单热式电热炮又称为直热式电热炮，是利用高功率脉冲电源向工质电弧放电，产生高温、高压的等离子体，直接推动弹丸运动。

在单热式电热炮中，为了减小等离子体的高温效应对弹丸的影响，在弹丸和电爆炸材料（产生等离子体的工质）之间用流体工质隔离。电加热产生的等离子体推动流体工质，流体工质再推动弹丸。由于单热式电热炮的流体工质是惰性的，推动弹丸运动的能量全部来自电能，这种电热炮又被称作“纯”电热炮[11]。

（2）复热式电热炮。复热式电热炮，是利用高功率脉冲电源向工质电弧放电，产生高温、高压的等离子体，加热另一种工质，通过化学反应产生急速膨胀的气体推动弹丸运动。

复热式电热炮既使用电能又使用化学能，又称为电热化学炮（electrothermal chemical gun，ETCG）。电热化学炮利用电能增强与控制火药化学能的释放过程，使火药全面、均匀地点火，有效地控制燃烧过程，使火炮获得更高的初速和能量，具有更强的发射能力。电热化学炮的发射技术接近于传统火炮的发射方式，所需电能只占总发射能量的20%，射程还可以通过调整输入电能改变，质量和体积与电磁炮相比也有所减小[12-13]。

2. 按发射药分类

按发射药不同，电热炮可分为液体发射药电热化学炮和固体发射药电热化学炮。

（1）液体发射药电热化学炮。液体发射药电热化学炮就是电热炮和液体发射药火炮融合的产物，除了电能外，流体工质发生化学反应提供弹丸运动所需要的大部分能量。同其他使用含能流体工质的电热化学炮相似，该电热化学炮是整装的液体发射药火炮。液体发射药电热化学炮的内弹道存在压力波，不能保证内弹道的一致性，这是采用液体发射药电热化学炮的最大障碍。

（2）固体发射药电热化学炮。固体发射药电热化学炮在炮膛内燃烧的同时，注入由高功率脉冲电源产生的等离子体，炮口速度可达2000~2500m/s。

安装有等离子体发生器的固体发射药电热化学炮与传统固体发射药火炮相比有如下优点：首先，等离子体点火使火炮有较高的装填密度。对于给定尺寸的火炮，装填密度的提高意味着增大发射药做功能力，提高弹丸初速。其次，固体发射药电热化学炮能够使用传统的点火方式很难点燃稳定性更高的发射药。等离子体点火系统的不断改进可能使现有坦克火炮的炮口动能增加25%。

11.2.2 基本原理

典型的电热炮发射系统由脉冲电源系统、等离子体发生器、发射药、身管、弹丸和平台主能源组成示意图，如图11-3所示。电热炮发射系统组成示意图，如图11-4所示。

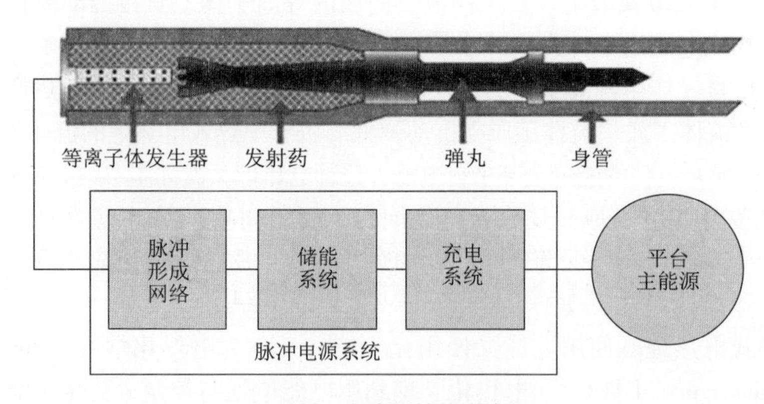

图11-3　电热炮结构示意图

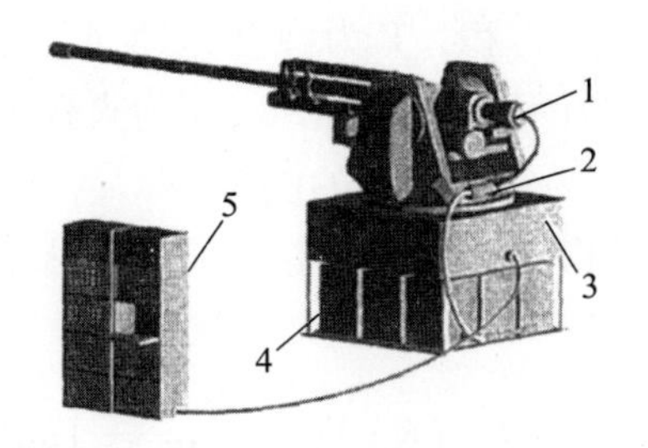

1—输流器及负载传感元器件组合；2—保险机构；3—发射试验装置；4—脉冲电源；5—综合测控柜。

图 11-4　电热炮发射系统组成示意图

电热炮工作原理是：脉冲电源系统放电形成的脉冲大电流通过金属铝箔，铝箔经历固态加热、熔化、汽化、电爆炸以至电离的过程，形成毛细管内的初始电弧，烧蚀管壁材料而形成等离子体，同时毛细管内的温度、密度、压力逐渐升高，当毛细管内形成一定的压力后等离子体冲破薄膜以临界流向外喷射，沿轴向流入化学含能材料储藏室引发化学反应。最后，弹丸被弹后空间气体加速而飞离炮口。

弹丸的炮口初速不仅受固体发射药的影响，同时也会受到等离子体射流的影响。通过改变等离子体射流的功率以及作用范围的大小可以优化控制弹丸炮口初速。由于射击过程是复杂的物理化学变化过程，膛内气流问题是一个非定常混合相的化学流体力学问题。

11.2.3　电热炮内弹道势平衡模型

固体工质电热化学炮利用高功率脉冲电源放电产生的等离子体，实现膛内火药的点火和燃烧增强，改善点火的一致性，减弱装药的高低温效应，提高炮口初速。虽然发射原理区别于传统火炮，但其内弹道过程仍然具有变质量、变容积热力过程的特点，因此可以借助内弹道势平衡理论，以实测的膛内 p-t 曲线为基础，从综合、整体的角度，对内弹道过程进行分析，从而确定膛内实际的燃气生成函数、燃速函数、火药力及阻力系数，解决几何燃烧定律难以解决的复杂装药内弹道问题。

内弹道势平衡理论的建立以内弹道能量平衡方程和拉格朗日压力梯度模型为基础。发射试验证实拉格朗日假设在电热化学炮中仍然成立。电热化学炮中，除了火药燃气的能量外，又增加了脉冲放电产生的等离子体的能量，因此将内弹道能量平衡方程表示为

$$p\left[V+V_0-\frac{\omega}{\rho}-\left(\alpha-\frac{1}{\rho}\right)\omega\psi\right]=f\omega\psi+(K-1)E_{\mathrm{p}}-(K-1)\int_0^V p\mathrm{d}V \quad (11\text{-}5)$$

式中：p 为膛压；V_0 为药室容积；V 为弹丸运动所经过的空间；ω 为装药量；α 为火药燃气的余容；ρ 为固体火药的密度；f 为火药力；K 为比热比；ψ 为火药的已燃质量百分比；E_p 为等离子体的能量。

根据势平衡理论，考虑火药燃烧、等离子体能量和余容影响的能量势可以表示为

$$\pi\psi = f\omega\psi + (K-1)E_p + \left(\alpha - \frac{1}{\rho}\right)\omega\psi p \tag{11-6}$$

在膛内，等离子体与火药及燃气相互作用，共同形成促使燃气膨胀做功的“能量源”，其中仍以火药燃烧产生的能量居多，而且等离子体的质量很轻，可忽略不计，因此可以把等离子体对能量的贡献归于火药力的增加，定义实际火药力 f'，满足

$$f'\omega\psi = f\omega\psi + (K-1)E_p \tag{11-7}$$

从而将能量势表述为与常规火炮的势平衡理论相统一的形式，即

$$\pi\psi = f'\omega\beta'\psi \tag{11-8}$$

其中火药燃气余容修正项为

$$\beta' = 1 + \left(\alpha - \frac{1}{\rho}\right)\frac{p}{f'} \tag{11-9}$$

对于混合装药内弹道能量平衡方程为

$$f\omega\psi = \sum_i f_i\omega_i\psi_i \tag{11-10}$$

就现有的制式火药而言，火药力并无显著的差别，而且又都是厚度和质量组合相差很大的两种火药的混合，薄火药在内弹道循环的初期就燃完，弹道规律主要取决于单一厚火药的燃烧规律。电热化学炮的脉冲放电一般在内弹道循环的初期进行，放电周期较短，类似于混合装药中的薄火药[14-22]。

因此从整体的观点看，可以将混合装药和电能对弹道规律的影响都统一为实际火药力的变化。在拉格朗日压力梯度模型和内弹道能量平衡方程成立的情况下，就可以在电热化学炮内弹道中应用势平衡理论。

11.2.4　电热炮技术特点

电热炮具有能够实现温度补偿、点火延时一致性好、可实现性好、兼容常规弹药等特点。

1. 实现温度补偿

常规火炮发射时初速与发射药的温度密切相关，亦即温度敏感性高，而电热炮由于采用等离子体点火技术，降低了温度敏感性，实现了对温度变化的补

偿，从而能大幅度提高火炮性能。

2. 点火延时一致性好

常规火炮击发后，发射药的点火延时时间一般大于 20ms，一致性差，分布较为分散，造成初速的不稳定，影响射击精度。电热化学炮采用等离子体点火技术点火延时时间小于 2ms，而且一致性很好，可以提高初速的均匀性和射击精度。

3. 可实现性好

电热化学炮对脉冲电源储能、储能密度、释放功率等技术要求较低，易于实现系统集成，因而可实现性好。

4. 兼容常规弹药

电热化学炮可方便实现常规弹药的发射，还可通过对常规火炮的改装实现兼容发射，提高火炮的性能，具有良好的兼容性。

11.2.5　电热化学炮的应用

电热化学炮主要应用领域包括舰载电热化学炮、全电坦克等。

1. 舰载电热化学炮

舰艇是电热化学炮的理想应用平台。舰载电热化学炮具有满足水面火力支援、舰艇自身防御和可能的战区导弹防御任务要求的潜力[23]。当用于一部多层舰载防御系统时，电热化学炮系统的技术优点是可以弥补水面火力支援、防空、反舰和反导等方面的性能不足。

美国海军水面战争中心的工程技术研究进一步证实电热化学炮装舰的可行性。科研人员给出了舰载单 127mm 电热炮和双 60mm 电热炮的设计。动力系统结构利用主推进装备传动系的动力提取装置，以提供必要的原动力，得出各火炮系统预定的任务剖面和总的原动力要求。原动力从舰艇推进系统中提取、动力转换、调核和控制技术、舰艇上的动力传动、脉冲形成和能量存储要求、系统接地和安全性以及热管理问题[24]。

把单 127mm 电热炮和双 60mm 电热炮装备到战舰（DDG-51）上还存在许多工程上的复杂问题和风险。利用主推进传动系统中的一个动力输出装置提供必要的原动力，如图 11-5 所示。

美国造船工程师学会提出的一种高压、高频率交流发动机直接由用于舰艇推进的主减速齿轮驱动。该发电机的输出整流成 15kV 直流电，然后通过同轴电缆从机械舱传输到基于电容器的脉冲形成网络的顶层位置。这条传输线只在脉冲形成网络充电时通电，脉冲形成网络位于火炮附近的位置以最小化脉冲传输距离。舰载电热炮主要性能参数，见表 11-1。

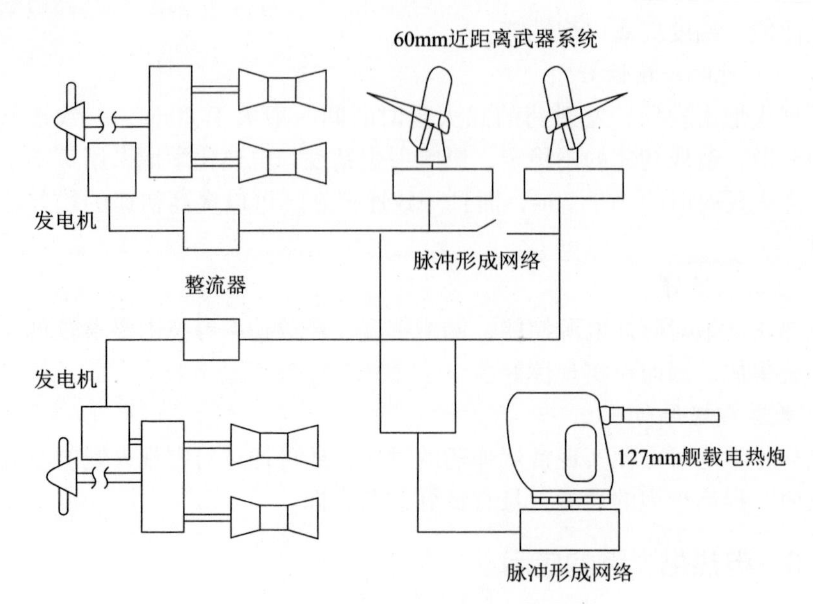

图 11-5 舰载电热炮系统结构图

表 11-1 舰载电热炮性能参数

参数	60mm ETC 炮（近距离武器系统）	127mm 电热化学炮（水面火力支援）	127mm 电热化学炮（防空）
炮口动能/MJ	2	25	25
重复频率/Hz	4	0. 33	0. 67
发/点射	10	5	5
炮尾动能/MJ	0. 2	2. 5	2. 5
峰值功率/MW	3. 3	3. 5	7
平均功率/MW	1. 7	1. 8	3. 5

2. 全电坦克

由于电热化学炮是从化学能炮到电能炮的过渡产物，既可以利用化学能火炮的技术，又比电磁炮的电源简单，因此电热化学炮仍被看作是未来坦克炮主要方案。设想的全电坦克[25-28]，如图 11-6 所示。台架试验电热炮，如图 11-7 所示。

美国陆军先在 30mm 和 60mm 的缩尺寸坦克炮上进行了电热化学发射试验，后来又扩大到 120mm 火炮上。

美国陆军研究实验室的研究目标是利用低于 1MJ 的能量，把 120mm 坦克炮的炮口动能提高 40%。德国 TZN 公司的目标也是把 120mm 的坦克炮的炮口动能提高 40%，预期炮口初速 2100m/s。虽然 120mm 电热化学坦克炮发射弹丸指标无法与 140mm 坦克炮相比，但 140mm 坦克炮的弹丸体积和质量较大，致使随车携行的弹丸发数较少。

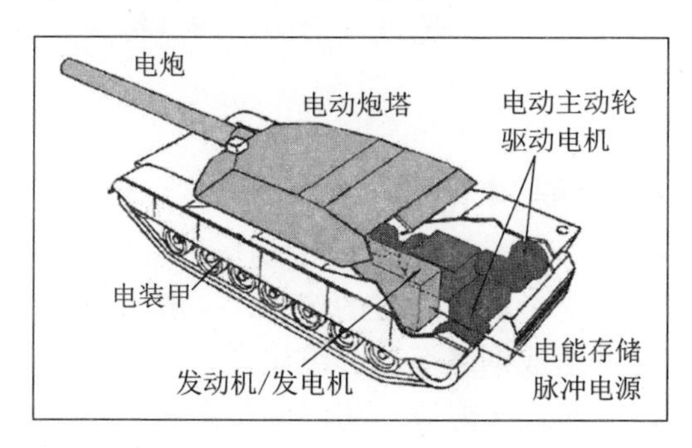

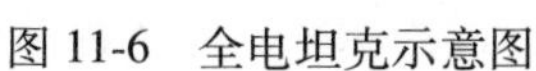
图 11-6　全电坦克示意图

图 11-7　台架试验电热炮

3. 大口径火炮

在等离子体增强燃烧的作用下，固体火药的燃速有较大幅度的提高。试验表明，等离子体垂直作用于燃烧表面时，火药燃速提高了 2 倍以上，而当等离子体射流平行于火药燃烧面时，火药的燃烧速率增加了 20%~40%，这就是发射药的等离子体点火燃烧增强效应[29-30]。

在保持火炮、弹丸及最大膛压不变的情况下，要提高炮口速度，可以选择在火炮最大压力点后再施加一次电能，高温等离子体再次作用于火药粒子，使其燃速有较大幅度的提高，那么在最大压力点后就会形成一个二次压力峰，这样能够增大火炮的示压效率，有利于提高炮口速度[31-33]。

在大口径高膛压火炮最大压力点后的 3 个不同时刻加载电能增加发射药燃速内弹道模拟，燃烧增强后 p-t、p-l 曲线，如图 11-8 所示。计算结果表明，在最大压力点后施加电能增强发射药的燃烧性能，使火药燃速增加 1 倍，在最大压力不超标的前提下，初速最大可提高 2. 6%。

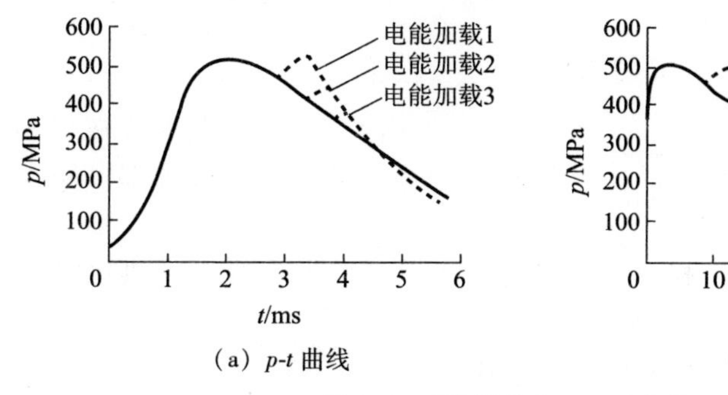

图 11-8　燃烧增强后 p-t、p-l 曲线

目前，等离子体点火技术能够小幅提高炮口初速。电热化学发射技术应用在大口径火炮上，其优势主要体现在等离子体点火上。等离子体点火良好的热物理特性使电热化学炮在火炮弹道一致性及射击精度、弹道性能补偿方面有着常规火炮无法比拟的优势，并在未来的新型高能高密度发射装药的点传火上起到常规点火不能替代的作用。

11.3　高功率脉冲电源

高功率脉冲电源是电热炮发射技术中一个非常关键的部分，一般由初始能源、功率调整系统、能量存储单元和脉冲形成网络等部分组成[34-37]。

初始能源可以是化学能、电能或其他形式的能源。功率调整系统是用来将初始功率转换成能量存储单元要求的具有特定形式的功率。能量存储单元在一定时间内存储能量，然后很快将能量释放到脉冲形成回路，脉冲宽度一般在微秒到毫秒级。脉冲形成网络将脉冲整形，并使其达到一定幅值之后输送给负载。

利用脉冲形成网络输出功率的可控性及等离子体射流的高温、高压特性，能更好地实现发射药点火的全面、一致性，通过等离子体的内弹道后期注入，可有效地形成膛内压力的平台效应，弹道性能可提高25%。因此必须将脉冲形成网络输出的电流脉冲波形与等离子体负载的需求相配合，以提高电热化学发射装置的发射效能[38]。

要使电热化学发射技术进入武器装备化使用阶段，高功率脉冲电源必然要求高度可靠性、易控性、易维护性、高储能密度，并且具有紧凑性、可移动性。为了达到这一目的，就需要对用于电热化学发射装置的脉冲电源系统进行从整体结构到器件单元以及系统中各种参数影响规律的研究，并为系统设计和实现过程中出现的技术问题提供解决途径。

考虑到电热炮、电磁炮、激光炮、微波炮都是基于高功率脉冲电源的电能武器，为便于讨论，本节集中论述高功率脉冲电源。

11.3.1　脉冲电源原理及分类

脉冲电源最早始于20世纪，随着电容器放电产生X射线而出现。目前脉冲电源应用范围非常广泛，如用于闪光X射线照相、高功率激光、大功率微波、电磁脉冲、电磁炮、粒子束武器和电磁成形等离子体物理与受控核聚变研究、核爆炸模拟等方面。

脉冲电源主要由初级能源、转换系统、中间储能和脉冲形成系统等部分组成，如图11-9所示。

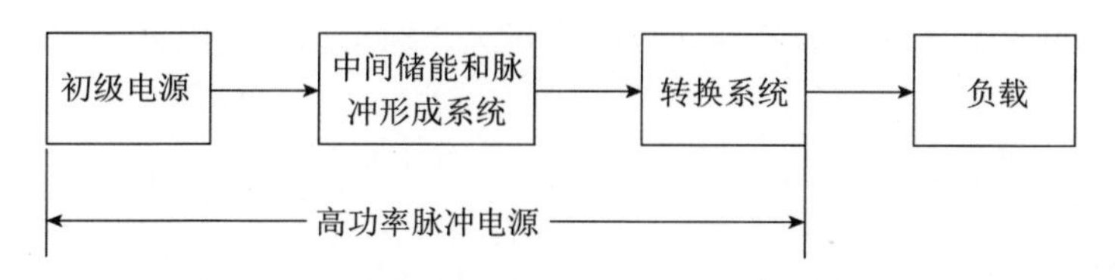

图 11-9　高功率脉冲电源组成框图

脉冲功率的形成过程是：首先经过慢储能，使初级能源具有足够的能量；其次，向中间储能和脉冲形成系统注入能量；再次，能量经过储存、压缩、形成脉冲或转化等复杂过程；最后快速释放给负载。

（1）初级能源为小功率的能量输入设备，如电容器的充电机、电感线圈的励磁电源、飞轮电机的拖动电机，其能源来自电网或储能电池。

（2）中间储能设备有：以电容器和 Marx 发生器为例的电场储能；以常温或超导电感线圈为例的磁场储能；以各类具有转动惯量的脉冲发电机为主的机械储能；以蓄电池、磁流体发电机、爆炸磁通压缩发生器为代表的化学储能；以及以核能磁流体发电机为例的核能初级能源等。

（3）能量转换与释放系统主要包括各种大容量闭合开关和断路开关及各种波形调节设备。

四种常用脉冲电源储能方式性能比较，见表 11-2。由于电容器在工业上得到了广泛应用，并且利用闭合开关可以对脉冲波形进行相对灵活的控制，因此通常首选电容器组作为储能元件。

表 11-2　常用储能方式性能比较

储能方式	储能密度/(J/cm^3)	储能水平/J	脉冲功率/W	脉冲宽度/s	能量传输效率/%	能量转化效率/%
电容	0.3~2	$10^7 \sim 10^8$	$10^{10} \sim 10^{14}$	$10^{-8} \sim 10^{-1}$	50~80	15~25
常规电感	3~20	$10^8 \sim 10^{10}$	$10^9 \sim 10^{10}$	$10^{-4} \sim 1$	25~60	10~20
超导电感	50~100	$10^9 \sim 10^{14}$	10^{11}	$10^{-3} \sim 10^{-2}$	20~70	20~30
机械能	20~80	$10^9 \sim 10^{11}$	$10^8 \sim 10^{10}$	$10^{-3} \sim 1$	20~60	5~15

11.3.2　电能武器对脉冲电源的要求

电热炮等电能武器不同于其他的脉冲功率设备，对脉冲电源有以下几点特殊要求。

1. 电流

电能武器要求电源输出的电流幅值极高。例如，电热炮要求电流峰值达到几十千安，电磁炮要求电流峰值达到兆安量级，通常这样的电流需持续几毫秒。

2. 电压

电能武器普遍是低阻抗负载，要求电压通常在 1~10kV 量级。

3. 加速时间

一般来说，电能武器的加速时间与脉冲电源的电流持续时间有关。电热炮、电磁炮要用一定时间克服弹丸的惯性并加速，所需的电脉冲宽度比一般脉冲功率设备所需的长一些，它一般要求毫秒级的脉冲宽度；而激光炮、微波炮常要求 10~100ns 的脉冲宽度。

4. 功率

电能武器瞬时用电功率巨大，峰值功率可达吉瓦级。

5. 能量

视不同应用场合，电源储能范围应在 0.5~200MJ。例如，炮口动能为 9MJ 的电磁轨道炮，若发射效率为 30%，则电源储能至少为 30MJ。

6. 小型化

电能武器普遍要求电源体积和质量尽可能小。例如，陆基和机载用轨道炮、电热炮、激光炮和微波炮，都特别要求发射器及其电源体积小、质量轻，适用于机动作战。即使是舰载或固定防御乃至实验室用的电能武器，也不能过分笨重、庞大。

7. 储能密度

脉冲电源的储能密度涉及电源的体积、质量和机动程度，已成为电源性能、水平的重要指标。现在普遍把脉冲电源的储能密度或功率密度作为衡量电源的工艺质量和进展水平的重要标志。主要脉冲电源储能密度和功率密度现在和远期技术指标，见表 11-3。

表 11-3　主要脉冲电源现在和远期的能量、功率指标

电源或关键部件		释放能量密度/(kJ/kg)		峰值功率密度/(kW/kg)	
		现在	远期	现在	远期
常规交流发电机				20	40
锂-金属硫化物蓄电池		440	440	150	400
飞轮圆盘交流发电机		17	27.5	1750	3700
电容器（含双电层电容）		3~7	10~30	9000	9000
补偿脉冲交流发电机		7~10	25	5000	16000
单极发电机-电感器		6	8	1300	1800
电感器	短时间常数（<0.1s）	50	100		
	长时间常数（>1s）	10	20		

8. 放电频率

电能武器脉冲电源必须具备不低于常规火炮射频的放电频率。完整的脉冲电源系统将由若干部件组成，针对不同使用环境和使用目的，可组成各种各样的电源系统，如图 11-10 所示。

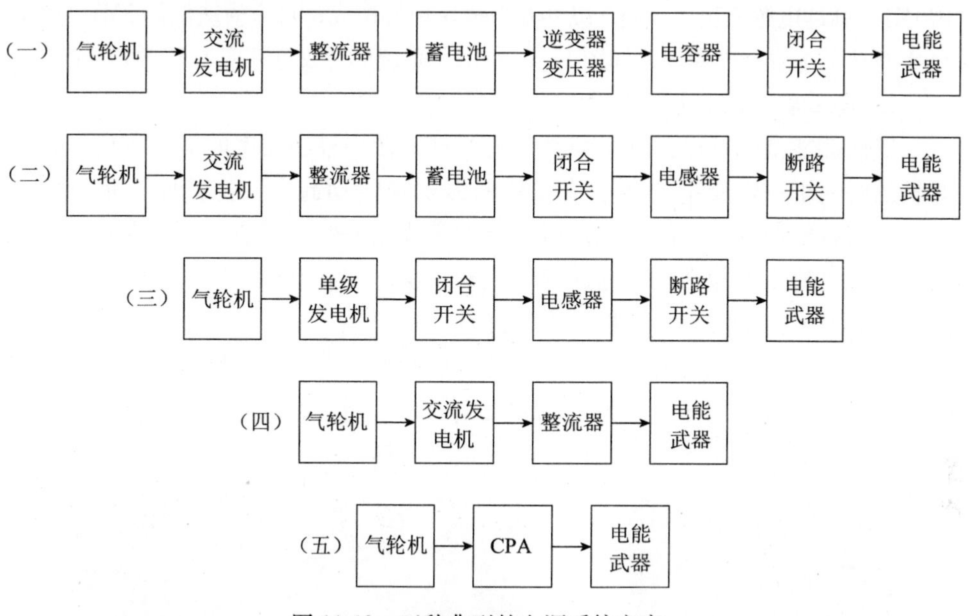

图 11-10　五种典型的电源系统方案

决定脉冲电源系统体积质量的另一个判据，是电源系统中的中间储能器的储能密度。中间储能器位于初级电源和储能设备之间。两个有希望的中间储能器是高速旋转的复合材料飞轮和高能密度的蓄电池。

由复合材料制成的高强度飞轮与旋转机结合，能直接与脉冲发电机或连续工作的交流发电机的转子连接起来，利用其飞轮的惯性储能，连续工作的发电机常用于给电容器充电。

蓄电池可用于给电容器或旋转电机充电，虽然具有良好的储能密度，但是其功率密度较低。分析表明，在蓄电池组给电容器组充电的系统中，对于合理的发射频率，其功率密度不是限制因素；但对于蓄电池给电感器充电的系统，功率密度将成为一个限制因素。

11.3.3　典型脉冲电源

1. 电容储能型脉冲电源

电容储能型脉冲电源是电能武器试验用的理想电源，电容器组的高电压使它能在很短的时间内释放能量，而且电容器制造工艺成熟。在电容储能型脉冲电源中，电容是电源的储能元件，能量以电能的形式储存。在发射之前，通过高压直流电源给储能电容充满电，为发射任务提供所需能量。

美国达尔格伦海军水面作战武器中心装备的电容型脉冲电源储能规模超过100MJ，脉冲电源模块由2横3纵共6个模块单元构成，每个模块储能3MJ，由12台0.25kJ的电容并联而成，如图11-11所示，系统运行放电频率为10次/min。

2. 惯性储能型脉冲电源

惯性储能型脉冲电源基于惯性储能原理，使用较小功率的拖动机构，以相对长的时间把一定质量的转子或飞轮慢慢加速转动起来，使其储存足够的动能，然后以脉冲发电机的形式把机械能转变成电磁能。目前，高功率脉冲电源用脉冲发电机主要包括同步脉冲发电机和补偿脉冲发电机。惯性储能型脉冲电源系统具有储能密度高、结构紧凑等优点[39]。

美国陆军为电磁轨道炮研发的铁芯补偿脉冲发电机，是世界上第一台直接用于驱动电磁轨道炮的铁芯补偿脉冲发电。1987年，完成该样机的放电实验，首次验证了铁芯补偿脉冲发电机作为轨道炮电源的可行性，如图11-12所示。

图11-11　电容储能型脉冲电源

图11-12　快速发射轨道炮用铁芯补偿脉冲发电机

3. 爆炸磁通压缩发生器

爆炸磁通压缩发生器是基于磁通压缩技术工作的，只有采用爆炸磁通压缩的方法，才能在短时间内产生500T以上强磁场，并感应出足够大的脉冲电能。磁通压缩的基本原理是利用磁流体力学中的磁场冻结效应，即在良导体回路内的磁通量是守恒的。如果励磁线圈内初始产生了磁通，当外力将线圈面积压缩，其物理意义是减小了回路电感，而磁通不变，势必将导致电流增大，达到功率放大的目的。

4. 基于超导技术的脉冲电源

超导电感具有更大的储能密度，且损耗小、能够较长时间储能，在高功率脉冲电源中展现出良好的应用前景。而且随着高温超导材料及生产技术的发展，超导电感的单位体积储能密度会越来越高，符合脉冲功率装置小型化和轻量化的要求。断路开关问题是超导电感储能在脉冲功率技术中面临的主要问题。

11.4　发展历程

目前，美国、德国、以色列、英国、法国、俄罗斯、日本、瑞典等国家都在开展电热炮研究，直接从事电热炮研发机构有数十个，涉及脉冲功率电源、脉冲形成网络、等离子体点火等支撑技术的研究机构则更多[40-41]。其中美国已经完成系统集成试验，接近实用要求。

11.4.1　美国电热炮的发展

美国是最先开展电热炮研究的国家。

1980—1990 年，美国进行了一系列试验，以期能把电热化学炮装备到美国 M1 坦克上。通用公司和食品机械公司分别把 120mm 口径的 M256 制式坦克炮改装成电热化学炮进行了试验，但试验没有达到预期目的。

1991 年，美国陆军与食品机械公司签订了《电增强因素改进项目》的研究合同，资助食品机械公司从事电热化学发射技术研究。

1996 年，完成 120mm 火炮精确定时点火技术提高精度及命中概率演示，可重复性良好。

1997 年，完成 120mm 弹丸全天候温度最大补偿效能试验，可重复性良好。

1998 年，用 120mm 加农炮试验新型发射药，验证了 120mm 加农炮达到 140mm 加农炮性能的可行性；在保证精度的前提下，电热化学炮发射长杆状穿甲弹，初速达 3000m/s。

1999 年，在 120mm 加农炮上演示新研发射药的可重复性。

2000 年，完成 120mm 炮弹的温度补偿试验。

2001 年，在 35mm 电热炮上演示炮口能量增加 30% 的试验，可重复性良好。在装备研发与工程中心的加农炮上成功演示电热化学炮技术。

2002 年，采用研发的极低温度敏感度的发射药，完成美－德电热化学炮试验项目。演示多任务武器与弹药系统中 105mm 加农炮远程侦查弹的电热化学炮发射。

2004 年，在加利福尼亚罗伯茨靶场进行 120mm 电热化学炮系统战车集成发射试验，可兼容发射常规炮弹，如图 11-13 所示，脉冲电源模块如图 11-14

所示。试验共发射炮弹 25 发，其中“电热弹”12 发，常规弹 13 发，射速 12 发/min。验证了脉冲电源、电热弹丸、电热等离子体点火及系统集成等关键技术，为电热化学炮下一阶段的装备和应用提供了支撑[42]。

图 11-13 美国 120mm 电热化学炮

图 11-14 美国 120mm 电热化学炮用脉冲电源模块

11.4.2 德国电热炮的发展

德国是欧洲电热炮研究最积极、成果最多的国家，与美国、法国、瑞典等国家合作开展电热炮研究，主要由莱因金属公司承担。

1986 年，德国开始电热化学炮的研究。

1991 年，德国与法国联合开展电热化学炮研究。

1995 年，德国研制的 105mm 电热炮试验把 2kg 的弹丸加速到 2400m/s。

德国进行了数百次电热化学炮发射试验研究，口径有 70mm、90mm 和 120mm，希望将初速提高 15%，炮口动能提高 30%。

在 70mm 电热炮上，对高能发射药以及“喷射点火”与“沟道点火”两种点火技术进行了比较研究。近期主要研究高能量密度发射药、高能量注入密度充电装置、单发等离子体点火药筒技术、单发发射技术、单发脉冲电源技术等系统集成演示关键技术。

德国电热炮技术参数见表 11-4，系统集成示意图及试验研究装置如图 11-15 所示。

表 11-4 德国电热炮技术参数

参数	数值	参数	数值
口径/mm	70	弹丸质量/kg	2.5
内弹道长/mm	5190	电源储能/kJ	200
药室容积/mL	2851	电容量/mF	2.18
最大膛压/MPa	450	电感量/μH	16.3

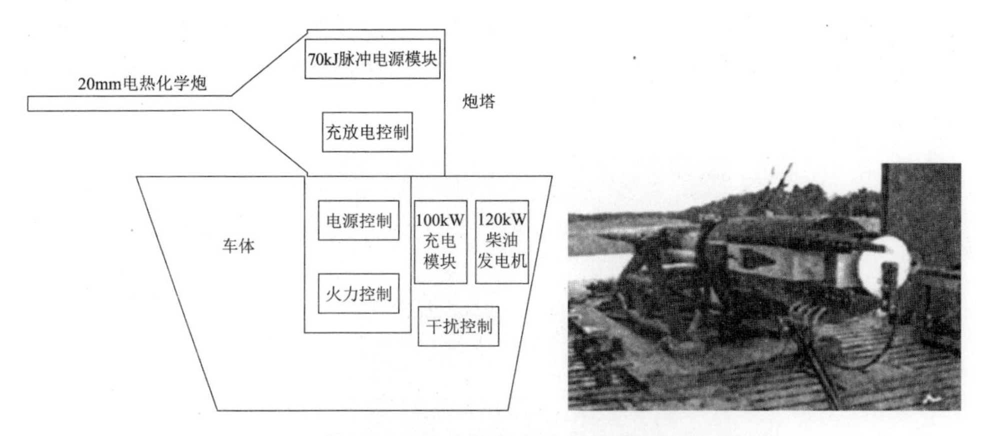

图 11-15　德国电热炮系统集成示意图及试验研究装置

11.4.3　以色列电热炮的发展

以色列多年来一直坚持电热化学炮研究，特别是以色列索伦克核研究中心。

1986 年，以色列索伦克核研究中心开始电热化学炮研究。

1993 年，完成 60mm 口径电热化学炮实验室发射试验，成功完成 105mm 固体发射药电热化学炮野外射击试验。

以色列主要研究成果有：

（1）25mm 电热炮，脉冲电源储能 750kJ，脉冲宽度 1.5ms；弹丸重 136g，炮口动能提高 20%～30%。

（2）40mm 口径固体发射药电热化学炮：试验验证电能对炮口动能的贡献为 14%；再经适当改进，可使炮口动能增加 30%。

（3）采用等离子体点火技术，在不超过常规火炮最大膛压和改装量小的条件下，提高火炮性能，补偿常规发射药的温度梯度效应，提高初速一致性，提高炮口动能等，并用 105mm 火炮进行试验验证。

11.4.4　法国电热炮的发展

法国国防部门认为将电热炮集成于配备混合动力的坦克或莱克勒克战车是可行的。因此法国国防部门研究将 120mm 电热化学炮集成于主战坦克的关键技术，主要是储能密度、充放电的可重复性及可靠性、安全性、电磁兼容性等电源技术。

11.4.5　英国电热炮的发展

英国国防部主要研究点火及燃烧控制技术，其目的是深入研究能量转换过程，降低军事应用时对所需电能总量的要求。研究认为在点火过程中采用纯碳作电极比铜好，能提高能量转换效率。其155mm药室模拟试验装置，如图11-16所示。

图11-16　英国电热化学炮发射试验

英国还提出“智能炮”（smart gun）概念，在电热化学炮发射过程中，对弹丸在膛内的运动和速度进行监测，并预测其出口速度；根据需要，采用二次电热点火技术补偿弹丸初速的负偏移量，以保持初速的一致性，从而达到提高精度的目的。并在35mm和155mm电热炮进行了试验。

11.4.6　俄罗斯电热炮的发展

俄罗斯在35mm口径电热化学炮上研究低电压能量存储技术，采用多相乳化发射药，降低电源系统对高电压储能的要求，使得电源储能电压从数千伏降低到数百伏。

11.4.7　日本电热炮的发展

日本利用电热点火技术建造两级轻气炮，将原来20~30ms的点火延时抖动时间降低到200μs以内，从而使2台对射轻气炮的相对速度达到10000m/s，用于研究外太空粒子的超高速碰撞效应。

11.4.8　韩国电热炮的发展

在ADEX 2019展览会上，韩国首度公开亮相了代号“高丽天蝎”的下一代主战坦克模型，如图11-17所示。该坦克采用了隐形化设计，车体、炮塔都有棱有角，炮管也被带棱角的材料包裹，为了减少雷达反射，坦克车体和炮塔十分光滑。该坦克属于30~40t级中型坦克，最大特点是装备了一门130mm主炮。这是一种全新口径的电热化学炮，既可以使用专门的电热化学炮弹，也可以使用普通炮弹。

图 11-17　韩国装备电热炮的“高丽天蝎”坦克

11.5　电热炮发展趋势

1. 电源小型化

从实际应用出发，为满足系统集成的要求，电热炮所需要的脉冲电源朝着高密度、小型化、高可靠的方向发展。在中大口径电热化学炮中主要起点火作用的电源，储能约 100~200kJ，充放电一体，满足 10 发/min 以上的要求，使用寿命 1000 发以上。

2. 新型点火技术

研发新型发射药、新型电极材料及形式，研究等离子体点火的机理及过程，试验不同的点火方式，通过对点火时间的精确控制和温度效应的补偿，提高电热炮的性能。

3. 系统集成技术

随着电热发射关键技术的突破和逐渐成熟，电热炮研究开始向系统级技术转移。系统集成技术以及未来实战条件下的系统性能，如实用性、可靠性、适配性、安全性以及电磁兼容性等，是电热炮下一步研究的重点。

参考文献

[1] 海天. 未来海战的杀手锏——新概念武器之电炮、火炮武器 [J]. 舰载武器，2005(10)：71-78.

[2] 李鸿志. 传统火炮的新生——浅谈电发射技术 [J]. 现代军事，2003(10)：12-14.

[3] 向阳，古刚，张建革. 国外电热化学炮研究现状及发展趋势 [J]. 舰船科学技术，2007(S1)：159-162.

[4] 陈林. 电热化学炮发射技术 [A]. 中国工程物理研究院科技年报 (1998) [C]. 中国

工程物理研究院科技年报编辑部，1998：2.
[5] 屈爱国，孙国基. 60mm 电热化学炮技术演示器的研制和试验 [J]. 舰载武器，1997(03)：20-26.
[6] 方叶林. 脉冲放电等离子体电磁特性的初步研究 [D]. 南京：南京理工大学，2008.
[7] 李军，邓启斌，桂应春. 等离子体点火技术研究动态 [J]. 火炮发射与控制学报，2002(03)：48-51.
[8] 李海元. 固体发射药燃速的等离子体增强机理及多维多相流数值模拟研究 [D]. 南京：南京理工大学，2006.
[9] 陈心中，徐润君，赵志珩. 发展中的军用等离子体技术 [J]. 物理与工程，2002(04)：37-42.
[10] 孟绍良. 电热化学炮用脉冲电源及等离子体发生器电特性的研究 [D]. 南京：南京理工大学，2006.
[11] 王争论. 中心电弧等离子体发生器及其在电热化学炮中的应用研究 [D]. 南京：南京理工大学，2006.
[12] 倪琰杰. 电热化学炮电增强燃烧理论及实验研究 [D]. 南京：南京理工大学，2018.
[13] 欧阳立新. 电热化学发射技术的应用前景 [J]. 弹道学报，1995(02)：92-96.
[14] 张亮亮，李海元. 火炮内弹道出口速度优化控制仿真研究 [J]. 计算机仿真，2019，36(01)：14-18.
[15] 李志飞. 等离子体增强作用的内弹道过程数值模拟 [D]. 南京：南京理工大学，2008.
[16] 朱艳明. 电热化学炮内弹道过程无网格法数值模拟 [D]. 南京：南京理工大学，2012.
[17] 李海元，栗保明，李鸿志，等. 固体工质电热化学炮内弹道二维模型研究 [J]. 弹箭与制导学报，2003(S4)：141-143，146.
[18] 张玉成，严文荣，张江波，等. 用于电热化学炮的放电毛细管烧蚀模型研究 [J]. 火炸药学报，2013，36(04)：57-60.
[19] 林庆华，栗保明. 电热化学炮内弹道过程的势平衡分析 [J]. 兵工学报，2008(04)：487-490.
[20] 李兵，张明安，狄加伟，等. 电热化学炮内弹道参数敏感性研究 [J]. 电气技术，2010(S1)：50-53.
[21] 谢玉树，陶其恒，袁亚雄. 电热化学轻气炮及其内弹道模型 [J]. 南京理工大学学报，1999(06)：510-513.
[22] 马秋生，李海元，管军，等. 电热化学炮等离子体增强作用数值模拟 [J]. 兵器装备工程学报，2018，39(12)：93-96，141.
[23] 倪琰杰，程年恺，金涌，等. 舰载电热化学炮系统的设计依据 [J]. 舰载武器，1997(02)：25-31.
[24] 曹永恒. 从新概念高能武器上舰谈发展全电力战舰的必要性 [J]. 船舶，2008(04)：

5-7，15.
［25］臧克茂．陆战平台全电化技术研究综述［J］．装甲兵工程学院学报，2011，25(01)：1-7.
［26］曹延杰，孙艺军，王莹．电磁炮和电热化学炮——未来坦克作战的利器［J］．现代兵器，2001(03)：29-31.
［27］曹延杰，庄国臣，王莹．用于未来主战坦克的电热化学炮［J］．现代军事，2000(07)：52-53.
［28］杨艺，华菊仙，李军．炮兵新贵跨进现实——电热化学炮与战车集成［J］．现代兵器，2006(11)：18-19.
［29］狄加伟，杨敏涛，张明安，等．电热化学发射技术在大口径火炮上的应用前景［J］．火炮发射与控制学报，2010(02)：24-27.
［30］张明安．电热化学炮技术在主动防护技术上的应用［A］．中国电工技术学会．2011中国电工技术学会学术年会论文集［C］．中国电工技术学会：中国电工技术学会，2011：4.
［31］李海元，栗保明．30mm 电热化学炮膛内压力波数值模拟研究［J］．兵工学报，2016，37(09)：1578-1584.
［32］石垒．电热化学炮膛压测试技术研究［D］．太原：中北大学，2012.
［33］张瑜，张红艳，裴东兴，等．基于数字光纤传输的电热炮膛压测试技术［J］．火炮发射与控制学报，2012(01)：80-83.
［34］欧阳立新，韩玉启．基于 AHP 的电热化学炮技术指标分析［J］．火炮发射与控制学报，2007(04)：13-16.
［35］李贞晓．电热化学炮用电容型高功率脉冲电源被动保护方法的初步研究［D］．南京：南京理工大学，2007.
［36］董健年，石晓晶．电热化学炮弹道参数测试技术研究［J］．弹道学报，2003(04)：74-77.
［37］袁伟群，栗保明，顾金良．电热化学炮 VXI 测控系统集成技术研究［J］．兵工学报，2003(02)：238-241.
［38］刘克富，潘垣．用于 ETCG 脉冲电源的 CPA 波形调节策略［J］．华中理工大学学报，2000(06)：9-11，14.
［39］刘克富，潘垣，李劲松，等．补偿脉冲发电机为主体电源的电热化学炮系统模拟和试验［J］．电工技术学报，2000(02)：24-28.
［40］田福庆，周胜，牟晴，等．电热化学炮的新进展［J］．火炮发射与控制学报，2002(01)：23.
［41］孙江生，曹延杰，王莹．电热化学炮技术的动态研究［J］．华北工学院学报，2000(02)：148-151.
［42］程代模．美国电热化学炮技术成就的综述与分析［J］．弹箭技术，1995(01)：1-10.

第 12 章　电磁炮

电磁炮发射技术是利用电磁能将物体推进到高速或超高速的发射技术。它通过将电磁能变换为发射载荷所需的瞬时动能，可在短距离内实现将克级至几十吨级负载加速至高速，可突破传统发射方式的速度和能量极限，应用领域非常广泛[1-8]。

根据工作原理不同，电磁炮可分为电磁轨道炮、电磁线圈炮、电磁弹射和电磁装甲。

12.1　电磁轨道炮

电磁轨道炮采用电磁能推动电枢高速运动，具有初速高、射程远、发射弹丸质量范围大、隐蔽性好、安全性高、适合全电战争、结构不拘一格、受控性好、工作稳定、性能优良、效费比高、反应快的特点，被美军评为五种可以改变战争的“未来武器”之一（其余四种“未来武器”是“超级隐形”或“量子隐形”材料、太空武器、高超声速巡航导弹、“有感知能力”的无人驾驶载具）。

电磁轨道炮由两条平行连接着大电流的固定轨道和一个与轨道保持良好电接触、能够沿着轨道轴线方向滑动的电枢组成，如图 12-1 所示。当接通电源时，电流沿着一条轨道流经电枢，再由另一条轨道流回，从而构成闭合回路。当大电流流经两平行轨道时，在两轨道之间产生强磁场，这个磁场与流经电枢的电流相互作用，产生电磁力，推动电枢和置于电枢前面的弹丸沿着轨道加速运动，从而获得高速度。发射过程中，两轨道间存在巨大的电磁扩张力[9-10]。

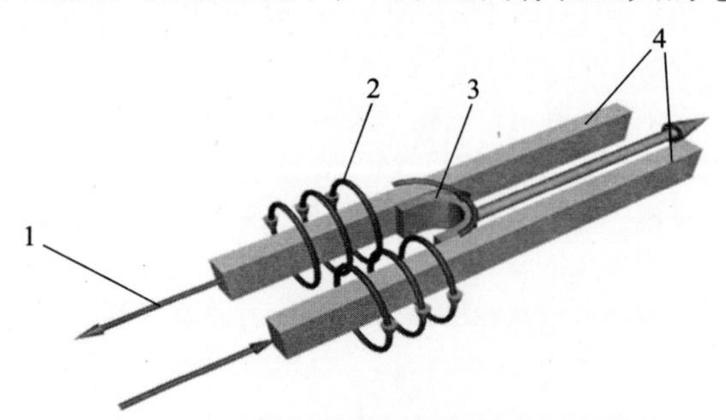

1—电流；2—磁力线；3—弹丸；4—轨道。

图 12-1　轨道炮原理图

由电磁定律可知，电枢受力 F_a 为

$$F_a = BlI \tag{12-1}$$

式中：B 为磁感应强度；l 为导体的长度；I 为通过电枢的电流。

假设 V 为电源电动势，dx 为电枢位移，I 为流入轨道炮的电流（假定电流 I 为常量，不随时间和距离变化），dt 为经历时间，L'为电感梯度，表示单位长度轨道的电感值，dL 为轨道的电感增量，也可表示为 L'dx。

电枢受力 F_a 所做的机械功 W_m 为

$$W_m = F_a \mathrm{d}x \tag{12-2}$$

轨道炮的感应磁能增量 W_i 为

$$W_i = \mathrm{d}LI^2/2 = L'\mathrm{d}xI^2/2 \tag{12-3}$$

根据法拉第定律，电路中所需的电压等于电路磁通量 Φ 的变化率，即

$$V = \mathrm{d}\Phi/\mathrm{d}t \tag{12-4}$$

$$V = \mathrm{d}(LI)/\mathrm{d}t = L'\mathrm{d}xI/\mathrm{d}t = L'Iv \tag{12-5}$$

传递给电路的功 W_g 为

$$W_g = VI\mathrm{d}t = L'I^2v\mathrm{d}t = L'I^2\mathrm{d}x \tag{12-6}$$

根据能量守恒定律，有

$$W_g = W_m + W_i \tag{12-7}$$

联立各式得到轨道炮作用力 F_a 为

$$F_a = L'I^2/2 \tag{12-8}$$

由式（12-8）可知，电枢所受前向推力仅与轨道炮电感梯度和通过电枢电流的平方成正比，式（12-8）也称为电磁轨道炮作用力定律。

12.2　电磁线圈炮

电磁线圈炮是指用序列脉冲或交变电流产生变化的磁场驱动带有线圈或磁性材料弹丸的发射装置。它利用驱动线圈和被加速物体之间的磁耦合机制工作，本质上是一台直线电动机[11-13]，早期称为“同轴发射器”、“质量驱动器”或“行波加速器”。

电磁线圈炮具有弹丸和炮管无机械接触、力学结构合理、效率高、适于发射大质量载荷等优点。

线圈炮由若干个驱动线圈和一个或多个弹丸线圈组成。驱动线圈与电源连接，弹丸线圈绕在发射载荷之上，若驱动线圈和弹丸线圈中同时存在电流且方向相同，则两线圈间存在相互吸引的电磁力作用；若电流方向相反，则两线圈

存在相互排斥的电磁力作用。由于驱动线圈一般固定不动，所以弹丸线圈及发射载荷受电磁力作用而运动。线圈炮驱动线圈和弹丸线圈相对位置排列有两种形式：一种是轴线平行排列，弹丸线圈在驱动线圈上面平行运动，载荷较大时多采用此种方式，如磁悬浮发射、电磁弹射器等；第二种是轴线重合地同轴排列，这种方式多用于发射较小的弹丸，如多级感应线圈炮等。

同步感应线圈炮的工作原理类似于圆筒型直线异步感应电动机，定子线圈产生的磁场因施加的脉冲电流而发生变化时，抛体线圈产生感生电流，抛体线圈电流产生的磁场与定子线圈的磁场相互作用，产生轴向的力推动抛体前进，产生的径向力使弹丸悬浮。单级感应线圈炮的工作原理，如图 12-2 所示。

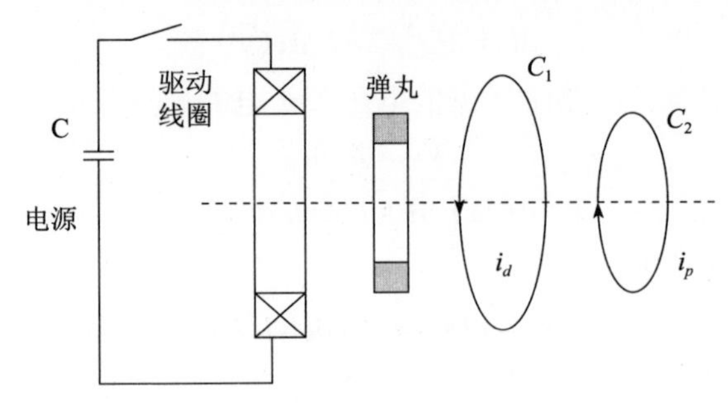

图 12-2　单级感应线圈炮工作原理

感应线圈炮的脉冲电源目前多选取具有高储能密度的电容器，通过放电开关控制向驱动线圈供电，驱动线圈产生圆环电流 C_1，变化的电流在炮管内产生变化的磁场，从而使金属弹丸产生了与驱动线圈同轴的环形电流 C_2，圆环电流 C_1 和 C_2 产生的磁场相互作用，从而推动弹丸前进。

多级感应线圈炮利用脉冲功率电源依次对多个串列的线圈进行放电，实现多级加速。多个线圈采用相同的内径，炮管采用非导磁材料。弹丸依次经过多级线圈的逐级加速，最终将弹丸加速到发射速度。

线圈炮的工作工程比较复杂，电、磁、机械联系比较紧密，影响的因素比较多，做如下简化：忽略弹丸与炮管之间的摩擦；忽略弹丸的空气阻力；忽略回路的固有电感；忽略线圈发热引起的结构变化等。

在上述简化条件下单级感应线圈炮的电路模型，如图 12-3 所示。

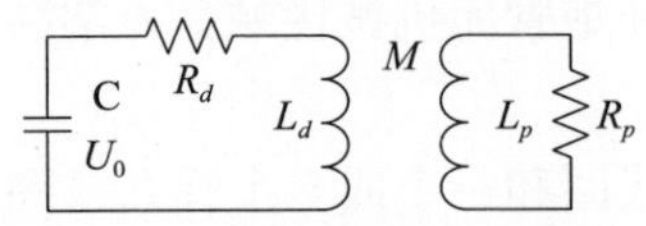

U_0—储能电容器 C 的初始电压；R_d—放电回路的总电阻；L_d—驱动线圈的电感；L_p—弹丸的总电感；R_p—弹丸的总电阻；M—驱动线圈和弹丸之间的互感，是两者相对位置的函数。

图 12-3　单级感应线圈炮电路模型

通过以下方程组将两个闭合回路联系起来：

$$u_d = i_d R_d + L_d \frac{\mathrm{d}i_d}{\mathrm{d}t} + M\frac{\mathrm{d}i_p}{\mathrm{d}t} + i_p \frac{\mathrm{d}M}{\mathrm{d}x} v_p$$
$$u_p = i_p R_p + L_p \frac{\mathrm{d}i_p}{\mathrm{d}t} + M\frac{\mathrm{d}i_d}{\mathrm{d}t} + i_d \frac{\mathrm{d}M}{\mathrm{d}x} v_p \tag{12-9}$$

由初始条件可得

$$\frac{\mathrm{d}u_d}{\mathrm{d}t} = \frac{i_d}{C}$$
$$u_p \big|_{t=0} = 0 \tag{12-10}$$
$$u_d \big|_{t=0} = U_0$$

运动方程为

$$m\frac{\mathrm{d}v_p}{\mathrm{d}t} = \frac{\mathrm{d}M}{\mathrm{d}x} i_d i_p \tag{12-11}$$

多级感应线圈炮利用多个脉冲电源对各级线圈同步放电和电枢内的磁通交变感应加速弹丸运动。电枢安装到初始位置，第 1 级驱动线圈放电，其磁场在电枢内变化，电枢感应产生电流，磁场与感应电流相互作用，推动电枢带动载荷前进；然后经第 2、3、4…级线圈逐级加速，直至经最后 1 级线圈加速，电枢达到额定初速出膛，如图 12-4 所示。

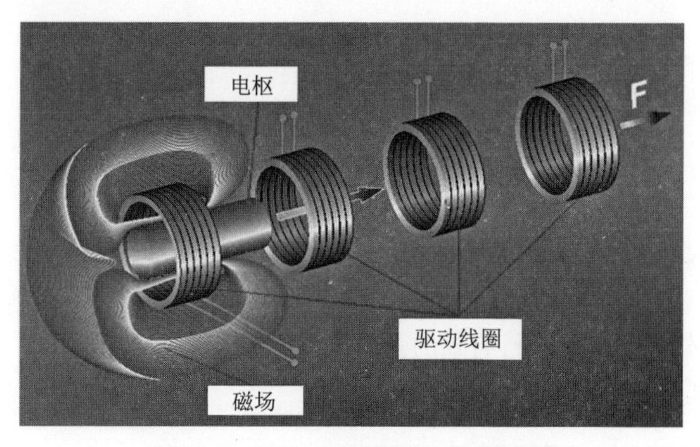

图 12-4　多级电磁线圈炮工作原理图

12.3　电磁重接炮

重接炮是一种特殊的感应线圈炮。重接炮与线圈炮的主要差别在于：一是驱动线圈的排列和极性与线圈炮不同；二是弹丸为实心的非铁磁材料的良导体；三是以“磁力线重接”原理工作。

重接式电磁发射的研究历史较短，技术还不成熟，系统涉及电磁学、热力学、材料学等很多学科，对系统设计、大功率电源、结构材料有很高的要求。尤其是多级发射系统的总体集成与控制技术，是获得高速发射、保证系统正常运转的关键。

重接式电磁发射的原理是通过电磁感应的作用，驱动线圈交变电流在其内部空间产生一个交变的磁场，位于驱动线圈内部的发射体在交变磁场作用下，产生感应电流，发射体内的涡流在驱动线圈内的磁场中受到电磁力作用，从而推动发射体前进。磁力线重接示意图如图 12-5 所示。

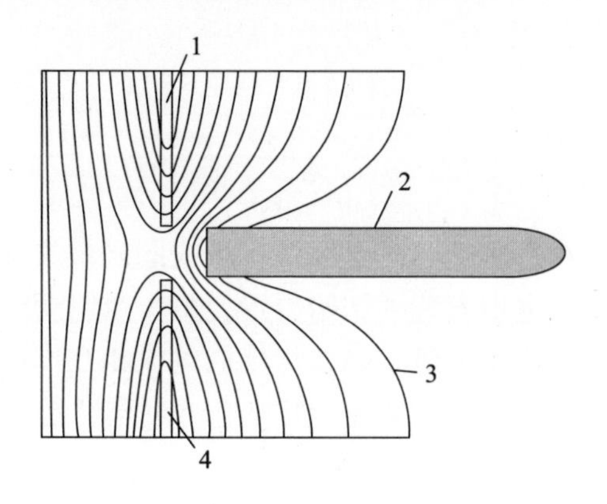

1、4—线圈；2—发射体；3—磁力线。

图 12-5　磁力线重接示意图

12.4　电磁弹射

电磁弹射技术是电磁发射技术在大质量、低速物体方面的重要应用，是对传统弹射技术的重大突破。电磁弹射对小到几百千克的模型，大到数十吨的导弹、航母舰载机都可以进行有效的弹射，弹射速度为 10~100m/s，在军事、民用领域具有广阔的应用前景[14-16]。

12.4.1　电磁弹射系统组成

广义电磁弹射系统由目标探测跟踪定位系统、武器控制系统、发射控制系统、电源系统、电磁弹射器组成，如图 12-6 所示。狭义电磁弹射系统仅包括发射控制系统、电源系统、电磁弹射器三部分，如图 12-6 中虚线所示。

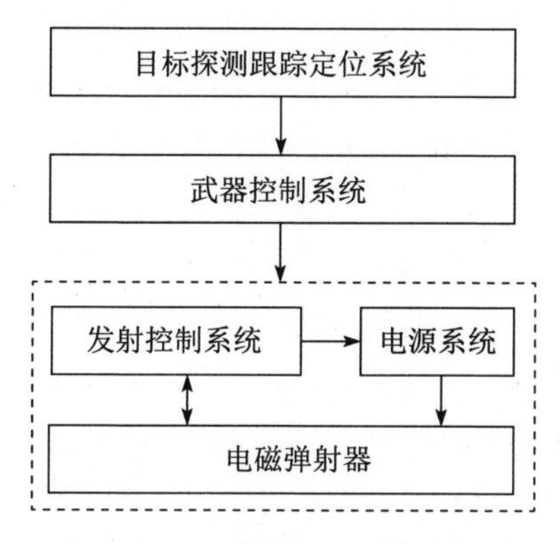

图 12-6　电磁弹射系统组成框图

12.4.2　电磁弹射系统的工作过程

电磁弹射系统的工作过程一般为：根据目标探测跟踪定位系统输入的相关信息与参数，武器控制系统进行信息处理后向发射控制系统发送相应的控制信号，发射控制系统根据武器控制系统对弹射速度、行程要求进行计算并形成控制信号，控制电源系统按要求发送脉冲电源波形，电磁弹射器将电能转化为动能，带动抛体做直线运动，在一定距离内达到要求的弹射速度。

12.4.3　电磁弹射技术优点

与传统依靠载荷自身发动机燃烧的反冲推力或辅助热弹射机构产生推力发射相比，电磁弹射技术具有以下优点。

1. 电磁弹射推力控制精度高，能提高命中精度

与冷发射方式相比，克服了无法控制弹道过载，载荷在电磁弹射器中所受电磁力，可通过调节脉冲电流波形，使导弹在整个弹射过程中均匀受力，弹体稳定性好，从而提高命中精度。

2. 电磁弹射器可调节电磁推力大小，可弹射多种任务载荷

与冷发射方式相比，克服了发射型号单一等不足，电磁弹射系统可根据目标载荷性质和射程大小快速调节电磁力的大小，从而满足多种目标载荷对弹射质量和初速发射能量的要求，弹射多种载荷，是一种多用途弹射系统。

3. 可改善作战半径

在不增加载荷自身质量的条件下，可以改善载荷的作战半径

4. 彻底解决发射系统烧结问题

采用电磁弹射技术后，依靠发射系统电磁推力给载荷初始动能，使载荷离

开发射系统一定距离后，发动机点火自主飞行。由于不存在高能复合推进剂燃烧时对发射系统产生的高温燃气烧蚀和超高速熔融残渣的烧粘问题，彻底解决了发动机对发射系统的烧蚀问题，避免烧蚀导致的装备性能下降，寿命缩短等问题。

5. 提高战场隐蔽性，安全性高

电磁弹射过程中不产生火焰和烟雾、冲击波，所以作战中比较隐蔽，不易被敌人发现，这有利于发射平台的安全，符合现代战场的隐蔽作战需求。

美国桑迪亚实验室和洛克希德·马丁公司通过合作研究，开发了一种基于“战斧”式导弹而设计的导弹电磁弹射系统，如图 12-7 所示。该系统是一种基于同步感应线圈发射技术的高效率电磁助推系统，它利用电磁线圈发射技术将结合在电枢上的导弹助推到一定的高度，然后导弹和电枢分离而发射出去，完成发射。

图 12-7　电磁导弹助推器

2004 年底，美国桑迪亚实验室和洛克希德·马丁公司共同进行了电磁导弹弹射演示试验，通过 5 级同步感应线圈炮将 650kg 的发射载荷加速到 12m/s，系统效率达到 17.4%，为工程应用奠定基础。试验表明电磁弹射系统可以助推低速、大质量的导弹。

美国主要开展航空母舰舰载机电磁弹射技术研究，英国开展无人机电磁弹射技术研究。

美国飞机电磁弹射系统（EMALS）主要包括直线电机、盘式交流发电机、高功率变频器三部分，组成如图 12-8 所示。其电磁弹射器都采用了 4 台单机功率超过 30MW 直线电机，总功率可达到百兆瓦级。

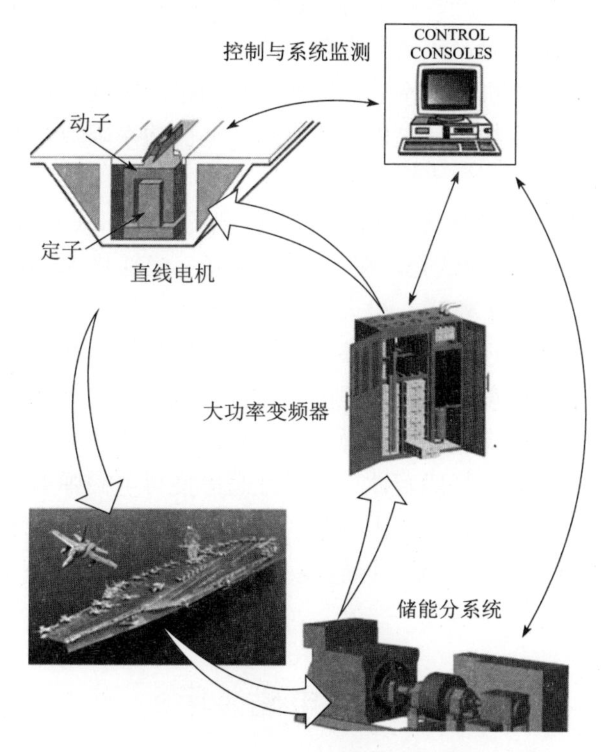

图 12-8　美国电磁飞机弹射系统组成

美军花费了 28 年的时间和 32 亿美元经费，直到 2010 年 12 月 18 日，通用原子公司使用电磁弹射装置将一架 F/A-18 战机成功弹射，标志着 EMALS 系统的试验成功。EMALS 的试验成功标志着直线电机电磁弹射系统趋于实用，这对导弹电磁弹射技术的发展和应用有着十分重要的意义。

英国国防部与英国孚德机电公司签订了电磁力集成技术（EMKIT）研究合同，用于无人机电磁弹射技术研究。EMKIT 系统包含了两个储能系统、两套逆变器、一套双边配置的先进直线感应电机（ALIM），外加一个竖直的动子盘、运动控制系统、机械发射轨道和刹车系统，系统组成如图 12-9 所示。

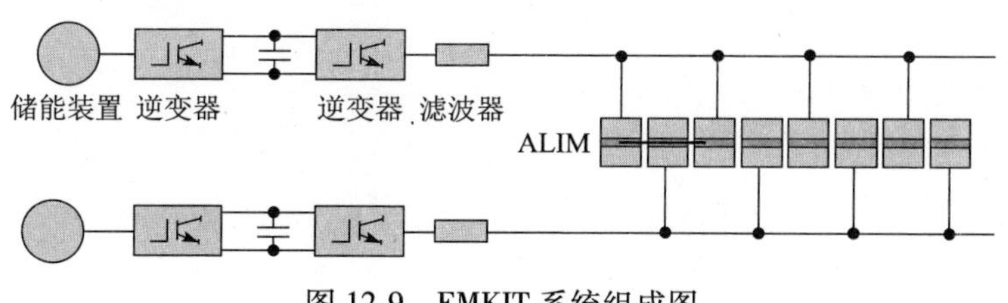

图 12-9　EMKIT 系统组成图

EMKIT 系统弹射本体采用的先进直线感应电机由一系列分立的相同定子单元组成，便于安装和生产，且为每个定子单元都配备了一个晶闸管开关。当动子经过某一定子单元时，该晶闸管开关闭合，推动动子前进，减小逆变器电流。该先进直线感应电机转差率小、损耗小和功率因数高，可采用无传感器速度控制，克服了普通直线感应电机转差率高、电机功率因数较低和损耗较高的缺点。

EMKIT 系统能够自适应无人机质量和负载的变化，发射不同质量的无人机，已完成超过 2500 次的试验，在 15m 的轨道上能够将 524kg 的载荷加速到 51m/s，最大峰值功率为 3MW，最大加速度为 8.7g。

虽然电磁发射系统还存在着脉冲电源体积、质量大、成本高，弹射器高效稳定工作性能不佳、弹射过程存在强电磁干扰、试验不充分等技术问题，但控制精度高、能提高载荷命中精度、弹射多种载荷、改善作战半径、彻底解决发射系统烧结问题、提高战场隐蔽性、安全性高等使得电磁弹射技术在军事领域中有着光明的前景。随着相关技术的进一步发展，电磁弹射技术必将应用到导弹弹射，并推广到无人机、航空母舰舰载机、鱼雷等大质量、低速载荷弹射领域。

12.5 电磁装甲

1973 年，科研人员提出了电磁装甲的概念。其原理是通过预先储存在高功率脉冲电源中的电能，使来袭武器发生偏转或者提前引爆，以达到为武器系统及内部操作人员提供保护作用的目的，可分为被动式电磁装甲和主动式电磁装甲[17]。主动式电磁装甲系统组成，如图 12-10 所示。

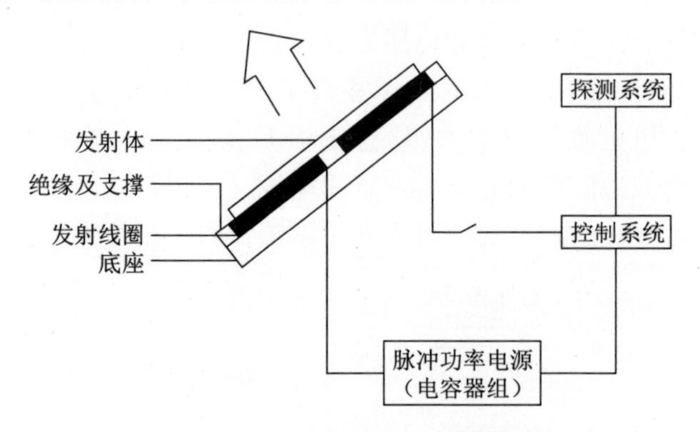

图 12-10 主动式电磁装甲系统组成

1986 年，法国和德国国防部共同组建的法德圣路易斯研究所（french-german research institute saintlouis' s，ISL）完成了主动式电磁装甲试验，将边长 100mm、厚 10mm 的防护板加速到约 190m/s，试验表明同等防护效果下，电磁驱动的防护板的质量仅为爆炸反应装甲质量的 1/3。

1988 年，建成 50kJ 的储能装置。

1996 年，建成 400kJ 储能装置。

2001 年，利用双线圈电磁装甲发射装置将约 160g 的拦截弹加速到 100m/s，如图 12-11 所示。

图 12-11 电磁装甲发射装置

目前法德 ISL 正在进行可提高防护范围的三维电磁装甲发射装置、防护板的速度、方向和稳定性控制以及电磁发射拦截效果方面的研究。

12.6 电磁炮的应用

军事应用是提出电磁发射技术概念的主要初衷，也是目前电磁发射技术最有应用价值和前景的领域。电磁轨道炮可实现远程精确打击、近程防空反导、空间反卫星等，被美军评为能够改变“未来战争模式”的五种新概念武器之一；电磁弹射技术是新一代航空母舰关键技术，可提升多种战斗机、预警机、无人机作战性能，还可用于导弹发射、鱼雷发射、航天发射等领域，从而使武器装备的性能和技术指标大幅提高。

12.7 电磁炮发展历程

1822 年，安培发现通电导体在磁场中受力的现象，人们就有了利用电磁力发射物体的设想，电磁轨道炮就是将这种设想变为现实的一种发射装置。

1831 年，法拉第电磁感应定律的提出，奠定了电磁轨道炮的理论基础。

1845 年，哥伦比亚学院研制了世界上第一台采用电池供电的线圈式电磁炮。

1916 年，法国科学家研制的轨道炮在 2m 内将 50g 的弹丸加速到 200m/s。

1944 年，德国科学家在 2m 长轨道内将 10g 的发射体加速到 1500m/s。

1958 年，美国洛斯阿拉莫斯国家实验室提出“轨道炮”即“Railgun”这个名词，并率先进行了等离子体电枢电磁轨道炮试验。

1961 年，美国 Radnik 和 Lathan 经过反复论证认为电枢的速度受制于电枢焦耳热，且轨道与电枢间的接触电弧会对轨道造成破坏，得出了轨道炮工程应用不可行的结论[4]，导致电磁轨道炮的研究曾一度停滞不前。

1978 年，澳大利亚国立大学科学家使用 550MJ 的单极发电机，在 5m 长的轨道炮上，采用等离子体电枢把 3g 的弹丸加速到 5. 9km/s，试验证明电磁力可以把较重的弹丸推进到高速的可能性，具有重要的意义。

1978 年，美国国防部先后成立了电磁轨道炮发展研究顾问委员会和技术工作小组，开始评估电磁轨道炮的技术现状和应用潜力。美国“星球大战”全球战略主动防御委员会提出了天基电磁轨道炮的研究计划，尝试用等离子体电枢技术，拦截助推阶段的战略弹道导弹。

1980 年，美国发展司令部、美国国防高级研究计划局、陆军军备研究所等军事机构共同主持召了第一届电磁发射技术研讨会。

1982 年，美国研制的电磁轨道炮试验装置，采用 15~30MJ 的脉冲补偿电源，以 4200m/s 的初速发射了 100g 的弹丸，炮口动能为 0. 88MJ。

1984 年，日本把 20g 的弹丸加速到 1. 5km/s。

1985 年，美国国防高级研究计划局与美国陆军联合启动了以反装甲为应用目的的陆基电磁轨道炮项目。

1987 年，美国德克萨斯大学成立了先进技术研究所（institute for advanced technology，IAT），用于统筹协调全美各个电磁发射技术研究机构的工作。

1988 年，欧洲各国建立了“欧洲电磁发射技术讨论会”制度，在荷兰召开了第一届欧洲电磁发射会议。

1989 年，美国卡曼航天公司把 1. 125kg 的弹丸加速到 4km/s，频率为3 发/min。

1992 年，美国麦克斯威尔技术公司采用 32MJ 的电容器电源，用一门 90mm 电磁轨道炮，在尤马靶场进行了发射试验，炮口动能达到 9MJ，展示了电磁轨道炮的军事应用前景。

1994 年，俄罗斯高能物理中心进行了轨道炮的成功试验，将 3. 8g 弹丸加速到 6. 8km/s。

1997 年，美国和欧洲的电磁发射会议合并，成立国际电磁发射技术研讨会。作为国际电磁发射领域最重要的学术会议，该会议已成为了解当今世界电磁发射技术前沿的重要窗口。

1999 年，法国和德国联合研究机构 ISL 将 650g 的弹丸加速到 2km/s。

2000 年，在美国旧金山举办了第一届国际电磁发射技术讨论会即“第 10 届电磁发射技术讨论会”。

2001 年，美国海军完成了舰载电磁轨道炮可行性分析，认为 64MJ 炮口动能电磁轨道炮发射 20kg 弹丸，可完成动能毁伤任务。

2004 年，英国国防部牵头研制成了轻型电磁轨道炮演示样机，并开发了多种类型的脱壳穿甲弹。该电磁轨道炮试验过程中分别采用了矩形和圆形炮膛结构，峰值电流达到了 2MA，可将质量为 2.5kg 的弹丸发射到 2000m/s 的速度。

2006 年，美国海军在 90mm 电磁轨道炮进行了 23 次射击试验，弹丸初速 837~2519m/s，弹丸质量 2.31~3.402kg，炮口动能 0.841~7.79MJ。

2008 年，美国海军进行了电磁轨道炮试验，弹丸速度 2500m/s，弹丸质量 3.41kg，炮口动能 10.68MJ。

2010 年，美国海军成功试射电磁轨道炮，将 10kg 电枢加速到 2.5km/s 炮口初速，炮口动能 33MJ，理论射程可达 200km。通用原子公司完成“闪电”电磁轨道炮武器系统研制，该武器系统主要包括发射装置、高功率密度脉冲电源、火控系统三部分。

2012 年，英国 BAE 系统公司和美国通用原子公司分别为美国海军建造了 32MJ 电磁轨道炮工程样炮，在美国海军水面作战中心达尔格伦分部进行射击试验，评估样炮的炮管寿命和结构完整性。

2014 年，美国海军研究实验室所属材料试验研究室成功研制了一台口径 25.4mm、每分钟可进行数次发射的小口径电磁轨道炮，如图 12-12 所示。这台小型轨道炮将作为小口径系统的试验平台，以满足陆基和海基平台的电力需求。该轨道炮可安装于多种移动平台，每分钟可发射数发炮弹。该轨道炮完成首次试射标志着美国海军及其他军种武器研制进入新时代。

图 12-12 小口径电磁轨道炮

2014 年，美国首次对外公开了分别由 GA 公司和 BAE 系统公司研制的海军舰载 32MJ 炮口动能电磁轨道炮工程样机、一体化弹丸以及高储能密度的脉冲功率电源，展示了美国海军在电磁发射领域的技术水平[17-25]，如图 12-13 所示。两门工程样炮均采用 D 型轨道、纤维缠绕身管，口径约为 150mm，身管长度为 13m。舰载电磁轨道炮如图 12-14 所示。

图 12-13　电磁轨道炮工程样炮

图 12-14　舰载电磁轨道炮

2016 年，通用原子公司在犹他州达格威靶场进行制导电子组件发射试验，之后拆卸“闪电”轨道炮系统并将其运往希尔堡。到达希尔堡后，进行重新组装并参与美国陆军在俄克拉荷马州劳顿市希尔堡地区进行一年一度的“机动性与射击综合试验演习”。演习期间，“闪电”轨道炮共进行 11 次发射，命中目标的距离均超过其早期射程。演习结束后，“闪电”轨道炮又运回达格威靶场进行后续试验。其目的在于展示该轨道炮系统可以方便有效地运输，并在不同地区的实际环境进行试验，收集提高轨道炮效率的关键数据，满足未来用户对机动性的需求。

2016 年，通用原子公司自筹 5000 万美元用于研制 10MJ“多功能中程轨道炮武器系统”。研制该轨道炮的目的在于补充或代替美国海军现役 127mm 舰炮，用于拦截导弹和飞机，以及动能打击海上或陆地目标。该轨道炮的口径尚未确定，可能在 100mm 左右，炮弹内装钨质子弹，拦截范围与 PAC-3“爱国者”导弹类似；执行动能打击任务时炮弹射程约 100km。

2017 年，美国海军公布的电磁轨道炮工程样炮视频，表明其已进入海上平台发射性能试验测试阶段。

2018 年，法德圣路易斯研究所建立了 10MJ 脉冲电源系统，电压为 10.75kV，包含了 200 个电容器模块，配备了半导体开关，电流可达 2MA。基于 10MJ 脉冲电源，法德 ISL 研制了多型电磁轨道发射器。其中 ISL 早期的 50mm 圆形口径发射装置，如图 12-15 所示，可把质量为 356.8g 的电枢加速到 2.24km/s，效率 29.9%。40mm 方口径发射装置，如图 12-16 所示，可将质量为 300g 的电枢加速至 2.4km/s，也可将质量为 1kg 的弹丸发射到 2.0km/s 以上的速度，发射效率超过 25%。在此基础上，法德 ISL 还对发射器口径结构，电枢结构和材料、分布式馈电、金属纤维电枢、发射器效率、轨道寿命等电磁轨道发射关键技术进行了深入研究。

图 12-15　法德 ISL 圆口径电磁轨道发射装置

图 12-16　法德 ISL 40mm 方口径电磁轨道炮

12.8　电磁炮关键技术

电磁炮关键技术主要包括电磁炮建模与仿真技术、电磁炮发射技术、电磁炮脉冲电源技术以及一体化弹药技术[26-28]。

12.8.1　电磁炮建模与仿真技术

电磁炮发射过程复杂，涉及电、磁、热、力等多个物理场，影响其发射性能的因素较多且存在耦合关系，如果仅依靠物理试验所得数据分析，很难得到各因素对发射性能的影响规律，而且研制周期较长。因此，为了深入分析电磁炮的作用机理，进一步增强对电磁炮发射过程的认识，利用现代仿真技术对电磁炮发射过程进行研究是十分必要的。

电磁炮的建模与仿真技术主要分为集总参数模型和有限元模型两种。集总参数模型的优点在于模型简单，物理过程清晰，易于编程，求解较快，从方程中可发现结果对参数的依赖关系，同时通过电源触发策略的优化，实现电磁轨道炮高效可控发射；缺点是无法获得如磁场密度、电流密度分布等各种场量，对于装置细节了解不足。有限元模型直接从偏微分方程出发，形成代数方程组，求解后获得场量的时空分布。其优点是可模拟实际复杂的多物理场耦合动态发射过程，计算结果准确；缺点是建模过程复杂，求解时间较长[1,29]。

12.8.2 电磁炮发射技术

电磁炮发射技术是一种能将物体加速至超高速度的新型发射方式，它利用电磁力驱动有效载荷，能将电磁能转换成机械动能，将广泛地替代现有的传统发射模式，是武器技术电汽化和信息化的重要组成[30]。需要解决的主要问题包括：

（1）发射过程中，高电压、大电流、高速运动引起电弧烧蚀、高速刨削、材料软化等现象，从而降低发射性能甚至严重缩短发射器寿命。

（2）电磁炮身管工况特殊、结构复杂，开发轻质、高效的身管是电磁轨道炮走向实战应用的关键。

（3）枢轨接触面及其附近区域的温度分布特征直接反映了枢轨滑动电接触的状态。因此成功获取枢轨接触面及其附近区域的温度分布的试验数据，对深入分析枢轨滑动电接触性能，烧蚀、转捩、刨削损伤机理及抑制方法具有重要价值。

12.8.3 电磁炮脉冲电源技术

脉冲电源是电磁炮的主要部件，相当于传统火炮的发射药，它为电磁炮提供发射用的能量和功率，是轨道炮的工作动力。电磁炮的发展和脉冲电源技术的进步息息相关。目前，电磁轨道炮能否达到快速实用，主要取决于能否找到理想的电源[31-32]。

尽管当前电源水平已有显著提高，能满足某些情况下的军事需求，但其小型化水平离高机动作战使用要求还有相当大的差距，脉冲电源技术将长期制约电磁炮的应用范围。从黑火药发明产生土枪土炮以来，火炮发展了上千年，但火炮代替抛石机全面应用也才 100 多年历史，主要原因是黑火药可控性差、能量低和燃烧不完全等缺点，以及金属材料和机械制造能力的限制。改变火炮命运的发明是无烟火药，它不仅储能密度高，而且便于做成各种形状来控制燃气的生成，从而控制膛压，使发射过程更加易控，提高安全性并降低火炮质量。对电磁炮而言，同样需要一个“无烟火药”的出现，它具有又小又轻的特征（储能密度达到 10kJ/kg，功率密度大于 1MW/kg），使电磁炮像传统火炮一样具备高机动能力，广泛应用于未来的战场，发挥其大威力、远射程和多功能的优点。

12.8.4　一体化弹药技术

一体化弹药工作在大电流（MA 级）、强磁场（数十 T）、高载荷（百 MPa 级）、高热（百 GW/m^2）和高速运动条件（km/s）等特殊工况下，需要解决以下问题：

（1）在发射过程中，大电流使电枢升温导致其力学性能下降甚至失效的问题。

（2）枢轨界面接触属于大电流高速载流摩擦磨损。为了保证良好的电接触状态，枢轨界面需要稳定的接触力。在接触状态不良时，会出现烧蚀转捩现象。另外还可能发生枢轨材料的机械损伤现象，即刨削现象。

（3）电枢是发射过程中的主要受力组件，也是弹药系统的寄生质量。因此在满足各项要求的前提下，电枢质量应该尽量小，以提高作战能力。

参考文献

[1] 苏子舟. 电磁轨道炮技术 [M]. 北京：国防工业出版社，2018.

[2] 张迎亮. “新概念炮”向未来战场走来 [N]. 解放军报，2019-07-26(009).

[3] 付彩越. 美国海军新概念武器现状和发展 [J]. 舰船科学技术，2017，39(03)：151-154.

[4] 黄毓森，张昌芳. 电磁轨道炮的发展困境与利基进路 [J]. 国防科技，2016，37(03)：33-35+39.

[5] 马伟明，鲁军勇. 电磁发射技术 [J]. 国防科技大学学报，2016，38(06)：1-5.

[6] 苏子舟，张涛，张博. 欧洲电磁发射技术发展概述 [J]. 飞航导弹，2016(9)：80-85.

[7] 李大光. 电磁轨道炮让战争进入“s 杀新时代” [J]. 中国经贸导刊，2018(16)：48-51.

[8] 陈雪松. 电磁导轨炮：最具发展前景的新概念武器之一 [J]. 国防科技工业，2014(03)：38-40.

[9] 李军，严萍，袁伟群. 电磁轨道炮发射技术的发展与现状 [J]. 高电压技术，2014，40(4)：1052-1064.

[10] 高硕飞，李海元，栗保明. 圆膛多轨电磁炮身管的多场耦合有限元仿真 [J]. 兵器装备工程学报，2019，40(02)：54-58+124.

[11] 蔡冬如，毛桂平，曹靖伟，等. 微型电磁线圈炮的设计与实现 [J]. 价值工程，2018，37(29)：156-158.

[12] 王秋良，王厚生，李献，等. 同轴线圈电磁推进技术述评 [J]. 高电压技术，2015，41(08)：2489-2499.

[13] 曹靖伟，张珂，毛桂平，等. 车载电磁炮的设计与实现 [J]. 价值工程，2018，37

(27)：160-164.
[14] 苏子舟，张涛，张博，等. 导弹电磁弹射技术综述［J］. 飞航导弹，2016(8)：28-32.
[15] 李子奇，杨旭. 航天器电磁推射技术的构成与发展思路的研究［J］. 科技创新导报，2019，16(10)：10+12.
[16] 李可，安邦，李航，等. 电磁推进航天综合发射系统［J］. 科技创新导报，2013(03)：9-10.
[17] 李治源，罗又天，邢彦昌. 电磁装甲防护技术的现状及发展趋势［J］. 装甲兵工程学院学报，2014，28(01)：1-7.
[18] 梓文. 美国海军进行电磁炮射击试验［J］. 兵器材料科学与工程，2014，37(04)：73.
[19] 李军，严萍，袁伟群. 电磁轨道炮发射技术的发展与现状［J］. 高电压技术，2014，40(04)：1052-1064.
[20] 李军. 电磁轨道炮中的电流线密度与膛压［J］. 高电压技术，2014，40(04)：1104-1109.
[21] 闫涛，刘贵民，朱硕，等. 电磁轨道材料表面损伤及强化技术研究现状［J］. 材料导报，2018，32(01)：135-140+148.
[22] 刘小平. 通用原子公司向美国海军提供电磁炮［J］. 舰船科学技术，2012，34(12)：107.
[23] 杨鑫，林志凯，龙志强. 电磁轨道炮及其脉冲电源技术的研究进展［J］. 国防科技，2016，37(03)：28-32.
[24] 张世英，裴桂艳，张俊. 防空型电磁炮总体方案权衡分析［J］. 海军工程大学学报，2016，28(S1)：11-15.
[25] 裴桂艳，张世英，张俊，等. 电磁炮外弹道仿真分析［J］. 指挥控制与仿真，2014，36(02)：105-109.
[26] 李孟龙. 新型电磁发射器关键技术的研究［D］. 哈尔滨：哈尔滨工业大学，2013.
[27] 李阳，秦涛，朱捷，等. 电磁轨道炮发展趋势及其关键控制技术［J］. 现代防御技术，2019，47(04)：19-23.
[28] 航宇，卢发兴，许俊飞，等. 舰载电磁轨道炮作战使用问题的思考［J］. 海军工程大学学报，2016，28(S1)：1-6.
[29] 周长军，苏子舟，张涛，等. 超大炮口动能电磁轨道炮设计与仿真［J］. 火炮发射与控制学报，2013(03)：10-14.
[30] 陈彦辉，国伟，苏子舟. 电磁轨道炮身管工程化面临问题分析与探讨［J］. 兵器材料科学与工程，2018，41(02)：109-112.
[31] 朱博峰，鲁军勇，王杰. 轻小型脉冲电源驱动的电磁发射系统建模［J］. 海军工程大学学报，2016，28(S1)：100-104.
[32] 张淼. 电磁炮发射过程电源系统电磁特性及抗干扰技术研究［D］. 南京：南京理工大学，2017.

第 13 章　激光炮

13.1　简　介

激光（light amplification by stimulated emission of radiation，LASER）是原子受激辐射的光，故名“激光”。

激光产生原理是原子中的电子吸收能量后从低能级跃迁到高能级，再从高能级回落到低能级的时候，以光子的形式释放能量。与普通光源相比，激光具有单色性好、亮度高、方向性好等优点。

激光武器是直接利用光能、热能、电能、化学能或核能等外部能量来激励物质，使其产生受激辐射，形成强大的方向集中、单色性好的光束辐射能量来摧毁目标、杀伤人员的一种束能武器。

激光武器利用其产生的强激光束，在目标表面产生极高的功率密度，使其受热、燃烧、熔融、雾化或汽化，并产生爆震波，以杀伤人员或毁坏目标。

激光炮是一种利用强激光束携带的巨大能量摧毁敌方飞机、导弹、卫星等目标和杀伤人员的高技术新概念武器。激光炮具有反应迅速、瞬发即中，射击频度高、能在短时间内袭击多个目标，无后坐力，无放射性污染，抗干扰能力强，使用范围广，作战效费比高等特点，具有广阔的应用前景[1-8]。

13.1.1　激光炮破坏机理

激光炮的破坏机理主要有热破坏、力学破坏和辐射破坏三种。

1. 热破坏

当目标受到强激光照射后，表面材料吸收热量而被加热，产生软化、熔化、汽化直至电离，当目标材料深层温度高于表面温度使汽化加快时，内部压力增高产生爆炸。

2. 力学破坏

当激光照射物体产生汽化，汽化物质向外喷射，形成的反冲力会使目标变形断裂。

3. 辐射破坏

等离子体能够辐射紫外线或 X 射线，破坏目标内部的电子元器件。

13.1.2 激光炮攻击方式

激光炮主要有致盲、穿孔和层裂三种攻击方式。

1. 致盲

利用强烈的激光束对人的眼睛或光学探测器进行射击，会烧伤人的视网膜造成失明，从而丧失战斗力或损坏光学探测器令其无法正确判断目标。

2. 穿孔

高功率激光束使靶材表面急剧熔化令其汽化，汽化物质向外喷射，反冲力形成冲击波，并在靶材上穿出一个孔。激光炮击穿钢板和无人机，如图 13-1 所示。

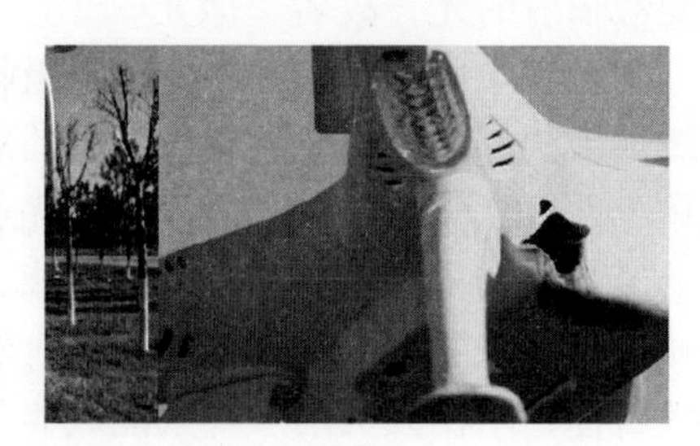

图 13-1 激光炮击穿钢板和无人机

3. 层裂

靶材表面吸收激光能量后，原子被电离，形成等离子体，向外膨胀喷射形成应力波向深处传播。应力波的反射造成靶材被拉断，形成“层裂”破坏。

激光武器以光速将高能量激光发射到目标表面，通过毁伤光电侦测、火控、导航和制导等关键装置，使目标“失明”“致盲”或穿透飞行物壳体将其击落、引爆战斗部或燃料使其空中爆炸或损毁，从而完成毁伤任务。

13.1.3 激光炮的组成

激光武器主要是由高能激光器、精密瞄准跟踪系统和光束控制发射系统组成。高能激光器是激光武器的核心，是实现激光武器的基础。激光武器的组成，如图 13-2 所示。

其主要作战模式是：由预警系统捕获并跟踪目标，将目标的信息传给指挥控制系统，指挥控制系统引导精准跟踪系统捕获并锁定跟踪目标。精密瞄准跟踪系统再引导光束控制发射系统准确锁定目标，待指挥控制系统发出攻击指令，启动高能激光器，由激光器发出的光束经过光束控制发射系统射到目标上将目标破坏或摧毁。

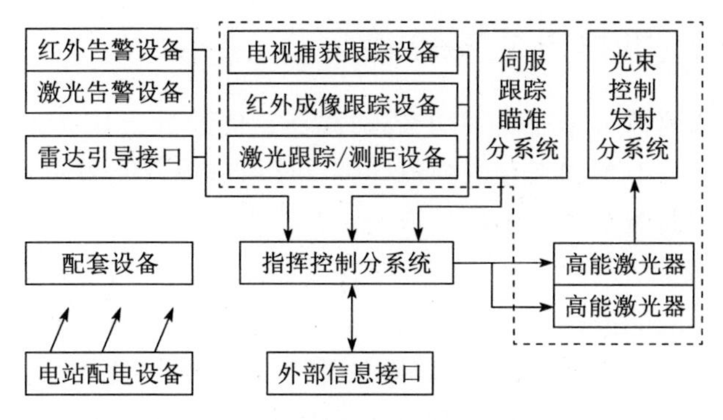

图 13-2　激光武器的组成

13.2　激光炮的特点

与传统火炮、导弹相比，激光炮具有反应迅速、瞬发即中，射击频度高、能在短时间内袭击多个目标，无后坐力，无放射性污染，抗干扰能力强，使用范围广，作战效费比高等特点。

1. 反应迅速，瞬发即中

激光能以 300000km/s 高速传输，打击目标无须计算射击提前量，也无须测定、调整提前量和瞄准角，瞬发即中。激光武器杀伤目标所需时间为 0.1～1s。作战使用时，激光武器本身及武器系统均处于静止状态，只有反射镜系统处于运动状态，瞄准和跟踪目标。它既可杀伤目标群中的某一个目标，也可对来袭目标的某一部位实施“点穴”打击，其杀伤效果根据激光武器的能量特性和作战需求可以是干扰、失效或摧毁。

2. 射击频度高，能在短时间内袭击多个目标

激光可 360°全方位连续射击，实射平射、仰射、俯射，而且瞄准时间短，命中率高，几乎可同时拦截多个目标。

3. 无后坐力

激光武器以电磁波的形式向目标传递聚焦能量，它发射的激光束几乎没有质量，是一种无惯性武器，所以激光武器发射“弹丸”不存在常规弹丸射击时产生的后坐力问题，从而大大减少了对载体结构的要求。

4. 无污染

由于激光武器用光束毁伤目标，因此对地面、海洋、空中和外层空间不会造成污染。

5. 抗干扰能力强

激光传输不受外界电磁波的干扰，它可在电子战环境中作战，被攻击目标

难以用电磁干扰手段避开激光武器的攻击。

6. 使用范围广

既可制成高能激光武器应用于战略武器，摧毁敌方用于通信、指挥、侦察、预警、导航等卫星和来袭的弹道导弹，又可制成低能激光武器应用于战术武器，毁伤敌方武器装备和人员。

7. 作战效费比高

在激光武器的能源耗尽之前可以拦截大量目标，而所消耗的“弹药”（即光子）比较便宜，昂贵的激光武器系统本身可以继续使用，因而效费比高。例如，百万瓦级的氟化氘激光武器每次发射费用约1000~2000美元，“毒刺”便携式防空导弹每枚2万美元，“爱国者”防空导弹每枚30万~50万美元。

激光炮存在以下不足之处：

（1）难以击毁装甲目标。

（2）不具备全天候作战能力，受大雾、大雪、大雨气象条件的影响。

（3）射程受大气的影响。

（4）尚未解决战斗中视线有阻挡时的高精度瞄准和跟踪问题。

（5）激光武器发射系统属精密光学系统，在战场上的生存能力有待考验。

13.3 激光炮的分类

13.3.1 按作战应用划分

激光炮按作战应用可分为致盲型激光炮、近距离战术型激光炮、远距离战略型激光炮[9-11]。

1. 致盲型激光炮

致盲型激光炮主要用于装备作战平台。如装备在坦克上，能够持续发射100J左右功率的蓝绿激光，其威力足以烧伤2km以外敌军士兵的视网膜，或直接给对方的光电设备造成毁伤。

2. 近距离战术型激光炮

战术激光武器是利用激光作为能量像常规武器那样直接毁伤对方目标的武器，打击距离可达20km，主要用于打击临空导弹和飞机。美国高能激光武器试验中发射的高能激光束成功将空中飞行炮弹引爆、摧毁。

3. 远距离战略型激光炮

远距离战略型激光炮主要用于反卫星、反洲际导弹。“战术高能激光武器技术”证明该武器不仅可击毁短程火箭，而且能击毁大炮炮弹。战略激光武器还可攻击数千千米之外的洲际导弹和太空中的卫星等。

13.3.2　按功率划分

攻击对象不同，对激光武器功率要求也不同。根据美国议会调查局的报告，按激光武器的功率划分，可分为四类。

1. 几十千瓦级激光炮

10kW 级的激光武器可以破坏光电系统的传感器；50kW 级的激光武器可以毁伤近距离的无人机。

2. 百千瓦级激光炮

百千瓦级激光炮主要用来攻击无人机、小型舟艇以及拦截部分导弹、火箭弹、迫击炮弹等。

3. 数百千瓦级激光炮

300kW 级的激光武器可以拦截亚声速的反舰导弹；500kW 级的激光武器可以毁伤有人驾驶的飞机。

4. 兆瓦级激光炮

兆瓦级激光炮主要用来攻击超声速空舰导弹、弹道导弹等。

13.3.3　按能量划分

激光炮按能量大小可分为低能激光炮和高能激光炮。

1. 低能激光炮

低能激光武器又称激光干扰和致盲武器，是一种光电对抗设备，技术相对比较简单；当用于反卫星时，能干扰、破坏卫星上的电子器件。

俄罗斯的地基反卫星激光武器和英国的舰载激光致盲武器已装备部队。1982 年，英阿马岛之战时，英军就使用激光眩目致盲武器使阿飞行员因眩目而放弃攻击。美国研制的低能激光步枪，有效射程 1.6km，可使人致盲；研制的激光榴弹，通过高爆振荡和加热惰性气体产生激光，使敌人轻则晕头转向，重则致盲，并能使坦克、车辆、舰船等武器平台内的光学瞄准镜、激光测距器、目标探测器等装置不能正常工作。

2. 高能激光炮

高能激光炮一般按用途分为战术激光武器和战略激光武器。战术激光武器以地面（水面）为基地，射程一般在 20km 以内，对付战术导弹、飞机、坦克、舰艇等目标。战略激光武器是以外层空间（距地面 1000km 以上）为基地、射程近则数百千米，远则数千千米，主要任务是破坏或摧毁敌方卫星和反洲际弹道导弹[12]。

此外，激光炮按平台可分为天基激光武器、地基激光武器、机载激光武器、车载激光武器和舰载激光武器。

13.4 激光炮的军事应用

激光炮发射的光弹以光速前进，比任何一种其他武器发射的枪弹、炮弹、导弹都要快得多。在攻击方式上，激光武器可以实施追尾攻击，甚至完成横向攻击、迎头攻击等常规火炮、导弹难以实现的攻击。凭借这些优势，激光武器可有效地对抗包括飞机、导弹、制导弹药在内的各种地面、海上、空中、太空的威胁。

13.4.1 车载激光炮

车载激光炮就是安装在各种车辆上的激光炮。

美国陆军主要发展可用于地面部队防护无人机威胁的激光炮，如图 13-3 所示。美国陆军重点推进两个项目：一是“斯瑞克”装甲车上部署 5kW 低功率的“移动远征高能激光器”，已在 2017 年的综合试验中成功击落 12 架小型无人机；二是将较高功率激光炮部署在改装货运卡车上的“高能激光器战术车辆”，用于保护战场免遭敌火力袭击[13]。

图 13-3 车载激光炮效果图

俄罗斯空天军部队已经列装了“佩列斯韦特”激光武器，并投入试验性战斗值班。该系统是一种车载激光炮，能够用于拦截洲际导弹和摧毁卫星，属于一种典型的战略激光武器。

13.4.2 机载激光炮

机载激光炮就是安装在飞机上的激光炮。

美国“自卫式高能激光演示器先进技术演示计划”研制的机载激光炮，在测试中成功击落多枚来袭导弹。美国空军计划将激光武器先安装在 C-17 等大型平台上，待小型化技术成熟后，再为 F-15 等小型战机配备。同时，美国空军还在计划开发无人机使用的激光武器。

美军新一代 F-35 联合攻击飞机配备了一种激光武器。这种红外波段固体激光器功率为 1000kW，最高功率达百万兆瓦。它能发射冷却间隔 30s 的 2min 闪光。从机身头部射出，聚焦在攻击目标上不超过 $3cm^2$ 的范围内，可用作空中和陆上的防空武器[14-16]。美国洛克希德·马丁公司未来作战飞机使用高能激光武器直射摧毁空中目标想象图，如图 13-4 所示。

图 13-4　美军未来作战飞机使用高能激光武器直射摧毁空中目标想象图

俄罗斯机载激光器反卫项目主要是在 A-60SE 飞机上安装 1KL222 激光器，有效作用距离 1500km，能够通过密集能量激光脉冲致盲低轨运行的侦察卫星或烧穿敏感的光学器件和传感器。

13.4.3　舰载激光炮

舰载激光炮就是安装在军舰上的激光炮。

美国海军基于舰队自身的安全防护考虑开展了“激光武器系统”和“海上激光演示验证”两个项目。美国海军在“庞塞”号登陆舰上部署试验了 30kW 级激光武器系统，可对各类传感器、制导导弹和小型舰艇进行警告、干扰与打击，验证了其在更大范围内打击水面与空中目标的能力[17-18]。

13.4.4　天基激光炮

天基激光炮就是部署在卫星、宇宙飞船、宇宙空间站上，实施空间防御或进攻，用以摧毁敌方的各种军用卫星、洲际弹道导弹的激光炮。

天基激光炮部署在宇宙空间，居高临下，视野广阔，沿着空间轨道游弋。一旦发现对方目标，即可对空中目标实施闪电般的攻击，以摧毁对方的侦察卫星、预警卫星、通信卫星、气象卫星、处于助推上升阶段的洲际导弹[19-22]。

13.5 激光炮的发展

美国、俄罗斯、德国、以色列、日本等国家都在大力发展激光炮。

13.5.1 美国海军舰载激光炮

从2010年起，美国海军的舰船搭载型近距离防空用激光武器已经装舰试验。美国海军的舰载型激光武器，主要用于大型舰船和舰队的对空防御，有效作战距离为10km以下。激光武器能率先在军舰上得到应用，是因为大型军舰可以满足目前激光炮体积、质量、电力的需求。

2009—2012年间，美国海军将试验性的激光武器系统装到"庞塞"号（Ponce）运输登陆舰上，进行应用和打靶试验。舰上装有6座商用的输出功率为5.4kW的固体激光器，总激光输出功率达32.4kW。这种舰载激光武器主要用于攻击小型舰船和无人机。试验取得了较为满意的结果。

2012年，美国海军开始实施功率更强大的"固体激光器技术成熟"舰载激光武器计划。2015年，美国海军实施了"激光武器系统实证"计划，核心是将100~150kW级的高能固体激光器装到大型舰船上进行运用试验，如图13-5所示。试验成功之后，将把这种强力的高能激光器装到航空母舰和大型驱逐舰上，作为正式的舰载武器，美国海军将拥有能在更远的距离上攻击敌方来袭飞机或导弹的能力[23]。

图13-5 美国海军在"庞塞"运输登陆舰上装载的试验性激光武器

13.5.2 美国陆军车载激光炮

美国陆军研制的车载激光武器，主要用于野战防空。目前美国陆军在研的车载激光武器主要有 5kW 级的机动远程高能激光武器、陆军的激光武器演示车、60kW 级的高能激光武器试验车、100kW 级的高能激光武器战术车辆等四个项目。

2017 年开始，美国陆军实施了“机动远程高能激光武器 2. 0”计划，所用的激光器为 5kW 的固体激光器，武器平台为“斯特赖克”装甲车，如图 13-6 所示。在随后的试验中，该装置击毁了美国标准的 I 级无人机。

图 13-6 “斯特赖克”装甲车为平台的 5kW 激光武器

13. 5. 3　美国空军机载激光炮

美国空军已经在波音 747 大型客机上，安装了名为 YAL-1A 空中激光武器试验平台；2020 年之后，高能激光武器装到 C-130 大型运输机上，当前主要有以下两项研究计划[24-25]。

1. 高能液冷固体激光器区域防空系统

这项计划由美国国防高级研究计划局和美国空军研究所联合实施。研究目的是将已经“小型化”的功率高达 150kW 级的激光武器装到 C-130 大型运输机上，用来攻击敌方发射的各类地空导弹，如图 13-7 所示。由于采用了二极管激励的液冷固体激光器，可使激光武器系统的质量降低到 750kg 以下，实现“小型化”。

（a）美国空军的 YAL-1A 空中激光武器飞机

（b）美国空军 C-130 战术激光武器试验样机

图 13-7　机载激光炮

2016年，该系统在美国白沙导弹试验场进行射击试验，取得了初步成功，从技术上表明在C-130运输机上装备激光武器是可行的。

美国洛克希德·马丁公司的区域激光武器原型机成功摧毁了一发从1.6km外飞来的火箭弹。高能激光炮从照射开始到击毁火箭弹，仅用了3s，如图13-8所示。

图13-8 激光武器击毁火箭弹

2. 自防御用高能激光武器实证系统

2016年开始实施该计划，其要点是在第四代战机F-15或F-16战斗机上，去掉副油箱，装上固体激光器。

此外，装在五代机F-35战斗机机舱内的激光武器，为功率300kW的高能固体激光器，用来摧毁敌方的飞行器和地面目标。

美军导弹防卫厅研制的反弹道导弹用高能激光武器计划是美国庞大的“弹道导弹防御系统”的一个组成部分，旨在在敌方来袭的洲际弹道导弹处于上升阶段时将其击毁，目前则以攻击敌方处于超高空、长时间飞行的无人机为目标。当前的主要任务是研制小型、高功率的激光器等基础性工作。

13.5.4 俄罗斯高能激光炮

俄罗斯激光炮以空基武器为代表，作战平台是伊尔-76大型运输机，装上大型激光器后，制成的A-60飞机激光武器，如图13-9所示，成功地摧毁了空中靶机。计划装载在米格-31改歼击机上的高能激光武器，将成为反卫星武器的利器。

俄罗斯研制了“三棱匕首”自行激光武器、“红粉笔”防空激光系统、“压缩”激光战车等多种陆基激光炮，具有摧毁敌方来袭的空中目标、装甲车一类地面目标，以及使敌方的雷达等探测设备瘫痪等杀伤、破坏作用[29]。

图 13-9　俄罗斯 A-60 飞机激光武器

13.5.5　德国高能激光炮

德国莱茵金属公司研制的车载型高能激光武器和舰载型高能激光武器，如图 13-10 所示。车载型高能激光武器有三种规格，激光功率分别为 1kW 级、5～10kW 级和 20kW 级，可用来攻击空中飞行的无人机。

图 13-10　德国莱茵金属公司研制的激光武器

德国研制的功率更强大的高能激光武器，有地面配置型和舰船配置型两种。地面配置型高能激光炮安装在 35mm 机关炮的“空中卫士”炮塔上，作为防空武器使用。将它安装到装甲车辆上之后，便成为既有高射机关炮又有激光防空武器的复合防空系统。它由 3 个功率为 10kW 的激光器组成，总功率为 30kW。攻击时，3 个激光器的功率集中于一点，增大击毁和杀伤威力。

莱茵金属公司高能激光炮可在较远距离上作战，并可与常规武器平台集成，形成武器系统。当激光束照射到光电系统、射频天线、雷达、弹药或供能设备时，可使这些设备失效。

舰船配置型高能激光炮，将 3 个功率各为 20kW 级的高能激光器安装到 27mm 机关炮的武器站上，总功率 60kW，可用来攻击小型舰艇和无人机，如图 13-11 所示。MLG 27 舰炮集成有光电传感器，包括电视摄像机、热成像仪、激光测距仪、倾斜传感器、稳定镜系统、视频跟踪系统等，可自主或通过人工控制跟踪目标，完成对无人机、小型水面艇、地面静止目标的跟踪，覆盖了低机动性和高机动性的不同目标。

图 13-11　德国莱茵金属公司舰载型激光武器

13.5.6　以色列激光炮

以色列研制的“光之剑”激光炮，射程为 12km，仅需要 2 个人操作，价格约为 100 万美元，用于拦截火箭弹、气球和自杀式无人机系统。该炮可以在摄像机的帮助下找到目标，对其进行识别、跟踪运动，直到使用激光。击败气球、自杀式无人机等目标需要 1s 的时间，而击毁大型无人机则需要几秒钟的时间。“光之剑”激光武器及其击毁无人机，如图 13-12 所示。

图 13-12　“光之剑”激光炮及其击落无人机

13.5.7　日本激光炮

20 世纪 60 年代，日本开始研究激光武器。

20 世纪 70 到 80 年代，完成激光激励装置试验研究。

20 世纪 90 年代，完成“高能激光装置的试验研究”，完成 10kW 高能二氧化碳气体激光器的实验室试验研究。

日本防卫厅已经做了许多实验室水平激光武器的基础研究，研究的重点是激光发生和集光技术。

2010 年，日本防卫厅实现 10kW 激光武器的实验室验证。

2016 年，日本防卫厅完成了 50kW 高能激光器系统的实验室研究，目标是用作近战防空武器，击毁来袭的敌方弹道导弹和巡航导弹等。这套激光实验装置野外试验，成功地击穿了数百千米外的 1mm 厚铝板。日本大阪大学研发高能激光器，如图 13-13 所示。

图 13-13　日本大阪大学研发高能激光器

13.6　激光炮发展趋势

从近年研究进展看，激光武器发展趋势如下[27-28]。

1. 向实用性较强的战术激光武器转变

战术激光武器适用于防空、区域压制、空对空和空对地攻击等多种作战任务。战术激光武器对精确制导武器的拦截是一个连续多阶段过程，包括在远距离上致盲导引头的光电部分，中距离上使导引头整流罩炸裂，近距离上烧毁其壳体等[30]。

2. 向小型化、实用化方向发展

化学激光器体积大，战场环境适应性差，实用性受到限制。固体激光器轻便、洁净、可持续发光等特点，很容易装备各种平台以用于实战，主要技术发展方向是进一步提升功率和集成度[33]。

3. 重点向海基激光武器转变

体积与质量限制了天基和空基激光武器的发展；陆基激光武器无法打击视距外的目标。因此重点向海基激光武器转变，以舰载激光武器作为发展方向，研究激光武器的实战应用，并逐步向小型运输机、战斗机以及地面装甲车等机动平台推广。

4. 坚持天基和空基激光武器研究

受现有激光器技术限制，天基和空基激光武器短期发展缓慢，但因其实战运用效益巨大，各国都在致力于寻求研发小尺寸、高功率激光器。一旦突破，激光武器将成为战略武器装备卫星、战斗机等，对敌卫星、导弹构成重大威胁。

5. 向固体激光武器转变

固体激光器具有轻便、小巧、无污染、可连续发光、光束质量好等特点，可以方便地装备各种平台以应用于实战，受到军方的高度关注，是最具潜力的激光武器方案。

6. 强化激光武器作战使用研究

激光武器研究应该重视激光武器作战概念、作战模式等作战理论的发展研究，为激光武器后续发展提供强劲的动力和明确的发展方向。

参考文献

[1] 张迎亮. “新概念炮”向未来战场走来［N］. 解放军报，2019-07-26(009).
[2] 王鹏. 激光武器成为大国战略制衡重要手段［N］. 中国青年报，2019-05-30(011).
[3] 程立，童忠诚，柳旺季. 国外激光武器的发展现状与趋势［J］. 舰船电子对抗，2019，42(02)：56-58.
[4] 鸣镝. 现代“照妖镜”高能激光武器新进展［J］. 坦克装甲车辆，2018(03)：28-31.
[5] 刘超峰. 反微型无人机技术方案调研［J］. 现代防御技术，2017，45(04)：17-23.
[6] 刘晓明，葛悦涛. 高能激光武器的发展分析［J］. 战术导弹技术，2014(01)：5-9.
[7] 美军研发固态激光炮将取代“密集阵”［J］. 光机电信息，2009，26(07)：45-46.
[8] 激光炮将改变未来战场［J］. 光机电信息，2003(10)：36-37.
[9] 冯紫峤. 激光武器在海陆空的应用［J］. 中国物流与采购，2019(12)：60-61.
[10] 魏岳江. 激光武器在战争中的作用［J］. 生命与灾害，2018(10)：22-23.
[11] 董远浩. 激光技术在不同领域的应用［J］. 电子技术与软件工程，2019(12)：99.
[12] 法国也要组建“天军”，为卫星配机枪和激光武器［J］. 中国航天，2019(09)：59.
[13] 穆作栋. 美首型陆基激光武器战力有限［N］. 中国国防报，2019-07-16(004).
[14] 张亦卓. 美国机载激光武器研究进展［J］. 航空制造技术，2019，62(07)：91-94+100.
[15] 田春雨，张猛山. 机载激光武器及其关键技术［J］. 科技导报，2019，37(04)：30-34.
[16] 刘李辉，谭碧涛，张学阳，等. 美国机载激光武器发展-ABL计划［J］. 激光与红外，2019，49(02)：137-142.
[17] 何奇毅，宗思光. 大气对舰载激光武器效能影响的研究［J］. 指挥控制与仿真，2019，41(02)：57-60.
[18] 程立，童忠诚. 海基激光武器的作战应用及其对抗措施［J］. 舰船电子工程，2019，39(02)：8-10.
[19] 张冬燕，张洁. 洛克希德·马丁公司激光武器新进展［J］. 光电技术应用，2019，34

(01)：1-5.

[20] 张岩岫，王冰. 高能激光对抗系统的发展现状与趋势［J］. 光电技术应用，2018，33(06)：24-28.

[21] 邓紫曦. 激光武器显威反导战场［N］. 中国青年报，2018-09-27(011).

[22] 伊炜伟，屈长虹，任国光. 战术机载激光武器［J］. 激光与红外，2018，48(02)：131-139.

[23] 耿瑞阳. 美国海军激光武器的实战化历程［J］. 军事文摘，2018(03)：60-62.

[24] 任国光，伊炜伟，齐予. 美国战区和战略无人机载激光武器［J］. 激光与光电子学进展，2017，54(10)：19-30.

[25] 刘志，王雅琳，安琳. 美国舰载激光武器研究进展分析［J］. 飞航导弹，2017(12)：66-70.

[26] 俄罗斯发展机载激光反卫武器系统［J］. 空天防御，2018，1(02)：26.

[27] 李旻. 激光武器的发展动向与分析［J］. 舰船电子工程，2017，37(11)：16-20.

[28] 葛立德. 激光武器好处多多，但面临的问题也不少［N］. 中国青年报，2017-11-16(011).

[29] 李怡勇，王建华，李智. 高能激光武器发展态势［J］. 兵器装备工程学报，2017，38(06)：1-6.

[30] 安海霞，邓坤，闭治跃. 高功率激光装备小型化轻量化技术［J］. 中国光学，2017，10(03)：321-330.

第14章　微波炮

14.1　微波炮简介

14.1.1　微波

微波（microwave）是指波长在1~1000mm、频率在300MHz~300GHz范围之间的电磁波，因为它的波长与长波、中波与短波相比来说，要“微小”得多，所以得名“微波”[1]。

微波技术在雷达、通信、导航、电子对抗等军事领域，微波加热与解冻、微波干燥、微波灭菌与杀虫等民生领域都获得了广泛应用[2-4]。

微波与其他波段相比，具有似光性、穿透性、信息性、非电离性的特点。

1. 似光性

微波波长非常小，当微波照射到某些物体上时，将产生显著的反射和折射，与光线的反射、折射一样。同时微波传播的特性也与几何光学相似，能像光线一样直线传播和容易集中，也就是具有似光性。

利用微波可以获得方向性好、体积小的天线设备，用于接收各种物体反射回来的微弱信号，从而确定该物体的方位和距离，这就是雷达导航技术的基础。

2. 穿透性

微波照射于介质物体时，能深入该物体内部的特性称为穿透性。

微波是除光波外射频波谱中唯一能穿透电离层的电磁波，成为人类外层空间的“宇宙窗口”；微波能穿透生物体，成为医学透热疗法的重要手段；毫米波还能穿透等离子体，是远程导弹和航天器重返大气层时实现通信和末端制导的重要手段。

3. 信息性

微波波段信息容量非常巨大，即使是很小的相对带宽，其可用的频带也很宽，可达数百甚至上千兆赫。所以现代卫星等多路通信系统，大都是工作在微波波段。此外，微波信号还可提供相位信息、极化信息、多普勒频率信息。这在目标探测、遥感、目标特征分析等应用中十分重要。

4. 非电离性

微波不会改变物质分子的内部结构或破坏其分子的化学键，所以微波和物体之间的作用是非电离的。分子、原子和原子核在外加电磁场的周期力作用下所呈现的许多共振现象都发生在微波范围，因此微波为探索物质内部结构和基本特性提供了有效的研究手段。

14.1.2　高功率微波

高功率微波（high power microwave，HPM）一般指峰值功率在 100MW 以上，工作频率为 1~300GHz 内的电磁波。

高功率微波技术包括高功率电磁脉冲产生技术、相对论强流电子束产生与维持技术、高功率微波元器件技术、高功率微波定向发射和传输技术以及高功率微波应用技术等[5-8]。

高功率微波按频谱密度可分为窄带、宽带和超宽带三类。

高功率微波技术在军事上和民用方面均有广阔的应用前景，可用于高功率微波武器、高功率雷达、反辐射导弹、高能射频加速、等离子加热、激光泵浦、高功率微波采油、微波辅助破碎坚硬岩石、微波催化、微波精细化工等。

高功率微波发射系统由初级能源、脉冲功率系统、高功率微波源（HPM源）、定向发射天线等组成，如图 14-1 所示。

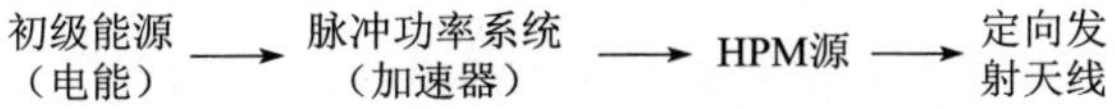

初级能源（电能）⟶ 脉冲功率系统（加速器）⟶ HPM源 ⟶ 定向发射天线

图 14-1　高功率微波发射系统原理框图

初级能源一般由电源供电。脉冲功率系统是高功率微波发射系统工作的基础，它采用各类强流加速器把初级能源转换成高功率强流脉冲相对论电子束，用于推动高功率微波源。高功率微波源与常规微波源要求不同，通常普通微波源电压小于 100kV，而阻抗大于 1kΩ。高功率微波源阻抗在 10~100Ω 之间，电流从 1kA 到数十千安，电压一般为 100kV~1MV，有些微波源电压高达 4MV。

14.1.3　杀伤机理

高功率微波武器的杀伤机理是基于微波与被照射物之间分子相互作用，将电磁能转变为热能而产生的微波效应，就其物理机制来讲，主要有电效应、热效应和生物效应三种效应[9-11]。

1. 电效应

微波电效应是指高功率微波在金属表面或金属导线上感应电流或电压，并由此对电子元器件产生的效应，如造成电路中元器件状态反转、性能下降和半导体结击穿等。车载微波武器辐射出高度集中的高功率微波使飞机电子设备失灵，如图 14-2 所示。

图 14-2　车载高功率微波武器使飞机电子设备失灵

2. 热效应

微波热效应是指高功率微波对介质加热导致升温而引起的效应，如烧毁器件和半导体的结、二次击穿等。

3. 生物效应

微波生物效应是指高功率微波与生物体相互作用的效应。一般情况下它是吸收微波功率的结果，吸收的微波功率转化成热能，热能又转化成温升，所以高功率微波生物效应也可以说是热效应的一种。

微波生物效应又可分为“非热效应”和“热效应”两类。

“非热效应”是由较弱的微波能量照射后，造成人员出现神经紊乱、行为失控、烦躁、致盲或心肺功能衰竭等，这些均是微波生物效应所致，这种效应是因为微波能够加热细胞而改变神经细胞的活动而引起的。基于这种原理，微波武器利用高增益定向天线，将强微波发生器输出的微波能量汇聚在窄波束内，从而辐射出强大的微波射束（频率为 1～300GHz 的电磁波），直接毁伤目标或杀伤人员。

高功率微波武器的关键是高功率微波发生器和高增益天线。高功率微波发生器的作用是将初级能源经能量转换装置转变成高功率强脉冲电子束，再使电子束与电磁场相互作用而产生高功率电磁波。这种强微波经高增益天线发射，其能量汇聚在窄波束内，以极高的强微波波束辐射和轰击目标、杀伤人员和破坏武器系统[10]。

微波热感武器是靠微波产生的高能量和高电磁辐射来造成杀伤破坏，从工作原理上说，它是用一个大功率的微波发射机产生高能微波束，然后再通过定向天线把微波束集中在一个方向上发射出去，打击敌人，理论发射功率可以达到 100MW，相当于家用微波炉的 10 万倍。美国“无声卫士”微波武器，如图 14-3 所示[12-13]。

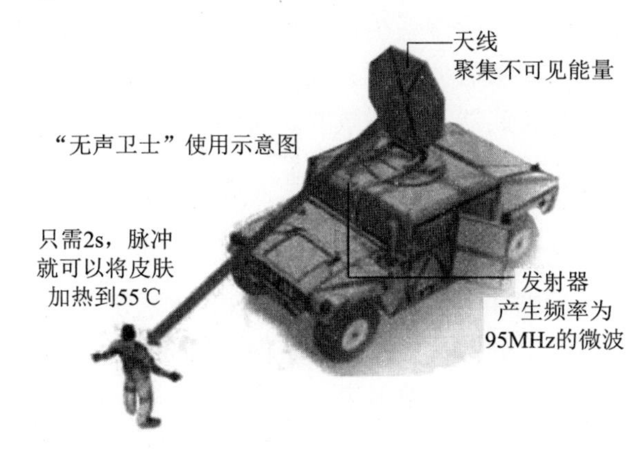

图 14-3　美国“无声卫士”微波武器

14.1.4　杀伤途径

高功率微波武器不直接破坏和摧毁武器设备，而是通过微波束破坏它们内部的电子设备，主要杀伤途径有两种。

（1）通过强微波辐射形成瞬变电磁场，从而使各种金属目标产生感应电流和电荷，感应电流可以通过各种入口进入导弹、卫星、飞机、坦克等武器系统内部电路。当感应电流较低时，会使电路功能混乱，如出现误码、抹掉记忆或逻辑等；当感应电流较高时，会烧毁电子系统敏感部件，使整个武器系统失效。

（2）强微波束直接使工作于微波波段的雷达、通信、导航、侦察等电子设备因过载而失效或烧毁。因此，微波武器是现代武器电子设备的克星。

14.1.5　微波炮定义

微波炮是一种集软、硬杀伤和多种作战功能于一体的定向能新概念武器系统，其主要作战介质是高功率微波。微波炮可以使无人机或导弹弹头的无线电失效，从而使其失去控制而坠毁。当微波的能量足够大时，可以直接造成敌方雷达系统的瘫痪，并可以烧毁相应的电子元器件，甚至可以直接穿透装甲防护杀死人员。微波炮在压制敌防空体系、干扰敌指挥控制信息系统和空间压制作战等领域具有广阔的应用前景[14-17]。

14.2 高功率微波武器分类

高功率微波武器可以按照作战原理分为高功率微波波束武器、高功率微波炸弹、微波拒止装置、微波防御系统；也可以按照打击目标类型分为战略微波武器、战役微波武器、战术微波武器；还可以按工作平台分为天基微波武器、空基微波武器、陆基微波武器和海基微波武器。

14.2.1 按作战原理分类

1. 高功率微波波束武器

高功率微波波束武器由能源系统、高功率微波系统和高增益定向天线组成，利用高功率波源产生的微波经高增益定向天线向空间发射出去，形成功率高、能量集中且具有方向性的微波射束，使之成为一种杀伤破坏性武器。微波波束武器全天候作战能力强，有效作用距离较远，可同时杀伤多个目标，还能与雷达兼容形成一体化系统，先探测、跟踪目标，再提高功率杀伤目标，达到最佳作战效能[18-19]。

2. 高功率微波炸弹

高功率微波炸弹，主要是利用炸药爆炸压缩磁通量的方法产生高功率电磁脉冲，覆盖面状目标，在目标的电子线路中产生感应电压与电流，以击穿或烧毁其中的敏感元件，使其电子系统失效、中断或破损。

高功率微波炸弹主要由磁通量压缩发生器、脉冲成形网络、微波源三大组件构成，结构和技术比较简单，容易实现。

高功率微波炸弹可分为核爆激励型和高能炸药激励型两种。一般是在炸弹或导弹战斗部上加装电磁脉冲发生器和辐射天线构成。

美国、俄罗斯、英国、法国、澳大利亚、瑞士、韩国、日本、印度、德国等国家都在研制或引进高功率微波炸弹技术[20]。

海湾战争中，美国利用“战斧”巡航导弹作为载弹平台投掷了高功率微波炸弹；科索沃战争中，美国再次用高功率微波炸弹对南联盟实施信息打击，如图 14-4 所示。

俄罗斯研究了多种用途的小型爆炸激励的高功率微波炸弹，小到单兵投掷的手榴弹，大到 155mm 口径火炮发射的炮弹。

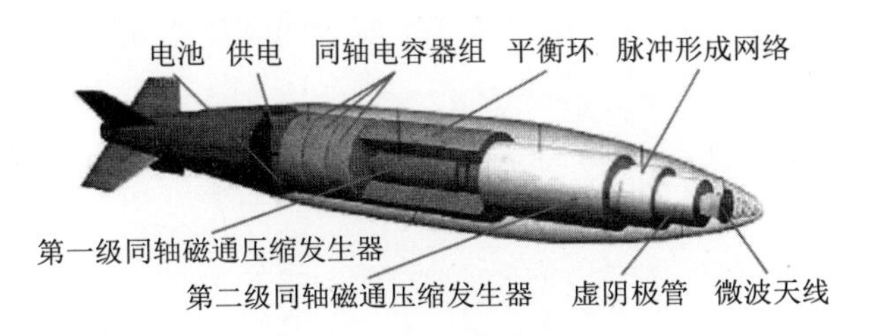

图 14-4 美国微波炸弹

3. 微波主动拒止装置

微波主动拒止系统的功率较低，利用人体吸收毫米波引起皮肤的生物反应和非致命疼痛，可作为非致命武器用于反恐行动。这种主动拒止系统还可以使车辆因引擎和控制系统故障产生制动，却不会引起车上人员伤亡[21-22]。

南非丹尼尔公司研制的微波武器，当目标进入微波束作用半径，它通过微波将人体皮肤内的水分子加热到沸腾状态，利用产生的剧痛驱使目标迅速逃离；当目标脱离微波束作用半径后，疼痛感立即消失，如图 14-5 所示。

图 14-5 南非丹尼尔公司的微波武器

该系统工作频率 95GHz，发射功率 100kW。操作员通过装在天线组件上的微光摄像机和热敏成像仪瞄准目标，用操纵杆转动天线，按下触发器，以微波能量射束“射击”目标。

4. 微波防御系统

美国“高功率微波先进防御技术与计划”，最具代表性的便是雷声公司为机场开发的“警惕鹰”（vigilant eagle）高功率微波武器防御系统，用于防止飞机在起降时受到便携式地空导弹攻击。该防御系统由导弹预警系统、指控系统及固态高功率微波发射系统组成，如图 14-6 所示。“警惕鹰”的各个子系统已分别进行了演示验证，并在外场测试中证实了其对抗便携式防空导弹的有效性[23-25]。

图 14-6 “警惕鹰”微波武器防御系统效果图

14.2.2 按打击目标类型分类

微波武器按打击的目标类型，可分为战略微波武器、战役微波武器和战术微波武器[26]。

1. 战略微波武器

战略微波武器可分为天基和地基战略防御微波武器。天基战略微波武器作战目标为助推段的战略导弹、军用卫星平台和高级传感器等，可用于遏制弹道导弹的威胁。地基反卫星微波武器用于反低轨道卫星，能干扰、致盲和摧毁低轨道军用卫星[27-28]。

2. 战役微波武器

根据战役的规模、类型等分成不同级别的微波武器，执行相应任务。

3. 战术微波武器

战术微波武器一般以车载、舰载、机载的形式，能够攻击无人机、巡航导弹、反辐射导弹等目标[29]。

14.2.3 按工作平台分类

按工作平台分，微波武器可以分为天基微波武器、空基微波武器、陆基微波武器和海基微波武器。

天基微波武器属于战略武器，主要用于应对助推段的洲际弹道导弹所造成的威胁，还可以用于防御巡航导弹和远程战略轰炸机。

空基微波武器主要指机载型的微波武器，具备拦截来袭导弹能力。

陆基（地基）微波武器一般以车载的形式，能够攻击无人机、巡航导弹、反辐射导弹等目标。

海基（舰载）微波武器是安装在舰艇上，能够攻击飞机、无人机、巡航导弹等目标。

14. 2. 4　主要研究机构

高功率微波武器技术领域的主要研究机构有中国工程物理研究院、美国军队、BAE 公司、德国 DIEHL 防务公司、国防科技大学、俄罗斯核能研究中心、美国能源部、法国泰利斯集团、电子科技大学、雷声公司、西北核技术研究院等[30]，如图 14-7 所示。

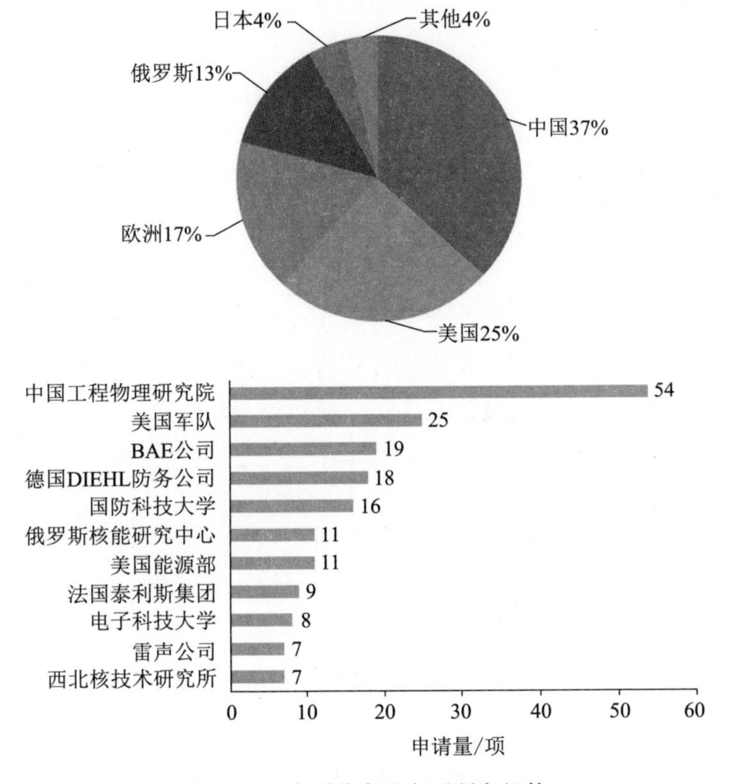

图 14-7　专利分布及主要研究机构

14. 3　高功率微波武器组成

典型高功率微波武器系统由高功率脉冲功率源、强流电子束发生器、高功率微波源和定向辐射天线组成，如图 14-8 所示。

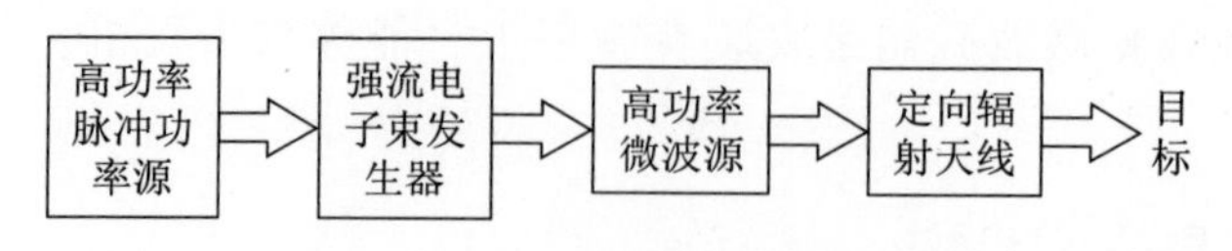

图 14-8 高功率微波武器的组成

1. 高功率脉冲功率源

高功率脉冲功率源主要进行能量存储与压缩，详见 11.3 节。

2. 强流电子束发生器

强流电子束发生器，将高功率脉冲功率源形成的高功率电能脉冲转换成电子和离子的动能。

3. 高功率微波源

高功率微波源是微波武器的核心组件，其微波功率比现今雷达用的微波源功率要高几个量级。高功率微波源具有高的峰值功率、高的重复运行能力、高的平均功率、宽的脉冲宽度、高能量的特征，电容储能型脉冲功率源组成如图 14-9 所示。

4. 定向辐射天线

定向辐射天线应具有很强的方向性，很大的功率容量，带宽较宽，质量、尺寸能满足机动性要求并具有适当的旁瓣电平和波束快速扫描的能力。

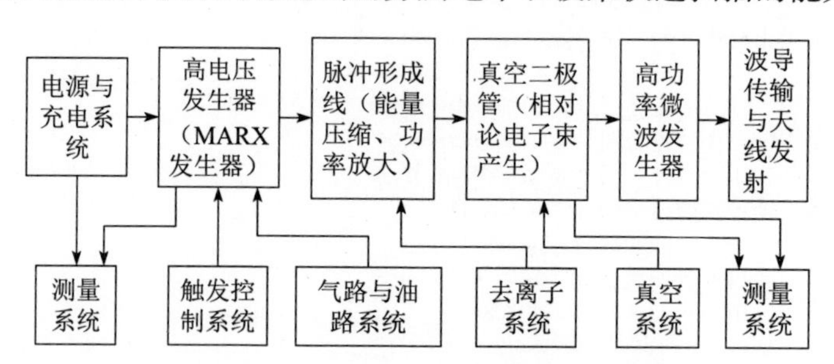

图 14-9 电容储能型脉冲功率源组成框图

14.4 高功率微波武器特点

与传统武器相比，高功率微波武器具有以下特点。

1. 集软硬杀伤和多种作战功能于一体

高功率微波武器具有软、硬两种杀伤功能，可以同时攻击覆盖范围内的多个目标，不仅可作为战略防御武器，而且可作为战术拦截武器系统，可用于陆基、海基、空基和天基平台。

2. 攻击速度快

微波武器攻击目标的速度是光速，能瞬间毁坏目标。

3. 能够全天候作战

高功率微波武器靠发射到空中的强电磁波对目标进行破坏和杀伤，在大气中不存在严重的传输问题，因此高功率微波武器能够全天候作战。

4. 具有很强的针对性

由于微波射束能量集中，一般只对目标本身的某一部位或目标内的电子设备造成破坏，避免了大规模地杀伤平民和破坏环境。高功率微波武器通过破坏对方作战平台使其失去控制和作战能力，为对付电子设备而设计的波束似乎不会损害人的健康，针对性强。

5. 打击范围宽

高功率微波武器发散的微波射频波波束比较宽，可以照射到整个目标，打击范围较宽。

6. 可进行探测与跟踪打击

高功率微波武器类似于雷达系统，可对目标进行探测和追踪，继而利用高功率微波杀伤目标。

7. 用电源代替弹药

高功率微波武器依靠电源进行工作，其唯一的消耗就是发电机产生的电能，用电源代替了弹药。

8. 效费比高

高功率微波武器可重复使用，多次打击，所消耗的仅仅是电能，因而费用低，效费比高。

9. 防范成本高

为防御微波武器攻击，整个系统必须屏蔽。但当前大多数武器装备防御系统是没有屏蔽的，所以高功率微波武器存在迫使敌方将所有装备进行改造，成本高。

14.5　典型高功率微波武器系统

典型高功率微波武器有反电子设备高功率微波先进导弹、车载高功率微波干扰系统、舰载高功率微波近程防御系统、高功率微波反无人机系统、高功率微波反爆炸物系统、强电磁脉冲反遥控简易爆炸装置系统、微波车辆迫停系统等[31]。

14.5.1 反电子设备高功率微波先进导弹

2009 年，反电子设备高功率微波先进导弹项目启动，目标是研制出可重复发射高功率微波脉冲能同时攻击多个目标的空基高功率微波武器系统。该项目将美国雷声公司研制的高功率微波源集成在 AGM-86 空射巡航导弹弹体上，由 B-52 轰炸机发射，如图 14-10 所示[32]。

图 14-10 AGM-86 空射巡航导弹

2011 年，试验验证了反电子设备高功率微波先进导弹在可控飞行状态下，可进行多目标瞄准，对目标区域电子设备进行干扰和毁伤，试验结果达到美国军方预期。

2012 年，完成第二次飞行试验也是第一次作战飞行试验。由 B-52 轰炸机发射的反电子设备高功率微波先进导弹，按既定路线飞行 1h，成功使 7 个目标中的所有电子设备失效，沿线房屋内的计算机全部黑屏，有效造成目标电子系统毁伤，且附带损伤很小。

美国空军正计划基于前期研究成果研制小型化、可重复使用的反电子设备高功率微波先进导弹战斗部用于 AGM-158B、F-35、无人机等多种攻击平台。

14.5.2 车载高功率微波干扰系统

俄罗斯无线电电子技术集团公司研制的 Krasukha-2 车载高功率微波干扰系统，如图 14-11 所示。

图 14-11 Krasukha-2 车载高功率微波干扰系统

该系统集成度高，可对距离 150~300km 的预警机实施干扰。该系统 1996 年开始研制，2014 年交付，主要针对预警机和 S 波段系统。最新的 Krasukha-4 系统可对监视机、“捕食者”无人机、“全球鹰”无人机和长曲棍球侦察卫星进行干扰，可覆盖数百千米区域内的空基雷达目标。

该公司还计划在第六代无人作战飞机上安装微波武器，为避免飞行人员健康受到影响，计划将采用有人飞机控制无人机群的方式，对数十千米内的敌机进行干扰[33]。

14.5.3　舰载高功率微波近程防御系统

BAE 公司研制的舰载高功率微波近程防御系统，如图 14-12 所示。该系统的微波源安装在舰艇甲板下面，发射天线安装在 Mk38 近程防御火炮的基座上，跟瞄系统使用与密集阵近程防御武器相同的雷达系统，整合在发射天线上部的保护罩内部，包括一个 Ku 波段雷达和一个前视红外雷达，该系统与美国军舰现有系统的兼容性强。该系统已完成针对小型船只、无人机以及部分飞机和导弹系统有效性验证[34]。

图 14-12　舰载高功率微波近程防御系统及天线

该系统单次发射成本低，具有近乎无限的弹药容量，可有效应对分布式袭击，这将有效地解决美国海军水面舰艇防御系统弹药库容量有限和成本交换比过高的问题。该系统的非致命性使其可以在港口等敏感环境中使用，可以在一定程度上改变军舰在拥挤水域的交战规则。

该系统可扩展性强，可根据战场或者商船自卫使用环境需要调整配置攻击范围和攻击强度。

14.5.4　高功率微波反无人机系统

雷声公司研制的高功率微波反无人机系统演示验证中，每次攻击可击落 2~3 架无人机，共击落了 33 架无人机，如图 14-13 所示。

图 14-13 雷声公司高功率微波反无人机系统

高功率微波反无人机系统安装在集装箱上，搭载的跟踪雷达能够检测到目标物，并将信息发回系统。该系统会一直跟踪目标所在的位置，然后向威胁物方向发射高功率微波，烧毁目标内部的电子元件。该武器系统采用柴油发电机作为初级能源，脉冲功率源和微波源都集成在一个约 0.5m^3 的集装箱内，拖车顶部集成有直径约 1.2m 的发射天线。

14.5.5 高功率微波反爆炸物系统

美国 Leido 公司研制的高功率微波反爆炸物系统可发射特定频率的高功率微波，能够在足够远的距离引爆简易爆炸装置，以保证军事人员安全。该系统对任意触发机制都有效，能够在移动中使用，并可以连续运行几个小时，如图 14-14 所示。

图 14-14 美国 Leido 公司的反爆炸物系统

该系统使用美国标准军用卡车运载，整个装置的电源系统、高功率微波产生系统和相关控制系统均集成在卡车运载的棕色集装箱中，其发射天线采用平面阵列天线，安装在卡车驾驶室顶部。

该系统有两个技术特点：一是初级能量源产生的功率达到了 1MW；二是

发射系统采用了阵列天线作为发射天线，而不是传统的反射面天线。大功率能量源和阵列天线的使用表明该系统应具有较高的输出功率，其射程和能引爆的种类也将得到大幅提高，这使得该装置具有一定的实战意义。

该系统已经完成固定系统测试，在柯特兰空军基地和白沙导弹靶场进行的移动系统测试，在中国湖试验场进行的车辆测试，海外实际运行评估测试。

14.5.6 强电磁脉冲反遥控简易爆炸装置系统

土耳其 ASWLSAN 公司研制了集探测与扫除于一体的车载式强电磁脉冲反遥控简易爆炸装置系统，该系统的核心是高功率微波辐射系统，车辆下方集成了简易爆炸装置探测设备，如图 14-15 所示。高功率微波辐射系统能够辐射纳秒级的极强电磁场，辐射场强距离积为 400kV@ 1m，可在远场使遥控简易爆炸装置内部动作机构瞬间失效，从而在安全距离清除目标。

图 14-15 车载式强电磁脉冲反遥控简易爆炸装置系统

14.5.7 微波车辆迫停系统

微波车辆迫停系统是一种高功率微波发射设备，能够以非接触的方式强制可疑车辆熄火，该系统能在不对驾驶人员和车辆造成致命伤害的前提下，以非暴力、非致命的方式有效迫停车辆。

微波车辆迫停系统工作原理是利用向车辆定向辐射高功率电磁波，经过多维电磁耦合后可干扰目标车辆的发动机控制系统、点火电路、关键传感器等，点火信号紊乱导致车辆发动机无法正常燃烧，从而使其发动机熄火，车辆失去动力后减速直至停止。

德国迪尔防务公司研制了多种车辆迫停设备，并对典型目标车辆进行了迫停试验。2014 年，该公司在法国巴黎防务展上推出了“car stop”车辆迫停系统，如图 14-16 所示。该系统采用两元宽谱阵列电磁脉冲合成技术，辐射场强距离积可达 300~400kV@ 1m，辐射系统集成在城市越野车内部，隐蔽性强，可在3~15m距离范围阻停目标车辆，未来可用于对抗无人飞行器、简易爆炸装置等。

图 14-16 微波车辆迫停系统

参考文献

[1] 胡祥发. 微波技术的发展与应用［J］. 现代物理知识，2006(01)：32-34.

[2] 马建光. 微波炮：电磁波之“无形杀手”［N］. 科技日报，2015-08-11(012).

[3] 戴大富. 高功率微波的发展与现状［J］. 真空电子技术，2004(05)：20-26.

[4] 武晓龙，冯寒亮. 美国高功率微波技术发展态势研究［J］. 飞航导弹，2019(09)：1-5+15.

[5] 王宁. 高功率微波国外发展现状以及与电子战的关系［J］. 航天电子对抗，2018，34(02)：61-64.

[6] 陈凯柏，周晓东，高敏. 高功率微波技术研究进展及应用［J］. 飞航导弹，2019(06)：1-6.

[7] 余世里. 高功率微波武器效应及防护［J］. 微波学报，2014，30(S2)：147-150.

[8] 傅杨颖. 高功率微波武器［J］. 黑龙江科技信息，2012(29)：53+52.

[9] 王涛，余文力，朱峰. 高功率微波武器杀伤机理及发展现状［J］. 飞航导弹，2008(03)：12-16+26.

[10] 郭三学，朱挺. 非致命微波武器综合效能评估［J］. 火力与指挥控制，2016，41(09)：80-83+89.

[11] 沈月伟. 电磁武器打击链构建理论与方法研究［J］. 中国电子科学研究院学报，2016，11(04)：346-353.

[12] 李俊，陈拓，刘泽勋，等. 高能技术革命或将开创“第三核时代”［J］. 航空动力，2019(01)：26-30.

[13] 欧继洲，李文龙，陈国强，等. 高功率微波武器系统发射车的供配电技术探讨［J］. 飞航导弹，2018(11)：66-70.

[14] 赵鸿燕. 国外高功率微波武器发展研究［J］. 航空兵器，2018(05)：21-28.

[15] 韩宝瑞，刘涛，赵小勇. 美国近程防空武器发展及趋势分析［J］. 飞航导弹，2018(04)：12-16.

[16] 武晓龙，苏党帅. 国外高功率微波武器技术发展概览 [J]. 军事文摘，2017(11)：19-23.

[17] 武晓龙，王勇. 美国高功率微波武器发展思路与重点 [J]. 军事文摘，2017(11)：24-27.

[18] 李洪兴. 雷声公司开发反无人机的微波武器 [J]. 现代军事，2016(12)：14-15.

[19] 王茜，马心璐，苏党帅. 美国空军高功率微波项目经费及发展分析 [J]. 飞航导弹，2016(04)：32-37.

[20] 李有观. 世界主要国家的定向能武器 [J]. 军事文摘，2015(19)：41-44.

[21] 商鹏. 微波武器的军事应用与发展动向 [J]. 科技视界，2015(04)：201+228.

[22] 许志永，张厚，吴瑞. 高功率微波武器的应用分析 [J]. 飞航导弹，2014(07)：25-28.

[23] 葛悦涛，蒋琪，陈英硕. 美国发展 SuperChamp 高功率微波导弹 [J]. 飞航导弹，2014(07)：29-31.

[24] 翟岱亮，张晨新，胡帅江. 高功率微波武器的性能分析及其防御 [J]. 飞航导弹，2012(05)：59-62.

[25] 王仁涛，王毅，李斌. 高功率微波武器的防空作战应用 [J]. 电子科技，2011，24(11)：128-131.

[26] 陶建义，陈越. 外军高功率微波武器发展综述 [J]. 中国电子科学研究院学报，2011，6(02)：111-116.

[27] 吴刚，宋志强，崔骏业，等. 星载高功率微波武器发展构想 [J]. 中国航天，2010(12)：31-34.

[28] 马林，樊向武. 微波武器的发展现状及微波非致命武器致伤机理 [J]. 科技资讯，2010(09)：40.

[29] 张长亮，陈雷，赵然，等. 高功率微波武器的研究现状与发展趋势 [J]. 中国航天，2008(12)：35-39.

[30] 王永芳，于槟恺，王凌云. 基于专利分析的高功率微波武器技术发展研究 [J]. 航空兵器，2019，26(05)：19-25.

[31] 宣源，汪卫华，程德胜. 机载高功率微波武器研究现状与发展趋势 [J]. 飞航导弹，2008(06)：32-34.

[32] 卜格鸿. 美军天基高功率微波武器攻击卫星系统能力评估 [J]. 装备指挥技术学院学报，2007(06)：37-40.

[33] 倪国旗，高本庆. 高功率微波武器系统综述 [J]. 火力与指挥控制，2007(08)：5-9.

[34] 陈太宣. 舰载定向能武器发展现状及启示 [J]. 中国舰船研究，2007(04)：77-80.